全国高等院校应用心理学系列精品教材

总主编 李 红

认知心理学

主 编 尹华站 陈 丽

副主编 李 丹 周 恒 张 丽 陈 洋
刘鹏玉 杨 春 刘邵磊

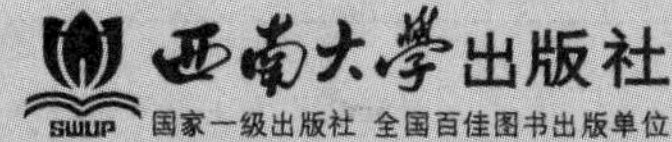

西南大学出版社
国家一级出版社 全国百佳图书出版单位

图书在版编目(CIP)数据

认知心理学 / 尹华站, 陈丽主编. -- 重庆 : 西南大学出版社, 2024. 12. --(全国高等院校应用心理学系列精品教材). -- ISBN 978-7-5697-2665-7

Ⅰ. B842.1

中国国家版本馆CIP数据核字第20247CV682号

认知心理学

RENZHI XINLIXUE

主　编　尹华站　陈　丽

副主编　李　丹　周　恒　张　丽　陈　洋

刘鹏玉　杨　春　刘邵磊

责任编辑:钟小族

责任校对:陈铎夫

封面设计:汤　立

排　　版:张　艳

出版发行:西南大学出版社(原西南师范大学出版社)

地址:重庆市北碚区天生路2号

邮编:400715

市场营销部电话:023-68868624

经　　销:新华书店

印　　刷:重庆市国丰印务有限责任公司

成品尺寸:185 mm × 260 mm

印　　张:17

字　　数:318千字

版　　次:2024年12月　第1版

印　　次:2024年12月　第1次印刷

书　　号:ISBN 978-7-5697-2665-7

定　　价:58.00元

前　言

恩格斯曾言，思维是地球上最美丽的花朵。认知心理学就是培育这一花朵的花园。作为当代心理学体系的主要分支，认知心理学主要探究人类的认知过程，包括感知觉、注意、记忆、思维、表象以及语言等，并运用信息加工的观点揭示其内部工作机制。自20世纪60年代以来，认知心理学成为占据主导地位的心理学分支。认知心理学以其新兴的理论观点和丰富的研究成果，为心理学的理论发展与实证研究提供了全新研究范式和视野，对心理科学的发展起到了至关重要的作用。

自2004年以来，我先后在温州医学院执教认知心理学、在重庆师范大学执教心理学研究方法等课程。长期的教学历练使我积累了较为丰富的教学经验，同时也对认知心理学的教材体系有了深刻的认识。然而，直到2015年，西南大学出版社的任志林编辑委托我们团队出版一本实用性强的认知心理学教材，我才开始认真思考，并开始为时9年的写作。中间过程，冷暖自知。

这本《认知心理学》，力求兼顾学科基础、领域前沿以及实际应用。为此，我们在写作时尝试做到以下几点：

第一，用发展的眼光看待研究方法的变迁与理论模型的更新。对于认知过程的观察与探索，主要依赖于所采用的方法与手段。本书各章节基本上沿着研究发展的历史脉络，详细介绍研究范式和研究模型的更新过程。

第二，强调实践与应用，突出认知心理学的实践价值。认知心理学本身就具备非常高的应用价值，其兴起就是为了解决行为主义不能阐释人类复杂认知过程的局限性。因此，本书在介绍基本理论与研究范式的基础上，力求做到学以致用，引导读者从日常生活出发，通过自己的生活经验对书中的新知识、新概念进行印证并深入理解。

第三，推陈出新。在回顾理论发展脉络的同时，也介绍相应领域的最新成果，以及今后可能的发展方向。当代科学技术不断革新，认知心理学正在尝试与其他学科交叉融合。认知心理学研究的未来生长点，将是心理学工作者思考与挖掘的重中之重。

本书的作者分工如下:第一章、第二章、第三章(尹华站、陈丽);第四章(李丹);第五章(张丽、陈洋、尹华站);第六章和第七章(周恒、刘鹏玉);第八章(杨春、尹华站);第九章和第十章(刘鹏玉、刘邵磊)。全书由尹华站统稿。刘邵磊、袁中静、贺荣华在书稿校对过程中也付出了努力。

在本书即将付梓之际,我要特别感谢我的硕士生、博士生导师黄希庭先生以及访学导师罗良教授,正是他们指引、激励着我坚持走在认知心理学研究的道路上;感谢在科研生涯中不断给我指导和启发的邱江教授、罗文波教授以及胡里研究员;感谢西南大学出版社的任志林编辑以及相关人员。

由于水平有限,书中的纰漏在所难免,敬请各位读者批评指正。

尹华站
2024年3月于桃子湖畔

目录 CONTENTS

第一章

绪论

当我们在街头遇到岔道,会想到自己要去的地方,随后选择其中最适合的道路。在这个看似简单且寻常的生活场景中,大脑却发生了一系列认知活动:首先通过感官观察路况并形成整体知觉,接着提取长时记忆中的经验知识,然后经过一系列思维过程选择最适合的道路,最终实现岔路问题的解决。可见,认知心理学与日常生活息息相关。本章将介绍认知心理学的研究对象、历史渊源、发展趋势、研究方法等。

认知心理学诞生于20世纪50年代末到60年代初,关注的是内部心理过程,着力探求行为的认知基础。认知心理学分广义和狭义两种:前者是指以认知为研究取向的心理学;后者是指以信息加工为核心的心理学。本书的主要论述对象是后者。需要注意的是,也有研究者将感知觉、注意、记忆、思维和言语等关注认知过程的研究统称为认知心理学。认知心理学正在以科学实验的新成果和新理论视角丰富着心理学研究领域,已成为当前占据主导地位的心理学分支。

第一节　认知心理学概述

一、认知心理学的研究对象

（一）信息加工的一般原理

认知心理学运用信息加工观点来研究认知过程，主要涉及感知觉、注意、表象、学习记忆、思维和言语等。信息加工观点将人脑与计算机进行类比，把人脑看作类似于计算机的信息加工系统。纽维尔（Newell）和西蒙（Simon）在*Human problem solving*一书中对信息加工系统进行了迄今为止最为完整的说明。他们认为，信息加工系统是指接收、存储、处理和传递信息的系统，由感受器（receptor）、处理器（processor）、记忆（memory）和效应器（effector）组成。感受器具有输入功能，把信息输入信息加工系统。处理器在信息处理系统中执行操作，按照特定指令程序对信息进行控制或处理。记忆将经过处理的信息存储起来，并按照一定的内在关系联结在一起，组成代表外部事物的认知结构。效应器具有输出功能，接收来自处理器的指令程序，继而做出反应。他们还认为，信息加工系统通过对符号和符号结构（代表外部刺激信息的内部表征）的处理，完成对外界信息的接收、存储、加工及反应。

（二）人类信息加工系统

当代认知心理学认为，人脑是负责信息加工系统运行的载体。人类处于清醒状态时，会不断地对外部刺激信息进行加工处理。信息加工系统由感受器、感觉登记、模式识别、短时记忆、长时记忆和效应器组成，其一般运行过程如图1-1所示。

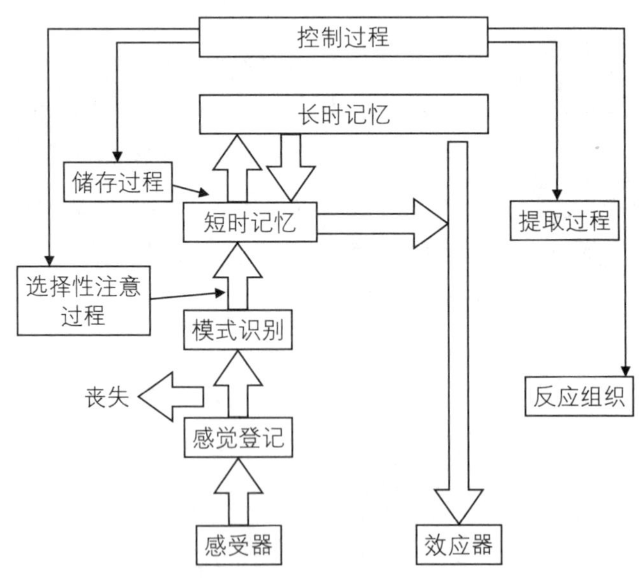

图1-1　人类信息加工系统

众所周知，人类通过眼、耳、鼻、舌、皮肤等器官的感受器将接收到的刺激信息转换为生物电能之后，送至人脑中形成外部信息的代码(code)。这些代码在刺激停止作用之后仍被短暂保存下来，这一过程被称为感觉登记(sensory register)。模式识别(pattern recognition)是感觉登记与短时记忆之间的加工阶段，是把经过感觉登记的信息与先前存储在记忆系统中的信息进行匹配的过程。通过模式识别，刺激信息被传递至短时记忆。储存在短时记忆系统中的信息不再是某种纯粹感知觉，而是以某种形式(视像、声像等)被保存下来，并通过复述把信息向长时记忆系统转移、加工和储存。转移到长时记忆系统中的信息，经过语义编码，长期保存在头脑中，成为个体关于客观世界的永久性知识。人类信息加工的具体实例如图1-2所示。

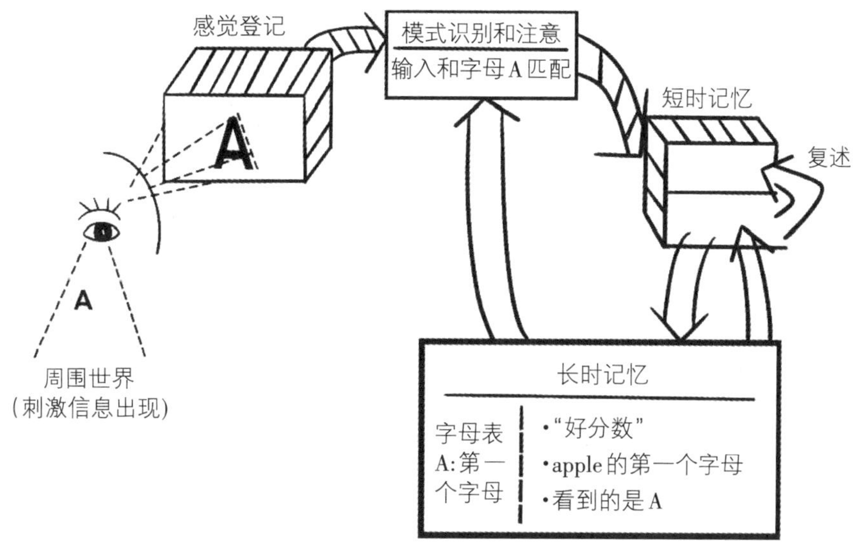

图1-2 人类信息加工的具体实例

从上图可见，认知心理学把人类的心理过程视为信息加工过程。这种富有特色的模型不是生理学、化学或生物学的，而是根据认知心理学的基本原理建立起来的心理机制模型。这些模型尽管仍是假设性的，但是对开拓心理活动机制的研究方向具有历史性意义。

二、认知心理学的历史渊源

(一)早期学者对认知的思考

认知与身体究竟是什么关系？这一直是古代先贤争论的焦点。西方学者尊崇的“医学之父”希波克拉底(Hippocrates)认为，“认知之心”是一个独立存在的特殊实体，控制着人的身体活动。这种二元论既是唯物的，又是唯心的；唯物在于涉及身体，唯心在于关联心灵。希波克拉底的观念虽然没有摆脱唯心论,但是他对心灵所在位置的看法却是正确的。柏拉图(Plato)提出人有三种灵魂:理性灵魂、无畏灵魂和情绪灵魂。理性灵魂位于大脑,是不朽的;无畏灵魂位于胸腔,情绪灵魂位于腹腔,两者随着身体死亡而消失。亚里士多德(Aristotle)是柏拉图的学生,但是对其心身二元论持反对态度,认为心灵和身体不是相互独立的,研究心灵就是研究身体,只有通过研究身体才能了解心灵。公元3世纪到5世纪,基督教逐步兴起。随后的中世纪是心理学基本停滞的时期。文艺复兴给许多学科带来新的气象。笛卡儿(Descartes)也是心身二元论者,认为除了包括人类躯壳在内的物质世界以外,还有一个心灵或灵魂世界。物质世界是客观的,是可以认识的。心灵世界是主观的,也是可以认识的。但是它们的认识方式不同:物质世界通过科学研究来认识,心灵世界通过内省来认识。同时,他还认为心灵控制着身体,身体也对心灵施加巨大影响,两者在大脑的松果体内发生交互作用。洛克(Locke)主张经验主义,认为心灵和身体是统一的,心灵依赖身体提供感觉经验,身体则依赖心灵储存和利用感觉信息。心理学史家认为,洛克的理论是一种真正的心理学,是心理学发展史上的重要里程碑。康德(Kant)活跃的年代,正是一元论和二元论、理性主义和经验主义争论得不可开交的时期。他认为心身问题应该侧重于心灵与身体是怎样关联的,而不是谁控制谁。康德时代的心理学还不是一门独立的科学,但是研究对象越来越明确。

(二)认知心理学的兴起

17世纪中叶诞生的联想主义心理学是心理学中历史悠久的学派之一。这个学派的基本思想是用联想来解释心理现象。早期联想主义者依靠思辨来论述问题,并没有进行精确的实验研究。现代联想主义者开始采用实验方法来探索记忆和学习问题。艾宾浩斯(Ebbinghaus)于1885年出版的《论记忆》,就是采用严格的实验方法对记忆和学习问题进行研究的一部著作,旨在用实验方法促使心理学成为一门独立的科学。

结构主义学派产生于19世纪下半叶的德国。这个学派的代表人物冯特(Wundt)于1879年在德国莱比锡大学成立了第一个心理实验室,标志着心理学成为一门独立的科学。冯特希望建立一门"心灵的科学",借此解释意识经验。他致力于找出心灵的最基本单元,以及各种元素组成心理复合体的方式和规律,从而建立一个"心理化学"体系。冯特及其学生们为了建设"心理化学"体系,前后进行了数百个实验,但是他们采用的实验方法是主观性相当强的内省法,即向经过严格训练的被试呈现各种刺激,并要求被试描述自己的意识经验,利用搜集到的这些意识经验来分析心理元素。冯特并不关心心灵的功能,而是想探明认知活动的内在机制。

机能主义学派强调在自然环境下研究心理现象。詹姆斯(James)提出,心理学研究除了内省法和实验法以外,还应采用比较法。他对心理现象的内在机制并不感兴趣,而对心理功能颇为青睐。

结构主义和机能主义都认为实验法是心理学研究的主要方法,而行为主义则是一个只认客观观察、不认主观内省的学派。华生(Watson)在行为主义的纲领性文献《一个行为主义者所认为的心理学》中指出,心理学应该是一门纯粹客观的自然科学,其目标应该是预测和控制行为。行为主义认为,一项心理学研究中可以观察的资料包括两个方面:一是刺激,二是被试的外显反应。

格式塔心理学创始于1911年。魏特海默(Wertheimer)、考夫卡(Koffka)、苛勒(Köhler)共同提出了一个与结构主义完全对立的主张:心理现象不能分解还原为基本元素,而应该在把握整体的前提下进行分析和研究,应该理解经验的整体结构。

结构主义心理学表达了心理学家对认知内部过程的浓厚兴趣。格式塔心理学对认知现象的一般规律开展了大规模研究。瑞士心理学家皮亚杰的发生认识论则进一步拓展了认知研究的视野,从儿童智能发展的角度给认知心理学的发展提供了强大的推动力。

(三)认知心理学兴起的内部因素和外部因素

认知心理学是在批判地继承各大学派的合理成分中蓬勃发展的。1956年是认知心理学史上的重要年份。美国心理学界在这一年中发表了一系列关于信息加工的心理学成果,例如米勒(Miller)在《神奇的数字7±2:我们信息加工能力的限制》中说明了短时记忆容量的有限性,并提出应以组块(chunk)为短时记忆容量的基本单位。随后,纽维尔和西蒙发表了《计算机与人脑的符号操作系统》等论著。1967年,奈瑟(Neisser)出版了《认知心理学》,标志着认知心理学的诞生。可以说,认知心理学的兴起是外部因素和内部因素共同作用的结果。

1.外部因素

首先,语言学研究推动了认知心理学的产生。20世纪50年代以前,行为主义心理学否定人的意识和内部心理活动过程,主张用刺激-反应公式和强化原则来解释人类的学习行为。斯金纳(Skinner)举了一个例:婴儿喊“妈妈”,是因为他偶然发出“妈妈”的声音(婴儿的操作),妈妈高兴地答应了,并给他喂奶(对婴儿的强化)。这种操作-强化多次出现之后,婴儿便学会喊“妈妈”。因此,语言学习过程遵循操作性条件反射规律。然而,乔姆斯基(Chomsky)指出,人类语言获得过程的复杂性远远超出斯金纳的例子。儿童能够掌握自然语言,极可能是由于人类在进化过程中获得了某种与生俱来的先天装置——“言语获得装置”，即人类具有先天语言能力。心理学在研究人类语言问题时，应该考虑人的内部心理过程，放弃行为主义心理学的环境决定论。

其次，信息论思想为认知心理学的发展奠定了基础。申农(Shannon)在1948年发表了《通信的数学理论》，从数学角度提出“信息量”的概念，着重研究信息的传输过程。认知心理学者从申农的理论中移植了一些概念，如信息装置、信息编码、通信容量、系列加工和平行加工等。通信科学理论认为，人就是一个接收、加工和处理信息的传递装置，在一定时间内，一个通道所能传递的信息是有限的。该理论不仅给认知心理学提供了用来描述人的认知活动过程的概念与术语，将人与计算机进行类比的思想，还引导心理学研究着重于人的内部心理活动过程。它的主要缺陷在于不能体现人对信息进行加工的主观能动性特征。

最后，计算机科学是认知心理学发展的重要条件之一。1946年，世界上第一台电子计算机在美国诞生。认知心理学受到计算机科学的启发，假定计算机对逻辑符号的操作与人在思维过程中对语言、符号的操作具有相似之处，因此在形式上把心理活动理解为对符号的操作或加工过程。由此，符号操作(符号处理)系统和程序层次(程序水平)分析成为认知心理学的重要理论基础。

2. 内部因素

认知心理学的兴起也有心理学内部因素。艾宾浩斯说，心理学有长久的过去，却只有短暂的历史。自1879年冯特建立世界上第一个心理实验室以来，心理学的成长道路艰难而曲折。研究对象的复杂性，导致心理学派别林立，众说纷纭，冲突不断。

冯特主张心理学是一门经验科学，研究对象是人的直接经验。心理学的任务是采用实验内省法对心理内容或直接经验进行元素分析。心理元素由感觉和感情组成。感觉是心理活动的客观要素，是最终的观念要素；感情是客观要素的主观补充。感觉元素相互结合，构成对外部世界某种东西的形象观念；感情元素相互结合，构成人们每一种具体的情绪状态。心理学唯一要研究的，就是分析经验的构成元素以及元素之间相互结合的方式和规律。

铁钦纳(Titchener)受到冯特的影响并继承其思想。他认为，一切科学的对象都是经验。物质科学的对象是不依赖于经验者的“经验”，而心理学的对象是依赖于经验者的“经验”。心理学的研究方法是对意识经验的观察或内省。铁钦纳还把意识和心理过程加以区分，认为意识是某一瞬间人的经验的总和，而心理过程则是一个人在生活中积累经验的过程。意识经验包括三种基本元素：感觉、意象和感情。感觉是知觉的基本元素，意象是观念的基本元素，感情是情绪的基本元素。

华生认为,心理学的研究对象应该是人和动物的行为,而不是意识和心理活动,因为这些都是虚无的“空中楼阁”。他只承认可以观察与记录到的反应或行为,主张用纯粹客观的自然科学方法来探索有机体对刺激的反应。行为主义心理学的基本公式是“刺激-反应”,完全放弃对人的内部心理活动过程的研究。然而,心理学家逐渐认识到,行为主义心理学否认人的内部心理活动,把意识完全排除在心理学研究对象之外,并不是正确的道路。

托尔曼(Tolman)在行为主义心理学框架内,把控制行为反应输出的内部因素——中介变量引入有机体行为研究中。他反对行为的生理分析,主张对行为进行心理分析,指出华生的“刺激-反应”公式不过是一种肌肉收缩的生理学,并非真正的心理学。他提出的中介变量,是介于刺激与反应之间的内部觉知,即因外部刺激而引起的内部变化过程。他认为,对于行为的最初原因和行为本身都应该进行客观观察,并在操作上给予规定。继托尔曼之后,赫尔(Hull)等将中介变量作为心理学研究的对象,特别是高级心理过程,譬如思维、记忆、问题解决和语言等领域。这为当代认知心理学强调对人的内部心理过程进行研究,即从单纯研究“刺激-反应”(S-R)转向研究内部心理过程(S-O-R)奠定了理论基础。

(四)认知心理学的新取向

1.具身认知

受认知语言学、文化人类学、哲学、机器人技术、人工智能等学科影响,认知心理学正在经历一场“后认知主义”(post-cognitivism)的变革。具身认知(embodied cognition)成为焦点论题,代表着认知心理学研究的新取向。

具身认知的核心思想是身体在认知过程中发挥着重要作用。身体的解剖学结构、活动方式、感觉和运动体验决定了我们怎样认识和看待世界。我们的认知是由身体及其活动方式塑造出来的。与传统认知主义视身体为刺激的感受器和行为的效应器不同,具身认知赋予身体在认知塑造中的枢纽作用和决定性意义。

具身认知有三个特点:

第一,认知过程进行的方式和步骤由身体的物理属性决定。这一命题最明显的例证是深度知觉的研究。深度知觉又称距离知觉或立体知觉,是个体对同一物体的凹凸或对不同物体的远近的反映。人的视网膜是一个二维平面,却能感知三维空间中的物体。对于深度知觉来说,最重要的影响因素是双眼像差。这种差异与身体和头部的转动存在很大关系。头部转动和身体的前后运动使得双眼像差明显,促进深度知觉的形成(如图1-3)。因此,头部转动和身体的前后运动构成深度知觉信息加工的步骤。人的感知能力，譬如知觉的广度、阈限以及可感知极限等，都是由身体的物理属性决定的。

图1-3 深度知觉实例

第二，认知的内容也是由身体提供的。吉布斯和雷蒙德（Gibbs & Raymond，2006）指出，人们对身体的主观感受和身体在活动中的体验，为语言和思想提供了基础内容。认知就是身体作用于物理、文化世界时发生的东西。莱考夫和约翰逊（Lakoff & Johnson）关于概念形成的研究能为这一命题提供佐证。他们指出，人类的抽象思维大多是隐喻（metaphor）的。所谓隐喻，就是用一个事物的特点来描述另一个事物。例如，以旅程隐喻人生，意味着人生有一个开端，有人会中途加入，有人会在旅途中离我们而去，但我们终究会到达终点。人类的抽象思维大多依靠这种隐喻性推理，即采用熟悉的事物去理解不熟悉的事物。人类最初熟悉的事物，就是我们的身体。身体本身以及身体与世界的互动，给我们提供了认识世界的原始概念。例如，上下、左右、前后、高矮、远近都是以身体为中心的，冷、热、温、凉也是身体感受到的。人类以这些原始概念为基础，发展出更抽象的概念。譬如形容情感状态，我们使用热情、冷漠、兴高采烈、死气沉沉、精神高涨等概念。以身体为中心，我们把向上的、趋近的视为积极的；把向下的、回避的视为消极的，由此产生提拔、贬低、亲密、疏远、中心、边缘等概念。这些概念都与身体的位置或活动紧密关联（如图1-4）。

图1-4 身体姿势的权力隐喻效应

第三，认知是具身的，而身体又是嵌入环境的。认知、身体和环境组成一个动态的统一体。认知并非始于传入神经的刺激作用，结束于中枢提供给外导神经的信息指令。认知过程应该扩展至认知主体所处的环境。这是因为外部世界是与知觉、记忆、推理等过程相关的信息储存空间。认知过程既有内部动作，也有外部操作。我们利用大脑中储存的信息进行的认知操作，应当被视为认知过程的重要部分。但是，我们也利用储存在环境中的信息进行认知操作。如果利用脑内信息的操作属于认知过程，那么利用环境中信息的操作也应该视为认知过程必不可少的组成部分。

2. 认知神经科学

人类对脑-智关系的研究已有数千年历史。以往的研究大多是哲学思辨式的讨论或者简单的经验观察。20世纪60年代，心理学开始与认知科学相结合。研究者通过测量人的行为反应获得大量数据，提出了许多关于人类心理活动的理论。这些理论涵盖感知觉、注意、记忆、语言、情绪、决策等诸多领域，丰富了人类对自身心理活动的认识。同时，这些理论也在其他研究领域(比如视觉、人工智能、医学等)中产生了广泛影响。最近30年，关于人类认知的科学经历了剧烈变革。心理学家运用神经科学的知识和技术，神经科学家运用认知心理学的实验范式，发展出一门新学科——认知神经科学。

认知神经科学是一门以揭示脑认知功能的神经基础为目标的前沿学科。这一学科的创立，标志着人类对认知本质和规律的研究进入一个新阶段。认知神经科学对于推动人类社会进步具有重要意义：在社会发展方面，认知神经科学与计算机技术、数学、信息、电子、材料和纳米科学等学科深度融合，有望对未来科技发展和新兴产业起到促进作用，最终推动人类社会进入智能化时代；在人口健康方面，老年神经退行性疾病、中年精神类疾病和儿童智力发育迟缓等认知功能障碍给社会带来沉重负担，对这些障碍的神经基础进行解析，将有助于开发早期诊断和干预手段；在国防和信息安全方面，信息化、智能化的目标识别系统可借鉴认知神经科学研究的成果。认知神经科学的发展和进步，将推动新一轮科技与产业革命，有望重塑医疗、工业、军事、服务业等行业的格局，提升国家核心竞争力。

生活中的心理学

认知心理学之父——奈瑟

奈瑟(图1-5)的著作《认知心理学》催生了认知心理学，并使他获得“认知心理学之父”的雅誉。他的另一部著作《认知与现实：认知心理学的原理与含义》则引领了认知心理学的生态学转向。

图1-5 奈瑟(1928—2012)

(1)将零散认知研究整合为完整学科框架

从1965年开始,奈瑟花费两年半时间,撰写了世界上第一部认知心理学专著《认知心理学》,标志着认知心理学作为一门学科正式登上历史舞台。这本书呈现了认知心理学研究的概貌并对相关研究进行整合,赋予各种研究范式以合法地位。奈瑟对“认知”做出了明确定义,被现代认知心理学家广泛采用。认知心理学还延伸到心理学其他分支,譬如发展心理学、社会心理学等。

(2)致力于认知心理学的生态学转向

在生态心理学家吉布森的影响下,奈瑟逐渐认识到信息加工心理学研究缺乏生态效度。他渴望建立更生态化的新认知心理学。1973—1974年,奈瑟撰写了《认知与现实:认知心理学的原理与含义》,标志着其认知心理学发生了生态学转向。在该书中,奈瑟试图改变认知心理学的发展方向,致力于解决四个重要问题,即人性的概念、认知心理学的发展、认知心理学的基本假设以及注意、容量和意识问题。此后,奈瑟先后对知觉、记忆、思维、自我和智力等多个认知领域进行了颇具开拓性的生态学研究,试图真正实现认知心理学的生态学转向。

三、认知心理学的主要观点

认知心理学广义上包括以皮亚杰为代表的建构主义认知心理学、行为主义心理学和信息加工心理学;狭义上仅指信息加工心理学,即采用信息加工的观点研究人接收、贮存和运用信息的认知过程,包括对知觉、注意、记忆、心象(即表象)、思维和语言的研究。狭义认知心理学的主要观点包含以下三个方面:

第一,人脑类似于计算机信息加工系统。人脑的信息加工系统由感受器、处理器、记忆和效应器四部分组成。环境向感受器输入信息,感受器对信息进行转换;转换后的信息在进入长时记忆之前,要经过处理器进行符号重构、辨别和比较;记忆系统贮存着可供提取的符号结构;效应器对外界做出反应。

第二,人脑中已有的知识结构对人的当前认识活动和行为具有决定作用。知识是通过图式(schema)来起作用的。图式是一种心理结构,用于表示外部世界已经内化于人脑的知识单元。当图式接收到适合于它的外部信息,就会被激活。被激活的图式使人产生内部知觉期望,它会指导感觉器官有目的地搜索特殊形式的信息。知觉是确定人们所接收到的刺激物的意义的过程,这个过程依赖于来自环境和知觉者自身的信息,也就是知识。完整的认知过程包括定向、抽取特征、与记忆中的知识进行比较等一系列过程。

第三,认知过程具有整体性。人的认知活动是认知要素相互联系、相互作用的统一整体。任何认知活动都是在与其相联系的其他认知活动配合下完成的。在人的认知过程中,前后关系很重要。它不仅包括人们接触到的语言材料的上下文关系,客观事物的上下、左右、先后等关系,还包括人脑中原有知识之间、原有知识和当前认知对象之间的关系。

四、认知心理学的发展趋势

认知心理学的历史还不到六十年,却凭借实验研究的现代化技术手段和实验计划的精致图式,建立了颇有意义的理论和模式,为心理学的发展积累了丰富的经验。认知心理学兴起之后,迅速改变了心理学的面貌,对心理学其他分支产生了巨大影响,尤其是对普通心理学和实验心理学的影响非常大,推动它们迅速发展。这是因为信息加工理论涉及心理学的一般原理,研究领域也与普通心理学和实验心理学有重叠。众所周知,认知心理学将心理过程看作信息加工过程,为研究心理活动的内部机制确立了新的方向。这个方向迅速渗透到普通心理学和实验心理学之中,使心理过程的研究发生明显变化,具体包括以下方面:

第一,关于人的心理活动过程的研究领域不断扩大。认知心理学的重要研究领域,如表象、注意、问题解决等,以及由它扩展的新课题,如表征、记忆机制、认知结构和认知策略等,都在普通心理学和实验心理学中得到体现。

第二,从心理物理函数的收集走向对人的内部心理机制的揭示。以前对人的心理过程特别是感觉、知觉、注意和记忆领域的研究以取得心理物理函数或心理测量函数为目的,在认知心理学产生后,则更加注重对内部心理机制的研究。

第三,从分析性研究转向综合性研究。以前的心理学注重对心理活动的分析性研究,认知心理学则转向对心理过程之间相互作用的探讨,并采用建立心理模型的方法进行综合性研究。

第四,从重视数量统计转向重视个别差异和社会文化差异。认知心理学改变了过去研究中重视数量统计和平均数使用的状况,开始重视包括自我观察在内的个别差异、社会文化差异。

认知心理学主张心理学应该研究人的心理活动过程,探讨高于生理机制水平的心理机制;认为人的心理活动过程是处于不同水平或层次的。这些观点虽然以前的心理学也曾提到过,但像认知心理学这样在心理过程领域系统地进行理论研究和实践,在心理学史上尚属首次,对整个心理学知识体系都产生了深远影响。

认知心理学对一些邻近学科和相关领域的实践也产生了影响。在认知心理学的推动下,科学家力图将研究人的认知的多个独立学科,如心理学、人工智能、逻辑和认识论等加以综合,形成一个单一的学科,这就是目前所说的认知科学(cognitive science)。同时,认知心理学也产生了可以直接应用到日常生活中的成果,已经应用于司法界(如关于目击证词的可靠性研究)、计算机系统设计(如关于网络浏览的研究)和教育(如关于课堂练习的研究)等领域。

第二节　认知心理学的研究方法

认知心理学的发展不但反映在研究报告质量提高和数量增多上,也反映在新颖研究方法的出现上。一般来说,认知心理学采用实验、观察和计算机模拟等方法来研究信息加工过程和机制。

一、反应时测验法

反应时(reaction time)是指从刺激到反应之间的时间。它指从刺激输入经中枢加工到做出反应的全部过程所需要的时间。由于反应时可以作为反映一种行为结果的内部过程复杂性的指标,测定反应时成为研究人类信息加工的一种基本方法。反应时测验法不仅能推测人的信息加工的过程,而且能推测认知的内部结构,即知识的表征。

(一)减法反应时法

这种方法主要探索快速的信息加工过程,譬如物体识别过程等。这一方法最初由荷兰生理学家唐德斯(Donders)提出,旨在测量包含在复杂反应中的辨别、选择等心理过程所需时间。这种方法的基本逻辑是:安排两种反应时作业,其中一种作业包含另一种作业所没有的某一个心理过程,即所要测量的过程,两种作业反应时之间的差值即为该过程所需的时间。具体来说,在一个反应时实验中,被试要觉察一个灯光刺激并以右手按键做出反应,这样就测得一个简单的视觉反应时(RT_1)。如果安排红绿两个色光刺激,并要求被试看到红光时以右手按键来反应,而看到绿光时不反应,这样测得的复杂反应时(RT_2)要长于前面的简单反应时。两种反应时作业的区别仅仅在于后者需要将红绿两个色光刺激区分开来,所以两个反应时的差值就是辨别过程所需时间,即RT_2-RT_1=辨别过程时间。同理,如果实验仍安排红绿两个色光刺激,但是要求被试在看到红光时,右手按键反应;而在看到绿光时,左手按键反应。这时被试不仅要对两个色光刺激进行辨别,还要对反应做出选择,将这样测得的复杂反应时(RT_3)减去含有辨别过程的复杂反应时(RT_2),就可得到选择过程所需时间,即RT_3-RT_2=选择过程时间。从上述实验可以看出,减法反应时实验最初是用来确定某个心理过程所需的时间。

(二)相加因素法

该实验是减法反应时实验的延伸,最初由斯滕伯格(Sternberg)提出。他将这个反应时实验用于研究短时记忆信息的提取过程(如图1-6)。依照他的观点,完成一个作业所需的时间是一系列信息加工阶段分别所需时间的总和;如果发现影响完成作业所需时间的因素,那么单独地或成对地操纵这些因素进行实验,就可以观察到完

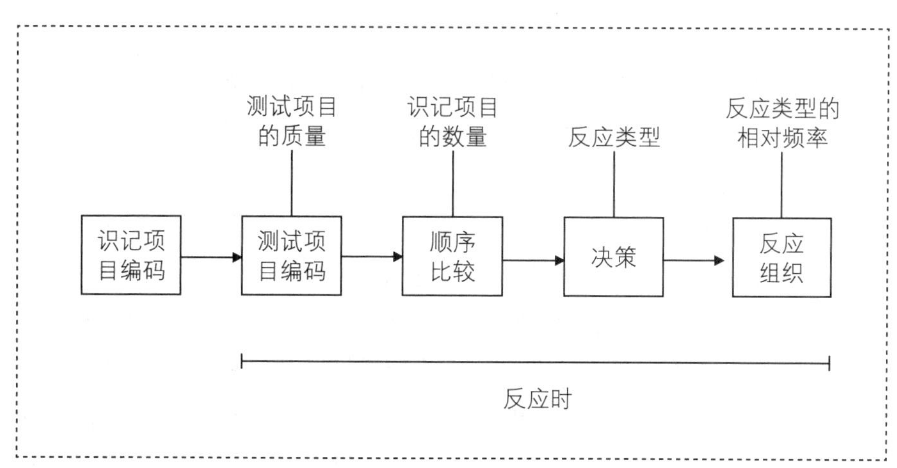

图1-6 短时记忆信息提取模型

成作业时间的变化。相加因素法实验的基本逻辑是:如果两个因素的效应是相互制约的,即一个因素的效应可以改变另一个因素的效应,那么这两个因素只作用于同一个信息加工阶段;如果两个因素的效应是分别独立的,即可以相加,那么这两个因素各自作用于某一个特定的加工阶段。这样通过单变量和多(双)变量的实验,从完成作业所需时间的变化可确定这一信息加工过程的每一个阶段。

现在人们都将Sternberg的短时记忆信息提取模型看作应用相加因素法实验的典型,但它也引起一些批评和质疑。例如,这种反应时实验是以信息的系列加工而不是平行加工为前提的,所以有人认为其应用会有很大限制。其实,减法反应时实验也存在同样的问题。更为直接和更加现实的问题是关于相加因素法实验的逻辑,即能否应用可相加的和相互作用的效应来确认加工阶段。帕奇勒(Pachella)曾经提出,两个因素也许能以相加的方式对同一个加工阶段起作用;或对不同的加工阶段起作用,并且相互发生影响。应当说,这两种可能性目前是不能排除的,但这还不足以否定相加因素法实验。

(三)“开窗”实验

前面所说的两种反应时实验都不是直接测量某一特定加工阶段所需的时间,而是间接地通过两种作业所需时间的比较来得到,并且相应加工阶段需要进行严密的推理才能发现。如果有一种实验技术能够直接测量每一个加工阶段的时间,从而明显地区分这些加工阶段,那就好像打开天窗,一览无余。这是反应时实验的一种新技术,被称作“开窗”实验,通过对认知作业的分析,可以把每种认知成分所经历的时间直接地估计出来。这可以用一种字母转换实验为例加以说明。这种实验给被试呈现1-4个英文字母,并在字母后面标上一个数字,譬如“F+3”“KENC+4”等。当呈现“F+3”时,要求被试说出英文字母表中F后面第三个位置的字母(I),而“KENC+4”的正确回答则是“OIRG”,但这四个字母要一起说出来,只要刺激字母在一个以上时都应如此,即只做出一次反应。以“KENC+4”为例,四个刺激字母相继呈现,被试按一下键就可以看到第一个字母K,同时开始计时;接着被试做出声转换,即说出LMNO;然后再按键看第二个字母(E),再做转换。如此循环,直至四个字母全部呈现完毕,被试做出回答,计时随之停止。出声转换的开始和结束均在时间记录中标出来。根据这种实验的反应时数据,我们可以明显看出完成字母转换作业的三个加工阶段:(1)从被试按键看第一个字母到开始出声转换的时间为编码阶段,被试对所看到的字母进行编码,并在记忆中找到该字母在字母表中的位置;(2)被试进行规定的转换所用的时间为转换阶段;(3)从出声转换结束到被试按键看下一个字母的时间为储存阶段,被试将转换结果储存于记忆中,从第二个字母开始还须将前面的转换结果加以归并和复述。这三个加工阶段如图1-7所示。

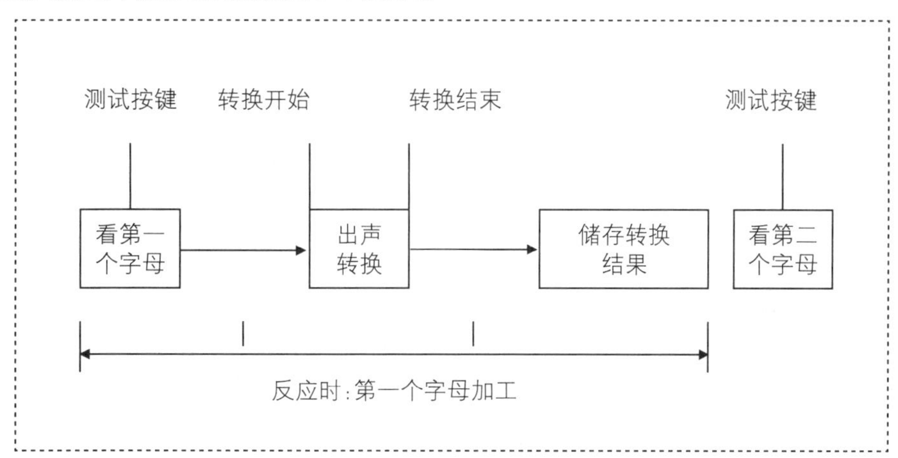

图1-7　字母转换实验

四个字母实验可以获得12个数据,从中可以看到完成字母转换的整个过程;对数据进行归类处理,则可得到总的实验结果。这种"开窗"实验的优点是引人注目的。但它也存在一些问题,例如可能在后一个加工阶段出现对前一个加工阶段的复查等;在后面字母的储存阶段,还会包含对前面转换字母的提取和整合,并且难以在最后和反应组织区分开来。尽管如此,"开窗"实验具有其他反应时实验所没有的特点,只要运用得当,是可以获得有用资料的。

除反应时实验之外,认知心理学还运用以正确率为指标的实验。它与传统的心理实验没有差别。比较而言,反应时实验有利于揭示内部信息加工过程的各个阶段;正确率实验有利于揭示某一个加工阶段的特点。两类实验不是相互排斥的,可以同时运用反应时和正确率两个指标,以取得更为完整的资料。一个实验研究采取哪种方法,要依具体情况而定。

二、言语报告法

言语报告法是指让被试以口头言语的形式,对其头脑中的思维过程进行报告的方法。一个人的思维活动是别人无法直接感知的,而言语报告把思维过程直接呈现在人们面前,这样就能够对它进行比较有效的考察。言语报告法是德国心理学家邓克尔(Duncker)首先提出来的,后来Newell和Simon在研究问题解决时,把它当作一个重要方法加以利用。

在利用这一方法进行研究之前,应对被试进行充分的训练,使他们能够顺利地出声思考。在做研究时,给被试一个思维作业,如一道数学题或一道智力游戏题,让他们运用出声思考来完成,同时用录音机录下他们的全部口述。如果被试在过程中间发生停顿，实验者要问他现在在想什么。但是，除非有特殊研究目的并事先做好准备，实验者在进行过程中一般不应提出问题，以免干扰被试的出声思考。将录音机录下的口头报告逐字逐句地整理成文字材料，就可以得到出声思考的实时口语记录。这种记录包含许多有价值的资料，更重要的是，要对记录做更细致的分析，才能真正掌握这些有用的资料。

三、计算机模拟法

计算机模拟法是指把一定的认知操作理论编译成计算机程序，让计算机来模拟人的思维过程的方法。其指导思想是：如果该程序能运行的话，即至少可以说明这个理论在逻辑上是严密的，具有可行性；反之，则说明该理论还存在不足，有待进一步修改。计算机模拟是以一定的信息加工模型为基础的，但是它以是否能在计算机上运行来说明该模型的可行性。应用这种方法不仅能客观地描述人类某些复杂心理的内部过程，而且能推动人工智能研究和计算机技术发展。

计算机模拟是心理学和计算机交叉的领域，已成为人工智能的重要组成部分。它对未来的生产和发展将有重要影响，但对心理学本身的意义还没有得到普遍承认。例如，维诺格拉德（Winograd，1977）将计算机程序和机械装置的蓝图作比较，认为蓝图虽然有助于说明这个机械装置，但它不是关于该装置如何工作的理论；同样，计算机程序可以帮助了解某一个心理学过程，但它并不是一种理论。目前情况是，有些心理学家如Newell和Simon等极为重视计算机模拟对心理学的意义；少数心理学家如Skinner等则对计算模拟作为心理学方法采取完全否定的态度；大多数心理学家保持中间立场或观望态度。

四、内隐联想测验

内隐联想测验（implicit association test，IAT）是由格林沃尔德（Greenwald）在1998年首先提出的。内隐联想测验以反应时为指标，通过一种计算机化的分类任务测量两类词（概念词与属性词）之间的自动化联系的紧密程度，继而对个体内隐态度进行测量。IAT以神经网络模型为基础。该模型认为，信息被储存在一系列按照语义关系分层组织起来的神经联系的结点上，因而可以通过测量两个概念的神经距离来测量两者的联系。在认知基础上，内隐态度测验以态度自动化加工为基础，包括态度自动化启动和启动的扩散。IAT通过测量概念词和属性词之间的评价性联系，对个体内隐态度进行间接测量。概念词和属性词之间存在两种可能关系：相容和不相容。

所谓相容,即二者的联系与被试内隐的态度一致;反之,则为不相容。当概念词和属性词相容时,辨别归类多为自动化加工,因而被试反应速度快;当概念词和属性词不相容时,往往会引发认知冲突,辨别归类需进行复杂的意识加工,因而反应速度慢。不相容条件与相容条件的反应时之差即为内隐态度的指标,可以衡量内隐联想测验效应的大小。后来,研究者在IAT基础上先后发展出GO/NO-GO联想任务(Go/No-Go association task,GNAT)、外部情感西蒙作业(extrinsic affective Simon task,EAST)等。近几年又提出了一些修正方案,主要包括单类内隐联想测验(single category implicit association test,SC-IAT)、单靶内隐联想测验(single target implicit association test,ST-IAT)和单属性内隐联想测验(single attribute implicit association test,SA-IAT)等,这些方法均被统合到内隐联想测验中,都是对IAT的继承和发展。内隐认知测验方法多样,为研究者对内隐社会认知进行测量提供了更多选择。尽管每一种方法各有利弊,但方法的相互补充和验证,能为科学研究提供有效工具,使测量结果更精细和深入。

五、其他方法

近年来,认知神经科学相关技术也备受瞩目。眼动实验(eye movement experiment,EME)指人们借助某些仪器,对被试在进行操作时的眼睛活动情况进行记录,借此分析大脑的思维过程。对眼动实验的运用,要注意和其他方法如言语报告法结合起来,才可能获得较好的效果。还有正电子发射断层成像(positron emission tomography, PET)、功能性磁共振成像(functional magnetic resonance imaging,fMRI)、脑电图(electroencephalogram,EEG)、脑磁图(magnetoencephalogram,MEG)、近红外光谱法(near infrared spectroscopy,NIRS)等技术。PET和fMRI技术用来测量脑内局部血流变化和新陈代谢活动;EEG技术可以测量大脑电位变化,通过在被试头部放置不同数量的电极点,无创地测量被试进行认知任务时的电位变化。MEG技术通过超导量子干涉仪,灵敏地捕捉大脑认知加工时在头颅外表形成的微弱感应磁场,并能识别出颅内发出这些信息的部位。NIRS是一种利用不同脑内物质对近红外光的吸收具有不同特点的原理进行脑激活成像的研究手段。

第三节 实践中的认知心理学

一、认知心理学与教学活动

(一)认知心理学的教育理论

美国认知心理学家古宁汉(Cunningham)认为,学习是建构内在心理表征的过程。学习者并不是把知识从外界搬到记忆之中,而是以已有知识经验为基础,通过与外界相互作用来建构新的理解。图式理论认为,个体能够理解一组句子及其含义,是因为在头脑中存在事物、情境和现象的图式。这种图式包含对事物、情境、现象及内在逻辑关系的概括,可以帮助我们对具体事实和情境进行推论。根据这一理论,我们在教学中应尝试激发学生的感性认识,并引导学生对感性材料进行归纳、整理、重构,形成新的知识经验,串联成知识网络(如图1-8)。

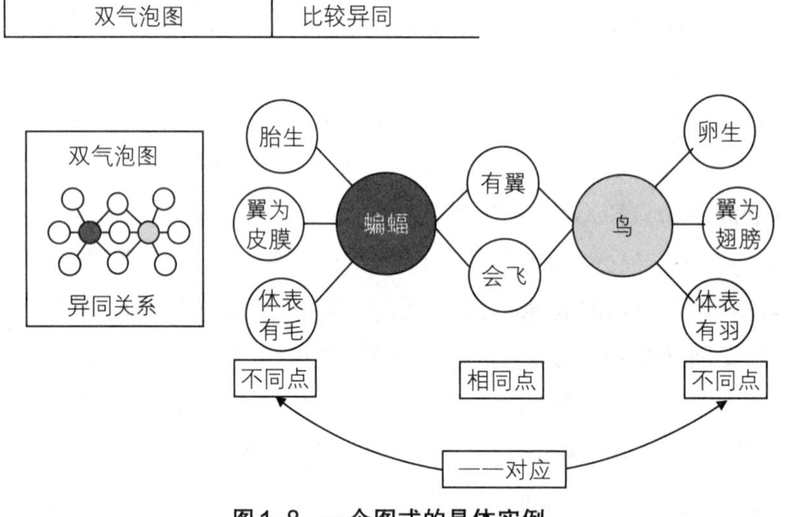

图1-8 一个图式的具体实例

奥苏贝尔(Ausubel)提出的有意义学习理论认为,任何学科知识都是一种结构性的存在。有意义学习是把新知识与原有知识联系起来,将新知识纳入学习者原有的认知结构之中。他还认为,富有意义的新思想是通过把它们归类到一个已存在认知结构中才被学会的。学习知识的基本结构具有四点好处:第一,能理解这一门课程;第二,有助于学生将所学知识在学科之间迁移;第三,有助于学生记忆具体细节知识;

第四,有效缩小高级知识与低级知识之间的差距。因此,教师在讲课时不仅需要把课本的知识结构讲清楚,而且需要把书本上结构严谨的知识转化成与学生知识结构相适应的、便于学生接受的知识;同时,还要注意到学生之间知识结构并不一致,做到因材施教。

(二)认知心理学的教学观

认知心理学的教学观认为,教学目标主要是指通过刺激和反应的联结在学习者头脑中要求实现的变化,是由教学完成之后学生会做什么、会想什么来界定的。认知心理学认为,在确定教学目标之前必须做需要评估,教学目标的设置必须参照社会需要和学生发展要求。为此,布鲁纳强调教育不仅要培养成绩优异的学生,而且还要在学生原有经验基础上帮助其获得最好的理智发展。基于此,布鲁纳提出了适合现代教学的五条基本教学目标:(1)鼓励学生发现自己的猜想的价值和可修正性,以实现试图得出假设的激活效应;(2)培养运用心智解决问题的信心;(3)培养学生的自我推进力;(4)培养学生经济地运用心智;(5)培养理智的忠诚。

认知心理学的教学观强调,在教学中掌握概括性更高的概念和原理,比记住繁杂的事实更为经济且便于应用。因而,教师一方面要遵循逐渐分化的原则,帮助学生建立由高至低的认知结构,先教概括性和包容性高的知识,再安排概括程度依次降低的知识,便能帮助学生轻松地将新知识纳入原有知识体系中,使内容得以有效缩减;另一方面,教师要引导学生去发现知识之间的潜在共同特征和表面相似的知识内容之间的不显著差异,使学生抓住本质,从而牢固地把握新学内容,为后继教学打下坚实基础,形成良性循环。

认知心理学的教学观认为,教学设计应该符合学生的认知加工阶段。认知心理学的教学观是依据概念、命题、图式予以说明的,三者之间的联系是用组块和序列来描述的。组块由连接在一起的概念组成,序列是指将组块排列成某种顺序。换言之,在学习信息组块以前,应该具有包含某些信息的组块。当然,即使不按一定顺序,通过反复学习也可以掌握信息,但是这种信息不可能与长时记忆中其他信息相互联系,因而是孤立的,且很难用来解决实际问题。组块和序列的意义对每一个学生来说各不相同,因为每一个学生长时记忆中的信息以及认知加工的参数是不一样的。为了促进课程信息与学生长时记忆之间的联系,新的教学设计必须考虑三个因素:第一,课程信息组块和序列应该是便于学生学习的,不能超越其认知水平;第二,应该能为自己提供反馈,以便及时了解学生能否应对课程的复杂性;第三,必须通过提供有意义的、及时的教学经验,帮助学生在教学过程中对信息进行认知加工。

认知心理学的教学观认为,教学过程至少涉及以下五个因素:(1)教学操纵,包括一切外部事件,如教学材料的内容和组织、教师的行为(教什么和怎么教)等;(2)学习者特征,即学习者的已有知识(包括完成学习任务所必须具备的陈述性知识、程序性知识和策略性知识)和学习者记忆系统的性质(包括记忆的容量和知识在大脑中的存储方式);(3)学习加工过程,指学习者在学习时大脑的认知加工过程,如学习者如何将新知识与头脑中的已有知识联系起来,结合成一个整体等;(4)学习结果,主要指学习者头脑中的知识储存或记忆系统的认知变化;(5)结果操作,指学习者的外部表现,如测验时的回忆成绩,或者将所学知识迁移到新的学习任务上以解决新问题等。

二、认知心理学与日常生活

认知过程包括感知、注意、记忆、语言、推理、决策及问题解决等心理成分。感知、注意和更高级的记忆、语言、推理、决策及问题解决等一起构成层次分明的心理系统,它们相互依赖、相互影响。人们在生活、工作和学习中从外界环境或身体内部接收信息,产生想法与行为。例如,我们去一个目的地,根据出发点与目的地之间的距离选择交通工具,并且选择一条最优路线,这就是认知过程,具体包括对道路状况的知觉、对以往保存在大脑中相关信息的记忆提取以及综合各种信息之后的决策等。

(一)感知

感觉是人脑对直接作用于感觉器官的客观事物属性的直接反映,也是一个人觉察和获取刺激信息的重要渠道。知觉是人脑对客观事物属性的综合的整体的反映。感觉和知觉都是人脑对直接作用于感觉器官的客观事物属性的反应,区别在于感觉只能够孤立地感受事物的个别属性,比如颜色、气味、声音等;而知觉可以综合颜色、气味、声音等感觉信息,对事物形成全面的认识,所以说知觉源于感觉又高于感觉。从图1-9中你能看到什么呢?是不规则黑色墨水印记,还是有头、身、脚的动物?这就是感觉和知觉的差异化结果。

图1-9 斑点图

(二)注意

注意并不是一个独立的心理过程,而是感觉、知觉、记忆、思维等的共同特征。平时说“注意来往车辆”,实际上是说“注意看来往车辆”。注意只是认知过程的一种状态,同时也是情绪过程和意志过程的共同特征。悲痛的时候,我们注意着引起悲痛的原因;遇到困难的时候,我们注意着当前需要克服的困难。影响注意选择性的因素包括刺激的物理特性、刺激之间的意义联系、刺激与个体的关系以及个体知识经验等。来做一个注意小测试吧!只看图1-10的上面部分,你看到什么内容呢?可能看到少女或者老妇,这种差别便是注意的选择性带来的。

图1-10 注意双关图

(三)记忆

记忆是人类认识过程的重要组成部分。一百多年以来,记忆一直是心理学最活跃的研究领域之一。记忆过程来包括编码、储存、提取三个阶段。随着对记忆过程的认识不断深入,许多研究成果涌现出来。譬如,艾宾浩斯以无意义音节为记忆材料,绘制出了遗忘曲线(如图1-11)。

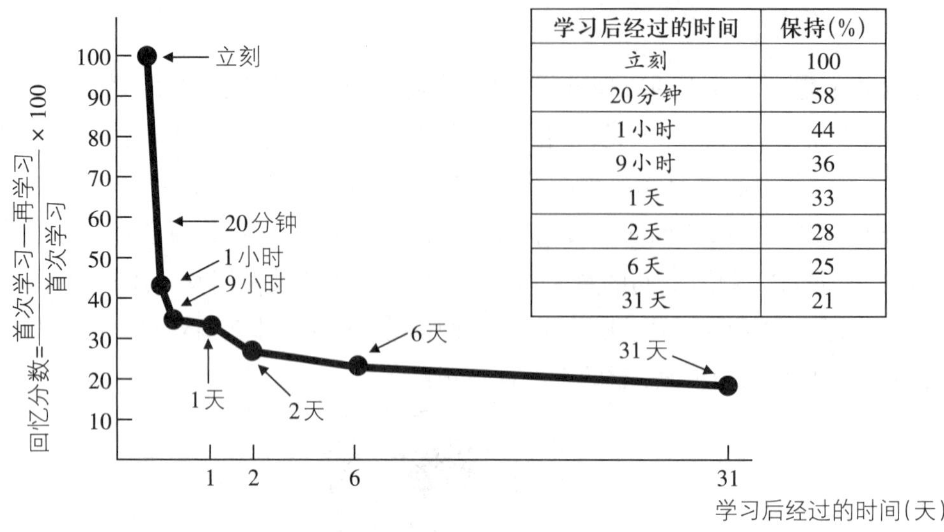

学习后经过的时间	保持(%)
立刻	100
20分钟	58
1小时	44
9小时	36
1天	33
2天	28
6天	25
31天	21

图1-11　艾宾浩斯遗忘曲线示意图

(四)语言

语言是人与人之间交流的一种方式。交往离不开语言。尽管图片、动作、表情等也可以传递人们的思想,但是语言是最重要的也是最方便的媒介。人类的优势之一在于拥有语言能力。知识储备是语言的必要条件。语言不是生而有之,而是后天学习得到的。图1-12是网络环境下词汇习得的认知心理图解。该流程指出,外界首先以词块和图像进行语言输入,然后通过耳朵和眼睛等感觉器官进行感觉登记,最后进入工作记忆进行编码和储存。这一过程受到长时记忆中先前知识的影响。语言是一种独特的认知智慧,是生活中不可缺少的一项认知能力。

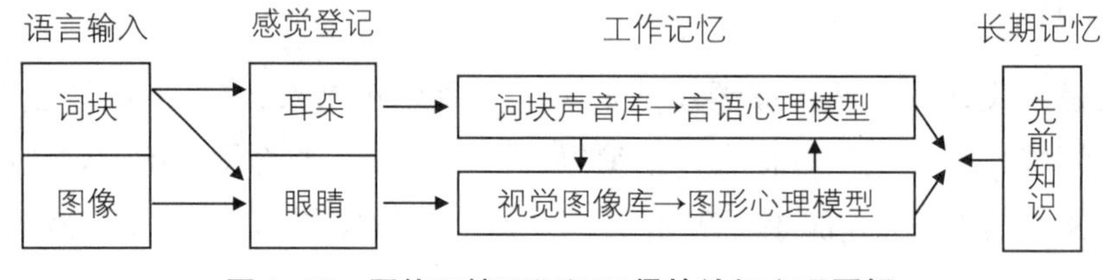

图1-12　网络环境下词汇习得的认知心理图解

(五)问题解决

问题是一种情境,包括三个主要组成部分:当前状态、目标状态、从当前状态向目标状态转化的一系列操作。问题解决则是指经过一系列认知操作完成某种思维任务。问题解决的策略包括算法式和启发式(如图1-13)。算法式虽然能够确保得到正确答案,但是有时效率低下;启发式可能很快解决问题,但是并不保证问题一定能够得到解决。

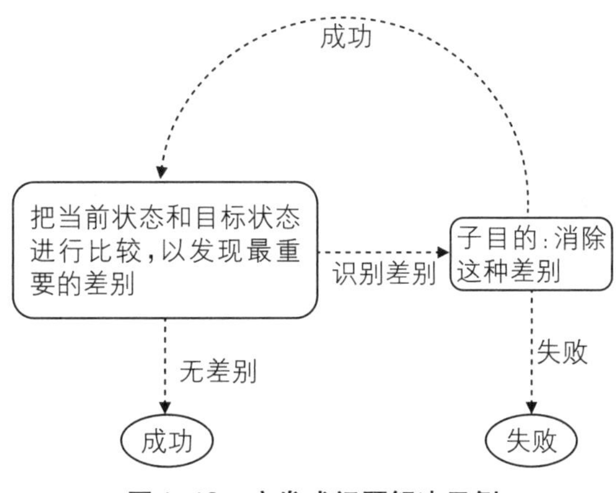

图1-13 启发式问题解决示例

本章要点小结

1.认知心理学诞生于20世纪60年代。它主要研究人类心理的内部过程和结构，即人怎样获得和应用知识，以及知识在调节人类行为中的作用。认知心理学包括广义和狭义两种：前者指以认知为研究取向的心理学，后者指信息加工心理学。本书主要论述对象是后者。

2.1967年，奈瑟出版《认知心理学》，标志着认知心理学的诞生。认知心理学的兴起是外因和内因共同作用的结果。

3.认知心理学采用实验、观察（包括自我观察）和计算机模拟等方法探究心理过程和机制，以反应时和正确率为指标的实验特别受重视，利用被试出声思考的观察法也得到发展。

4.认知心理学的主要观点包括：第一，人脑类似于计算机信息加工系统；第二，人头脑中已有的知识结构对人的当前认识活动和行为具有决定作用；第三，认知过程具有整体性。

5.反应时是指从刺激到反应之间的时间。

6.减法反应时实验的逻辑是：安排两种反应时作业，其中一种作业包含另一种作业所没有的一个心理过程，而在其他方面均相同，从两种作业的反应时之差来判定与之相应的加工阶段。

7.相加因素法实验的逻辑是：如果两个因素的效应是相互制约的，即一个因素的效应可以改变另一个因素的效应，那么这两个因素只作用于同一个信息加工阶段；如果两个因素的效应是分别独立的，即可以相加，那么这两个因素各自作用于某一个特定的加工阶段。

8. 内隐联想测验是由格林沃尔德在1998年提出的。内隐联想测验以反应时为指标，通过一种计算机化的分类任务测量两类词(概念词与属性词)之间的自动化联系的紧密程度，继而对个体内隐态度进行测量。

9. 认知心理学的教学观认为，教学目标主要是指通过刺激和反应的联结在学习者头脑中要求实现的变化，是由教学完成之后学生会做什么、会想什么来界定的。

10. 认知心理学的教学观是依据概念、命题、图式予以说明的，三者之间的联系是用组块和序列来描述的。

11. 认知心理学的教学观认为教学过程至少涉及以下五个因素：(1)教学操纵；(2)学习者特征；(3)学习加工过程；(4)学习结果；(5)结果操作。

关键术语表

认知心理学
信息加工系统
感觉登记
认知科学
减法反应时法
相加因素法
“开窗”实验
出声思考法
计算机模拟法
感知
注意
记忆
语言
问题解决

本章复习题

一、选择题

1. 认知心理学有广义和狭义两种：前者指以(　　)为研究取向的心理学，后者指(　　)心理学。

A. 认知　　B. 语言　　C. 记忆　　D. 信息加工

2. 信息加工系统由(　　)组成。

A. 感受器　　B. 感觉登记

C. 模式识别　　D. 短时记忆和长时记忆

3.认知心理学产生的外部原因有(　　)。

A.语言学　　B.信息论

C.计算机科学　　D.心理学家的贡献

4.斯腾伯格认为短时记忆信息提取过程包括(　　)。

A.编码　　B.顺序比较

C.决策　　D.反应组织

二、简答题

第一节

1.简述信息加工的一般原理。

2.简述认知心理学产生的内外部原因。

3.简述认知心理学兴起带来的影响。

第二节

1.简述反应时测量法及其优势和不足。

2.简述内隐联想测验。

第三节

1.简述认知心理学的教学观。

2.简述认知心理学与生活的紧密联系。

第二章

注意

本章开始之前，我们先思考以下问题：

①在嘈杂的马路上，为什么你能清晰地听见朋友的说话声，而忽略汽车鸣笛声？

②图 2-1 中，你第一眼看到大象有几条腿？

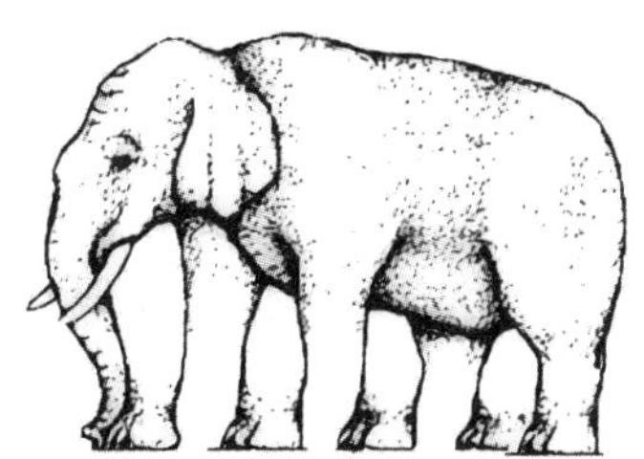

图2-1　大象

③周围同学正在热烈讨论，你专心致志地做着自己的事情（譬如看书、玩手机等）。突然，你清晰地听到有人提到你的名字，这是为什么呢？

以上内容与注意（attention）有关。

第一节　注意概述

注意是分歧颇多的研究领域之一，曾一度被行为主义所忽略。认知心理学兴起以后，注意才受到研究者的较多关注。

一、注意的定义

什么是注意？学界众说纷纭。鲁利亚(Luria)认为，人的任何有组织的心理活动都以某种选择性为特征。这种心理过程的选择性被称为注意。但是，仅仅用选择性来说明注意似乎不全面。索尔索(Solso)指出，注意是指心理努力(mental effort)对感觉事件或心理事件的集中。"心理努力"虽然运用广泛，但是自身含义含混。马丁代尔(Martindale)将注意界定为当前激活的一系列结点，激活较少的认知单元处于注意边缘，而激活较多的认知单元处于注意焦点。

除了上面三种之外，注意还存在其他的定义。本书选择国内外大部分学者认可的定义，即注意是指人的心理活动对一定对象的指向与集中。应该指出，注意是感觉、知觉、记忆、思维、想象等心理过程的共同特征，也是情绪过程以及意志过程的共同特征。所以，注意表现在人的全部心理活动过程中，是心理活动的共同特征。

生活中的心理学

生活中的注意

注意现象是生活中经常会遇见的，如危险地带、交通场所等都有注意标识(图2-2)。下面两张注意标识相信大家经常会看见，也明白它的作用和意义。

图2-2　注意标识

二、注意的功能

注意包括四个方面的功能：选择、放大、指引和分配。

第一，注意是选择者。日常生活中，当人们需要对一些随时可能出现的重要刺激迅速做出反应时，个体需要通过注意机制筛选进入认知加工系统的相关信息。这种机制主要是通过个体在一种警觉状态或搜索活动中主动进行信息检测，并且不断区分出值得注意和可以忽略的信息得以实现的。

第二，注意是放大器。信息如果没有被选中就会被弱化，而这种弱化导致被选中的信息进入认知加工系统之后成为注意焦点，更容易得到操纵和处理。

第三，注意是指南针。认知活动既包括自下而上的加工，也包括自上而下的加工。认知过程的每一个环节处理信息的方式都可能是不同的。注意机制引导着个体认知活动的方向。

第四，注意是分配者。由于认知资源有限，面临多项任务时需要由注意扮演分配认知资源的角色，对认知活动的主要方面维持较长时间的指向（持续性注意），并有序地变换认知活动的指向（分配性注意），从而使多项任务同时获取足够资源，顺利进行平行处理；通过资源的合理分配，实现任务之间的相互配合。

上述功能并不是独立起作用的，而是相互依存、相互补充的。

三、注意的研究历程

（一）早期注意研究

冯特把注意看成意识范围内的狭小区域。任何心理内容只有处于这一特定区域，才能获得清晰认知。冯特把这一区域称为意识注视点或内在注视点（consciousness fixation point）。冯特认为，注意是人类意识对客体对象的心理指向。为了仔细观察某一个客观对象，必须尽可能地把注意指向这一对象。因此，注意是一种心理状态或心理特性，而不是一种心理过程。

冯特把以独特情感为特征、对某种心理内容有清晰意识的状态称为注意，并把使一定心理内容获得清晰领悟的独特过程称为统觉。冯特认为，注意不仅能帮助一个人获得清晰的映像或观念，而且有助于个体对经验进行组合。冯特不仅探讨了注意的本质，还与学生共同研究注意广度（attention span）和注意稳定性（stability of attention），发现人类的注意广度约为4~6个单元。在图2-3中，你能一眼看出单个方框之内的黑点有几个吗？

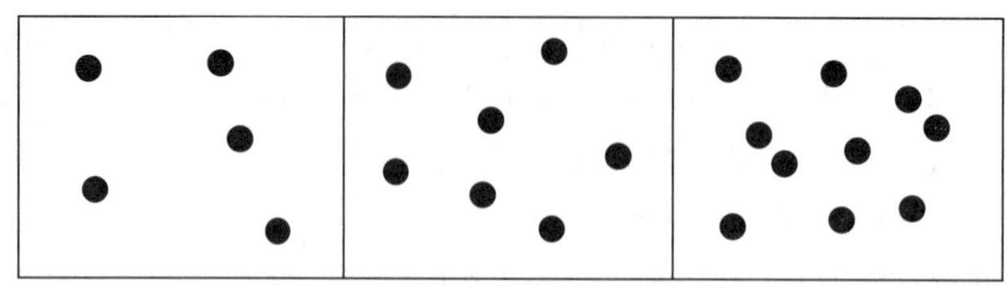

图2-3 注意广度

机能主义心理学家詹姆斯(James)探讨了注意的本质和注意的选择功能,并将注意分为有意注意和无意注意。安吉尔(Angell)也是机能主义心理学家,他继承并发展了詹姆斯的思想,把注意看成意识活动的中心,并进一步细分为随意注意、非随意注意和随意后注意。

索罗门和斯坦(Solomons & Stein)、布莱恩和哈特(Bryan & Harter)均曾尝试开展以注意为主题的心理实验。较早使用"注意"这一术语的书籍是1903年由里博(Ribot)编著的《注意心理学》和1908年由铁钦纳编著的《感觉和注意基础心理学讲稿》。有关注意的最早文献则出现在1928年的《心理学公报》上。

注意研究在实验心理学领域开展较早,但是在20世纪上半叶,行为主义成为心理学主流时,注意被极大地忽视了。尤其在美国的心理学研究中,注意未受到重视。行为主义将注意和意识当作唯心主义概念,认为它们不应该在科学心理学中占有位置。

(二)注意研究的发展

1945年之后,军事心理学和工程心理学开始研究注意问题,并取得一些成果。这些成果成为注意的心理学理论基础。随着认知心理学的兴起与发展,人们越来越重视注意在信息加工中的重要作用。"鸡尾酒会"问题是注意研究中的一种典型现象。鸡尾酒会同时存在着许多不同声源:多个人同时说话的声音、餐具的碰撞声、音乐声以及这些声音经墙壁和室内的物体反射而产生的反射声等。在声波的传递过程中,不同声源所发出的声波之间以及直达声和反射声之间会在传播介质(通常是空气)中相叠加,形成复杂的混合声波。因此,在到达听者外耳道的混合声波中,已经不存在独立的与各个声源相对应的声波了。然而,在这种环境下,听者却能够听到所注意的目标语句。听者是如何从所接收到的混合声波中分离出不同说话人的言语信号,进而听懂目标语句的呢?这就是切里(Cherry)在1953年所提出的著名的"鸡尾酒会"问题。

为了揭示"鸡尾酒会"问题的真相,切里开展了双耳分听实验(图2-4)。在实验中,被试戴上耳机,两耳分别听不同的信息,一条信息呈现给左耳,另一条信息呈现给右耳。实验要求被试只注意其中一条信息而忽视另外一条信息。需要听注意信息的耳朵称为追随耳,另一只则称为非追随耳。为了确保被试的注意集中在追随耳,实验要求他们复述听到的目标信息。切里发现,经过练习,被试能够成功地只关注追随耳中的信息。

图2-4　双耳分听实验

切里又评估了未受到被试注意的信息的意识程度。他改变了被忽略信息的特征,并在实验之后询问被试是否注意到这些信息。他对被忽略信息做了四个方面的改变:从语音到纯音、从男声到女声、从正常语序到颠倒语序、从英语到德语。

结果表明,被试注意到了从语音到纯音和从男声到女声的变化,而另外两种变化没有得到被试的注意。实验说明,被试只是从物理特征上过滤所接收的信息,他们并没有去分析信息的意义。

布罗德本特(Broadbent)根据注意研究的成果尤其是切里关于注意研究的结论,提出注意的过滤器模型(filter model),也称为注意早期选择模型。随后,特瑞斯曼(Treisman)基于注意早期选择模型无法解释部分注意现象的问题,提出注意的衰减器模型(attenuator model)。基于大脑皮层诱发反应的神经生理学数据,多伊奇(Deutsch)等提出了注意的反应选择模型(reaction selection model)。以上模型的共同点在于,在注意信息加工中的某个阶段存在注意瓶颈。

20世纪70年代到80年代前期,认知心理学开展了个体从事两项以上任务能力的研究。研究认为,单一资源库理论并不能说明注意的研究结果,因此,威肯斯(Wickens)提出多资源注意理论(Multi-resource attention theory)。多资源注意理论将认知资源(cognitive resources)分成三类:加工阶段(知觉/中枢阶段或反应阶段)、信息加工编码(言语或空间)、信息输入与反应形态(视觉或听觉;手势或口语)。这一理论受到研究者批评,因为资源库之间的界限很难确定。20世纪90年代以后,注意理论不仅在心理学传统领域,而且在两个新兴领域得到迅速扩展:注意的计算机建模和注意的神经心理学评定。

以上是注意研究的基本历程。不管是早期研究,还是渐渐发展起来的相关研究,都是在漫长的过程中通过研究者不断地批判、总结、探索和创新而发展起来的。了解注意研究进程,可以宏观地了解注意研究的过去和现在,有助于展望未来的注意研究。

第二节　注意的选择理论

注意的基本功能是选择。然而,对于选择功能是怎样实现的这个问题,认知心理学家争论多年,提出了不少具有一定影响力的模型。下文对布罗德本特的过滤器模型、特瑞斯曼的衰减器模型、多伊奇等的反应选择模型进行简要介绍。

一、过滤器模型

过滤器模型是由英国心理学家布罗德本特在1958年提出来的。他认为,神经系统在信息加工(或信息处理)方面是有限度的。当信息通过大量平行通道进入神经系统时,由于到达某处的信息总量超过负责知觉分析的高级中枢的容量,因而需要一种过滤机制,在信息传输通道上起"关卡"的作用。过滤器模型是在信息论的直接影响下提出来的。

信息论认为,信息加工受到通道容量的限制。信息超过通道容量,就会从通道中"溢出"。这种机制能从一条输入路线选择信息,并使这种信息直接通向高级中枢,而没有选中的信息被阻隔在信息系统的外面;就像往一只狭口管道里倒水一样,一部分水流入管道内,而另一部分水被阻隔在管道外(图2-5)。

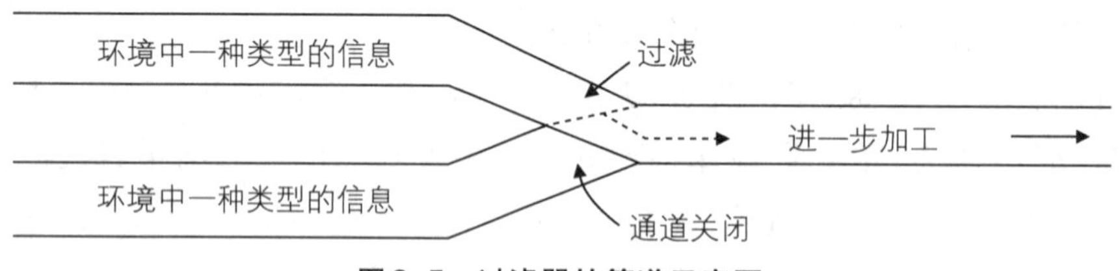

图2-5　过滤器的管道示意图

过滤器模型是一种"全或无"的模型,人只能专注于或只加工来自一个通道的信息。只有通过过滤器的信息才会被进一步加工。布罗德本特假设,过滤器是位于语义分析之前的。外界的刺激信息经感觉器官到达短时存储器中进行暂存,然后经过过滤器的选择，仅有一部分信息进入知觉系统进行分析。所输入的刺激信息能否通过过滤器，完全取决于刺激信息的物理特性，个体知识经验、期望等对刺激信息的筛选并不起作用。

根据过滤器模型，刺激信息经过感觉登记之后，必须经过选择性过滤（即注意），被选择的刺激信息才会进入知觉分析。可见，过滤器模型根据感觉特性来选择刺激信息，并按“全或无”原则进行加工处理，而且发生在知觉分析之前（图2-6）。

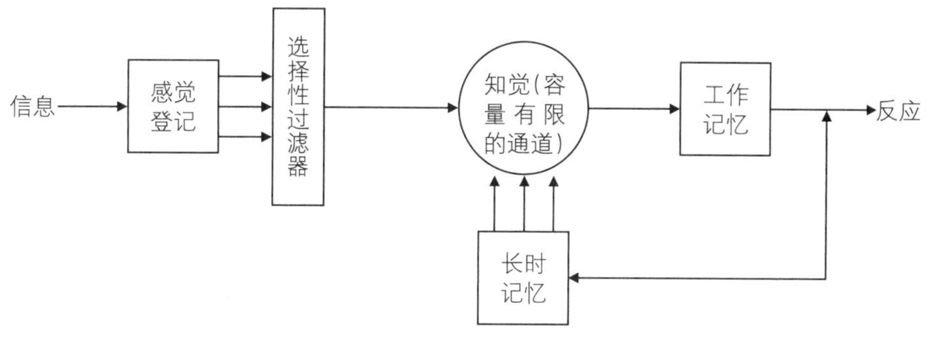

图2-6　过滤器模型

现在来做一个小实验。你找两个朋友，让他们每人准备一段文字材料，300字左右，理解难度均为中等。材料准备好之后，找一个安静的环境，让一个朋友阅读他准备的文字材料，另一个朋友把他的文字材料以纸质形式拿给你看，读和看的时间均为60秒。你需要关注阅读的内容，并在时间结束之后回忆所获取的内容。按照注意的过滤器模型，你可能会获取你听到和看到的一部分内容，因此在复述的时候，你可以说出你听到和看到的内容。

尽管该模型得到了实验证据的支持，但其局限性也较明显。

首先，该模型是根据听觉实验结果提出的，实验材料都是听觉材料，因此信息的选择与过滤只发生在同类听觉材料之间。当材料性质改变，信息输入来自不同感觉通道时，模型的预测效力变弱。其次，模型只能解释刺激的物理性质对信息选择的作用，而无法解释材料语义联系在信息选择中的作用。最后，由于人们可能对语义进行加工，因此假定注意选择发生在信息加工早期阶段是没有说服力的。基于过滤器模型的局限，衰减器模型被提了出来。

二、衰减器模型

衰减器模型（图2-7）是由特瑞斯曼在1967年提出来的。他认为，注意的过滤器并不是按照“全或无”原则工作的，相反，过滤器的作用是把未注意的刺激信息暂时储存在感觉器官中，处于不完全减弱加工状态。当这些刺激信息的地位发生变化，或受到其他物理属性，如颜色、音量、空间位置和形状等影响，注意就会对这些刺激信息进行加工处理。

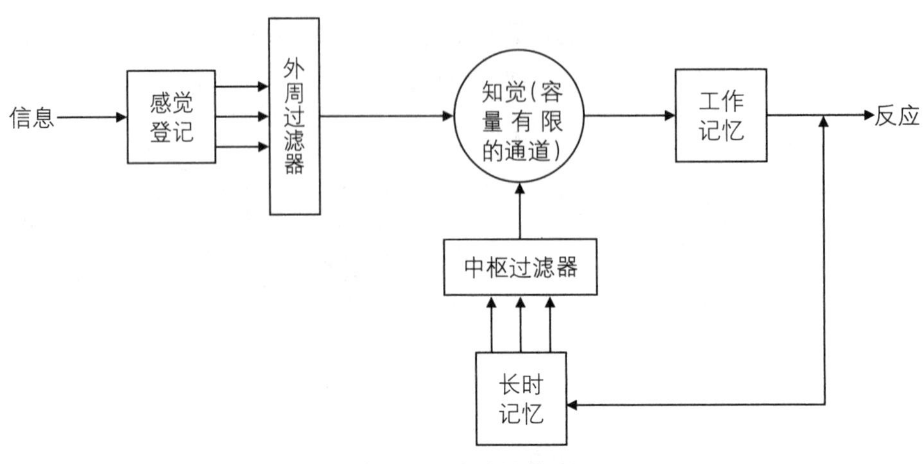

图2-7　衰减器模型

该模型说明了人是如何迅速转换有限信息通道并传递更为重要的信息的，同时说明了衰减信息是如何在一定条件下被高度关注的。特瑞斯曼认为，注意过滤器分为两种：一是位于语义分析之前的，称为外周过滤器，它根据刺激信息的物理特征给予不同程度的衰减；二是位于语义分析之后的，称为中枢过滤器，它根据刺激信息的语义分析来选择信息。

还是之前的小实验，我们接着进行下去：请你的朋友根据你已看过或听过但未能说出的信息提问，如你未说出的颜色或人物角色等细节信息。

按照衰减器模型，无论是你听到的还是看到的信息，原本你觉得未注意到或未记住的信息又有一部分出现在你的大脑中，甚至可以回忆起来。但是，也有一部分信息你无论如何都想不起来。

你的实验结果是这样吗？

注意的选择不仅依赖于刺激信息的物理特性，而且依赖于刺激信息的意义特征。对刺激信息的语义分析是在信息加工的较后阶段进行的。

可见，相对过滤器模型来说，衰减器模型更为复杂。当前的认知理论倾向于把布罗德本特的过滤器模型和特瑞斯曼的衰减器模型结合起来，统称为知觉选择模型（perceptual selection model）。

生活中的心理学

"鸡尾酒会"效应

当人的听觉注意于某一事物时，意识就会将一些无关的声音刺激排除在外。而无意识却监听着外界的刺激，一旦一些特殊的刺激与己有关，就能立即引起注意。如在声音嘈杂的鸡尾酒会上，有音乐声、谈话声、脚步声、餐具的碰撞声等。当某人的注意集中于欣赏音乐或别人的谈话时，就会对周围嘈杂的声音充耳不闻。若在另一处有人提到他的名字，他会立即朝说话人望去。该效应实际上是听觉系统的一种适应能力。对熟悉事物的迅速再认被称为"鸡尾酒会"效应。

三、反应选择模型

反应选择模型(图2-8)是关于在反应水平上进行选择的理论，由多伊奇等在1963年提出。该模型与知觉选择模型的区别在于，注意选择功能的发生晚于知觉分析阶段。当信息进入工作记忆时，才出现信息的选择。多伊奇设想：每一个通道输入的信息都可以进入高级分析水平，得到完全的知觉加工，非追随耳也是如此。信息进入工作记忆以后，重要信息得到精细反应，不重要信息则不会得到反应；在对重要信息进行反应时，如果有更重要的信息出现，原来的信息则会被挤走。

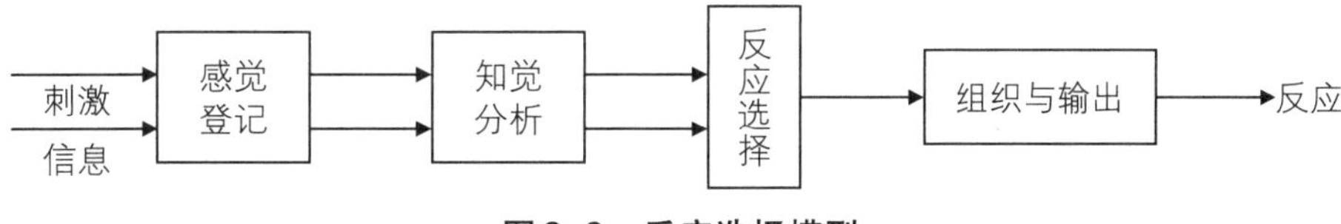

图2-8 反应选择模型

诺曼对多伊奇等的理论作了进一步完善和扩展。他认为，所有信息都被传入工作记忆中。信息传递是以平行方式进行的，平行传递的信息总量超过工作记忆的容量，则需要进行选择。一部分信息之所以未被注意，是因为个体仅对其他信息做出了反应。

还是上面的小实验。如果按照反应选择模型，你对所听到和看到的信息应该都进行了注意、知觉加工，但是你只能回忆起一部分信息，对材料内容有整体的感知，要点记忆深刻。当你答不上朋友的问题时，你会觉得有印象或是很熟悉，但是无法回忆起来，这部分信息不是你所认为的重点内容。

做完这个小实验后，你可以结合你的体验重新学习这三种注意模型。

按照反应选择模型，对于熟悉物体的再认是不需要选择的，也不受加工容量的限制。因此，一个人不能有意识地选择识别什么或不识别什么。信息的重要性受到多种因素影响，包括信息上下文、对于个人的意义以及个人唤醒水平等。譬如，熟睡的人处于最低警醒水平，只有极其重要的信息才会得到注意；而在较高警醒水平下，不太重要的信息也能得到加工。注意的选择功能体现在选择最重要的信息并给予反应。

第三节　注意的认知资源理论

生活中每一个人都有这样的经验：人们可以较容易地一边唱歌一边跳舞，但是很难甚至根本做不到一边阅读一边交谈。这些现象体现出注意的协调与分配，即一个人同时执行两个或两个以上任务时的注意特性。

一、认知资源的有限性

认知资源的有限性是指人在对刺激信息进行识别、加工、储存时，会受到心理容量的限制。每一项认知活动都会占用和消耗一定认知资源。个体进行认知活动时，需要利用有限的认知资源。刺激的信息越复杂，消耗的认知资源越多。同时呈现几种刺激信息，认知资源很快耗尽，再继续呈现新的刺激就无法进行加工。认知资源理论把注意看作对刺激信息进行识别和加工的认知资源，容量有限。因此，只有当认知任务所需资源总和不超过中枢容量，注意协调和分配才能顺利进行；否则，其活动必然会受到阻碍。

对一位熟练的司机来说，一边开车一边说话毫无困难；但当交通堵塞、人车混杂时，他必须停止谈话，小心翼翼地开车以免撞到行人。可见，当一个人要同时完成两件及以上的事情时，往往不像仅做一件事情那样顺利，因为人的认知资源是有限的。

同时执行两个或两个以上认知任务时，注意协调和分配会受到任务难易程度、任务相似性、个人技能及练习情况等因素的影响。

当一项难的任务和一项相对容易的任务发生冲突时，相对容易的任务更可能被执行。如：一边做数学题一边听音乐的时候，我们往往会被带入音乐的节奏里，而无法专心解题。这时候就需要关掉音乐，才能重新将注意力集中在解题上。

两项任务能组成某种有联系的操作系统时，加工处理就容易些。如：一边学习处理实验数据的教学视频,一边思考自己的实验数据可以选择哪种处理方法。

两项互不干扰的任务比两项相似的任务完成得更好。如:看视频的同时吃东西,比看视频的同时看小说要完成得更好。

另外,练习可以提高任务的注意分配和协调。这就涉及自动加工(automatic processes)和控制加工(controlled processes)。自动加工是不受认知资源限制,无需意志控制的认知过程。控制加工是受认知资源限制,需要意志来控制的认知过程,在经过大量练习之后,有可能转变为自动加工。

戴头盔这一动作经过反复练习,会逐渐转变为一种自动加工的过程,减少注意或认知资源的参与,这个转化过程称为自动化(automatization)或程序化(proceduration)。

练习对自动化的影响呈负加速曲线(图2-9),与艾宾浩斯遗忘曲线相似。从这种曲线来看,早期练习的效果较大,越往后对自动化的促进作用越小。这就意味着,即使通过日积月累的练习,完成任务仍然需要占用认知资源,只是相对较少,几乎可以忽略。

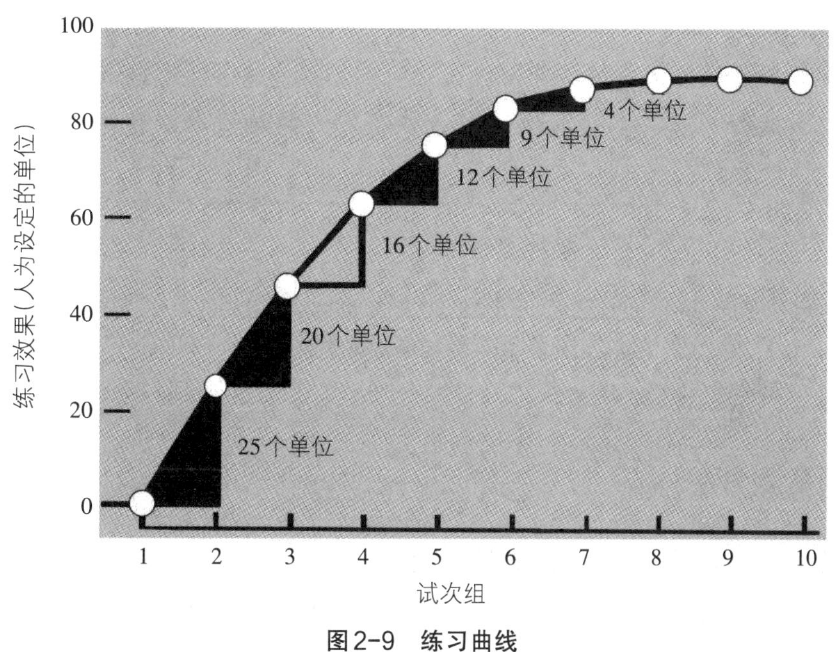

图2-9 练习曲线

例如,在宽阔且车辆稀少的大道上,我们可以一边骑着电动车一边欣赏路边的风景。骑电动车就是自动加工,不需要消耗很多认知资源,因此我们可以将注意集中在其他认知过程上。

又如,随着"一盔一带"政策的推行,外出骑行电动车必须戴好头盔。这个时候,我们就需要每次提醒自己先戴好头盔再骑电动车,否则就会被罚款或谈话教育。经过一段时间的练习之后,戴头盔就变成了一个自动化的动作,不需要意志控制就可以自动加工。

但是,自动化有时也会对认知起阻碍作用。比如经典的斯特鲁普效应。斯特鲁普(Stroop)在一项实验中向被试呈现一系列有颜色的条块,并要求尽快大声说出颜色的名称,然后向被试呈现一系列表述颜色的字词,每一个词是一种颜色的名称,同样要求尽快大声读出呈现的字词。结果被试顺利地完成了这两次任务,耗时也相差不多。最后,再给被试呈现一系列表述颜色的词,每一个词表示的颜色与所用墨水的颜色并不相同,例如:"红"字是用蓝墨水写的;"绿"字是用黄墨水写的;"黄"字是用黑墨水写的,再要求被试尽快大声说出字词的墨水颜色。这时出现了令人惊讶的结果:被试不能迅速而又准确地说出字词的墨水颜色,甚至有时会不由自主地读出词语表述的颜色,甚至常常需要思索之后才能继续往下读。在斯特鲁普测验中,颜色词激活负责输出单词的皮层通路,墨水颜色激活负责对颜色进行命名的皮层通路,前一通路对后一通路产生干扰。在这种情况下,需要花费更多时间来积累足够强度的激活,从而抑制字词阅读反应,以产生颜色命名反应。

斯特鲁普效应存在多种变式,包括数字斯特鲁普效应(图2-10)、方向斯特鲁普效应、动物斯特鲁普效应和情绪斯特鲁普效应等。譬如数字斯特鲁普效应,就是在纸上连续写三个数字"2",不要求被试报告数字"2",而是要求报告数字"2"的数量,等等。

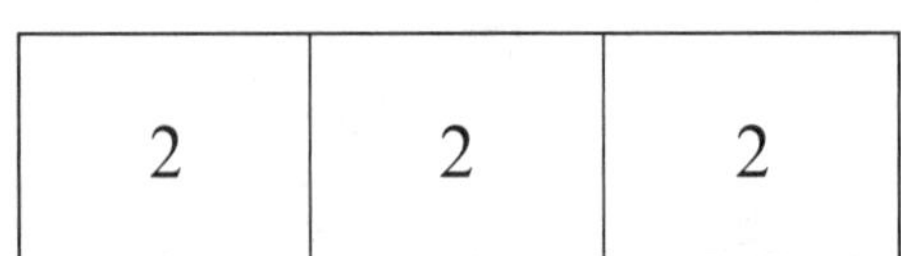

图2-10　数字斯特鲁普效应

二、认知资源分配

卡尼曼(Kahneman)提出了认知资源分配模型(cognitive resource allocation model)(图2-11),认为注意是一种认知资源,其容量是有限的。人在对刺激信息进行分类和识别的过程中会受到认知资源有限性的制约。这种有限性是相对的,并不是一个固定值,会受到唤醒水平调节。

当大量刺激输入时,决定哪些刺激信息被加工的关键是注意的适宜分配。人可以根据情境把有限认知资源调配到最重要的新异刺激信息上。因此,注意分配依赖于个体唤醒水平、当时需要与动机、对完成任务所需资源的评估以及长期认知倾向等因素。

平时生活中,我们可以一边听音乐一边整理文件、一边做家务一边交谈等。但是,在需要解决高要求任务的时候,我们就不得不中断其中一项任务,集中注意去完成另一项任务,这说明注意确实存在适宜分配的问题。

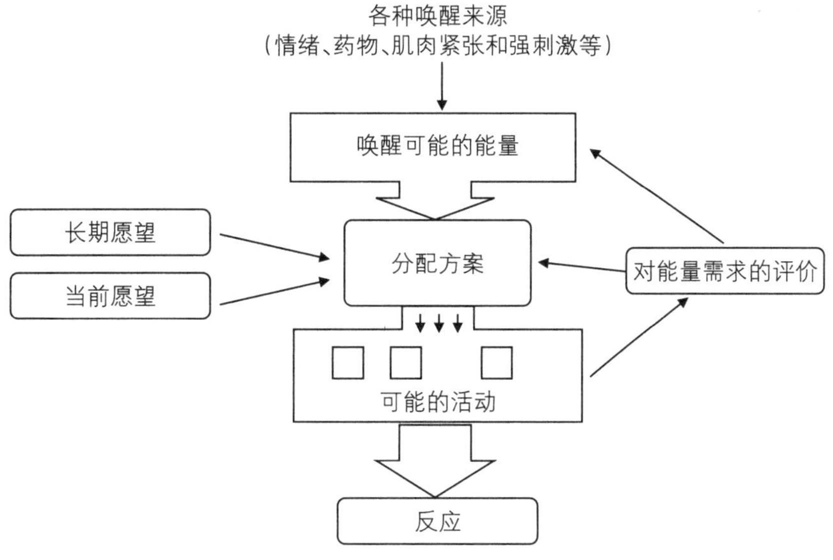

图2-11　卡尼曼的认知资源分配模型

生活中的心理学

驾驶过程中的分心物

在一项关于打电话影响驾驶的实验中,斯特雷和约翰斯顿(Strayer & Johnston,2001)要求被试完成一项模拟驾驶任务,在红灯亮起时迅速踩刹车。研究发现,在完成这一任务时,打电话导致被试闯红灯的概率是不打电话的两倍。而且,在驾驶过程中打电话会使被试在红灯亮起时踩刹车的反应变慢。他们从结果中推论,打电话会占用认知资源。

三、注意的材料限制和资源限制

根据注意的认知资源分配模型,诺曼和鲍布罗(Bobrow)等将人的认知活动分成两类。

一是资源限制的认知活动。人的注意受到所分配认知资源的限制,一旦得到较多认知资源,就能顺利进行认知活动。

二是材料限制的认知活动。如果刺激材料质量低劣或信息不适宜加工,即使分配到较多认知资源,也不能顺利完成认知活动。

他们认为，人类信息加工系统内部存在用于加工刺激信息的认知资源，但它是有限的。如果分配到的注意资源增多，某项认知操作成绩会逐渐提高；如果受到材料限制，即使分配到更多的认知资源，认知操作成绩也不会提高。对一项任务分配的认知资源增加，就会导致其他任务可得到的认知资源减少。

第四节　实践中的注意研究

近几十年来，注意研究仍是一个相当活跃的领域。下面是注意研究在教育心理学、广告心理学以及日常生活中的应用。

一、注意规律在教育活动中的作用

生活中的心理学

舒尔特方格

教学之余，可以通过一些方法训练学生的注意力，譬如舒尔特方格（图2-12），既可以有效训练学生的注意力，也可以增加学习的趣味性。

24	16	4	11	9
13	20	22	1	7
21	2	5	18	12
19	10	14	23	6
8	17	15	3	25

图2-12　舒尔特方格

舒尔特方格是在一张方形卡片上画1cm×1cm的方格，共25个，再在每一个格子内任意填写1—25中的阿拉伯数字，训练者按1—25的顺序依次找出位置，同时记录所用时间。可以根据学生年龄或注意水平更换方格内的材料，控制难度，提高注意水平。

一般来说，注意力越集中，所用时间越短，训练成绩越好。下面的数据给大家参考:12—14岁人群训练时,如果用时在16秒以下,表示优秀;26秒以下,中等水平;36秒及以上,不合格。成年人最好可以达到8秒,20秒为中等水平,30秒及以上为不合格。

舒尔特方格训练不仅能提高注意力,还能扩展视幅,加快阅读速度。训练初期,达不到标准是正常的,先从最基础最简单的练起,有规律地训练,直到熟练之后,再逐渐增加难度,切忌因急于求成而使学习热情受挫。

上好一节课,除了要有明确的教学目标、正确的教学内容,充分发挥教师的主导作用和学生的主体作用,还必须采取恰当的方法,把学生的注意力吸引到教学内容上来,调动学习积极性,并且让学生能够主动地内化知识,进而实现教学的成功。那么,如何将注意规律应用到教学中来呢?下面从无意注意和有意注意两方面讨论注意在教学中的应用。

无意注意又称不随意注意,是没有预定目的、不需要意志努力、不由自主地对一定事物所产生的注意。例如,你正在听讲,教室的门突然被人打开,一声巨响,你不由自主看了一眼,这就是无意注意。强度大的、对比鲜明的、突然出现的、变化运动的、新颖的刺激以及自己感兴趣的、觉得有价值的刺激容易引起无意注意。由于刺激物的特点和个体主观状态是无意注意产生的基本条件,因此,可以运用无意注意的规律组织教学活动。如何利用无意注意将学生的注意吸引到教学内容上,是一个值得关注的问题。首先,教师应创设良好的教学环境,有效减弱学生上课时的注意分散,并能够迅速妥善地处理偶发事件,尽可能排除外在干扰。其次,刺激物的强度、新颖性是引起无意注意的重要因素。教师在讲课时,要注意语音语调的抑扬顿挫,语速、音量适中,板书清晰且重点突出,适时配合相应的手势和表情动作,同时可以运用教具以及多媒体来吸引学生的注意。最后,个体知识经验对于无意注意的产生十分重要,学生更愿意关注与自己知识经验相关的事物。因此,教师应该以学生的知识背景作为新知识生长点,找出教学内容与原有知识结构的结合点,提供具体实例,从而最大程度地提高学生学习的积极性。

有意注意又叫随意注意,是有目的、需要一定意志努力的注意,是在无意注意基础上发展起来的,是人所特有的一种心理现象。有意注意是学习活动中必需的注意状态,因此教师可以运用有意注意的规律组织教学活动。在教学中,教师要保证学生有良好的有意注意,应注重以下几个方面。首先,明确学习目的和任务,提高活动的目的性。学习活动的进行,更需要有意注意的调节和控制。帮助学生确立明确的学习目的和正确的学习态度,是保证学生持之以恒地学习的前提。其次,激发学生的学习动机,培养学生的学习兴趣,是保持有意注意的关键。相比于强行给学生施加外部压力，让学生在学习中体验到成功和自我价值才是提高学习效果最有效的手段。最后，合理组织课堂教学，减少学生分心的现象。学习活动需要学生保持有意注意，但人的注意又很难长久集中，因此，教学过程应避免任务安排过满，节奏过于紧张，应该张弛有度，给学生适当放松休整的时间。有时，教师适当放慢速度，穿插些有趣的谈话，可以更好地促进学生的学习。

二、注意规律在广告设计中的运用

一个经过冥思苦想设计而成的广告，如果根本没有引起消费者的注意，则这个广告所付出的一切努力，包括广告主的投资，将全部付诸东流。因此，制作一个成功的广告的第一步，是引起消费者对广告的注意。

（一）广告受众的注意特点分析

在广告受众中，一般有两种人会对广告产生有意注意：一是那些有购买某种商品的意向而寻求该商品信息的人；二是新近购买了某种商品的人，会通过广告来判断自己的决策是否正确，主要是希望广告为自己的决策提供支持，从而获得一种心理安慰。除这两种人之外，一般人对广告只能是无意注意或“有意”回避。商品对受众来说，只能通过引起受众的无意注意，才会起到较好的效果。

生活中的心理学

牙膏广告中的注意规律运用

人们每天都用牙膏，一般不会突然产生要换牌子的欲望而去主动接触广告，寻求新品牌牙膏的信息（图2-13）。但在观看电视或阅读报纸时，会无意中注意到某一品牌的牙膏广告，感到这个品牌的牙膏可能确实与众不同，从而产生购买欲望。这时，广告策划就要充分考虑能引起注意的刺激的特征。

图2-13　报纸上的牙膏广告

(二)商品的注意特点分析

如果广告宣传的是一种新产品,那么可以考虑吸引消费者的无意注意。譬如,已在市场上流行几年的玻璃擦,要在消费者经过柜台时,引起消费者的无意注意:一个人拿着一把消费者从未见过的工具,在一面镜子上来回推动。这一事件的新异性体现在:这种工具是消费者在日常生活中从未见过的。这时消费者可能走近柜台,进一步了解情况。

研究表明,影响注意的因素主要有刺激物的强度和刺激的新异性。广告宣传主要诉诸听觉和视觉。一般来说,大的声音比小的声音、大的画面比小的画面、运动的东西比静止的东西更容易引起注意,但这些都是相对于环境而言的。如果所有广告都是整版的,电视画面都是以一种方式运动,就不会再引起观众特别的注意。因此,从根本上说,刺激物的新异性是引起无意注意的最主要特征。

三、注意规律在日常生活中的作用

人借助注意来实现对外界信息的选择、控制与调节,以便更有效地加工和处理最重要的刺激信息。注意在生活中有广泛的应用,这里仅对注意的选择性、注意分配、注意转移的相关运用进行介绍。

注意的选择性是注意最重要的品质,指个体选择众多刺激信息中的部分信息作为加工对象。人们在日常生活中会面对许多刺激物,不可能对所有刺激物都加以注意,绝大多数会被筛选掉。研究表明,有三种刺激物较能引起人们的注意:一是与目前需要有关的;二是预期即将出现的;三是变化幅度大于一般的,如降价50%较降价5%的广告,会引起人们更大的注意。

有这样一个心理实验:给墨西哥人和美国人看两组图片,一组是美国人熟悉的打棒球的场面,一组是墨西哥人所熟悉的斗牛场面。这些照片快速地交叉出现。结果是84%的美国人只看到打棒球的场面,74%的墨西哥人只看到了斗牛的场面。

注意分配是指在同一时间内,把注意指向不同的对象,同时从事几种不同活动的现象。注意分配是有条件的,需要训练和培养。注意分配是完成复杂工作的重要心理条件。

例如,市中心一家高级餐馆的主厨正忙碌地准备当晚的菜肴。他每隔三分钟就要搅动一下浓味鱼肉汤,查看一下烤炉里的蛋糕,还要为菜肴调好配料。在这些活动间隙,他还必须监督其他厨师和厨房里其他副手所做的准备工作。

注意转移也是重要的注意品质。注意转移是根据个体需要、目的和意愿,把对某种刺激信息的关注转移到另一种信息上去的心理活动。注意转移的快慢和难易,取决于原有注意的紧张程度和引起注意转移的新对象的性质。

在实际生活中，注意分配和任务之间的快速转移很难区分开来。以看报纸和看电视为例，有限的注意确实能够同时在两项任务之间进行分配。但是，注意实际上是在两项任务之间来回转换。当个体对电视节目感兴趣时，注意会更多地放在电视上；而当电视上出现广告时，注意则会转移到报纸上。实际上，注意分配很不容易做到，大多时间是快速转移。

拓展阅读

不注意盲视与变化盲视

在心理学中，当全神贯注于某一点时，就算周围发生再不合理的事件，我们仍浑然不觉，这种现象被称为"不注意盲视"。最有名的实验是来自伊利诺伊大学的Daniel Simons的"看不见的大猩猩"实验。实验者给被试播放一小段视频，视频中有两支球队正在打篮球，一队穿着白色队服，另一队穿着黑色队服。实验者要求被试在观看时数出该影片中白队成员内部传球次数。影片结束之后，人们给出传球次数的答案。然而，当被问到是否发现什么异常时，大约60%的人都没有发现一个穿着黑猩猩装的男人捶着胸在人群中穿过。

上一个片刻到下一个片刻的变化，常无法被发现，这种现象被称为"变化盲视"。变化盲视与不注意盲视有关，但并不完全相同。前者是无法察觉"前一秒钟影像"与"此时影像"的差别，而不注意盲视则是在无预期的状况下发生的。英国魔术师Derren Brown曾在节目中，试探路人是否能察觉上一秒和下一秒的差别。演员A在路上随便找一位路人问路，这时中间突然有搬运货物的人经过，与此同时，换成演员B继续问路。结果发现，很多路人并没有意识到演员已经被掉包。

本章要点小结

1.注意是指人的心理活动对一定对象的指向与集中。

2.过滤器模型是由英国心理学家布罗德本特提出来的。他认为，神经系统在信息加工（或信息处理）的方面是有限度的。当信息通过大量平行通道进入神经系统时，由于到达某处的信息总量超过负责知觉分析的高级中枢容量，因而需要一种过滤机制，在信息的传输通道上起"关卡"的作用。

3.衰减器模型是由特瑞斯曼提出来的。他认为，过滤器并不是按照"全或无"原则工作的，相反，过滤器作用是把未注意的刺激信息暂时储存在感觉器官中，处于不完全减弱的加工状态。当这些刺激信息发生重要变化时，或受到其他物理属性，如颜色、音量、空间位置和形状等影响时,注意就会对这些刺激信息进行加工处理。

4.反应选择模型是关于在反应水平上进行选择的理论,由多伊奇等提出。该模型与前面两个知觉选择模型的区别在于,注意的选择功能作用的阶段晚于知觉分析,当信息进入工作记忆时,才出现信息的选择。

5.认知资源的有限性是指人在对刺激信息进行识别、加工、储存时会受到心理容量的限制。认知资源理论把注意看作对刺激信息进行识别和加工的认知资源,其容量是有限的。

6.认知资源分配模型认为,注意分配依赖于个体的唤醒水平、当时的需要与动机、对完成任务所需资源的评估以及长期的认知倾向等因素。

7.注意的材料限制和资源限制理论认为,人类的信息加工系统内部存在用于加工刺激信息的认知资源。由于资源是有限的,就会导致在处理和加工刺激信息时注意分配的限制。随着分配到的注意资源增多,某项认知操作成绩就会逐渐提高;如果受到材料限制,即使分配到更多认知资源,认知操作成绩也不再提高。对一项任务分配的认知资源增加,就会导致另一项任务得到的认知资源减少。

8.注意与学习存在密切的关系。对刺激信息的注意,必须在选择后把信息保持一定时间以用于加工与处理。要对刺激信息的关键部分进行有意注意,这样才能进行有效学习。提高一个人在从事学习活动时注意动机,能够在很大程度上增进学习与记忆效率。

9.由于刺激物特点和个体主观状态是无意注意产生的基本条件,因此,可以运用无意注意的规律组织教学活动。有意注意是学习活动中应该具备的一种注意状态,因此,教师可以运用有意注意的规律组织教学活动。

关键术语表

“鸡尾酒”会效应

过滤器模型

衰减器模型

反应选择模型

认知资源

自动加工

控制加工

斯特鲁普效应

认知资源分配模型

双任务范式

注意品质

本章复习题

一、选择题

1.注意在认知活动中扮演的角色包括(　　)。

A.选择者　　B.放大器

C.指南针　　D.分配者

2.注意模型争论点在于(　　)。

A.信息选择发生的位置　　B.信息选择的方式

C.注意选择的内容　　D.注意与工作记忆的关系

3.根据注意的认知资源分配观点,人类认知活动可分为(　　)。

A.材料限制　　B.资源限制

C.能量限制　　D.环境限制

4.下列哪些现象属于注意规律在实践中的运用(　　)。

A.上课教师提高嗓门　　B.考前认真复习

C.销售员在店门口吆喝　　D.一边走路一边唱歌

二、简答题

第一节

1.简述注意的功能。

2.简述注意研究的基本历程。

第二节

1.简述过滤器模型。

2.简述反应选择模型。

第三节

1.简述注意的认知资源分配。

2.简述注意的材料限制和资源限制理论。

第四节

1.简述注意规律在教育实践中的运用。

2.简述注意规律在日常生活中的运用。

第三章 感知觉

本章开始之前,我们先思考以下问题:

1.请想象一下,你正被压力、光、热、声音等包围,突然失去所有感觉,会发生什么变化?

2.图3-1是一张双关图。你首先看到的是什么?

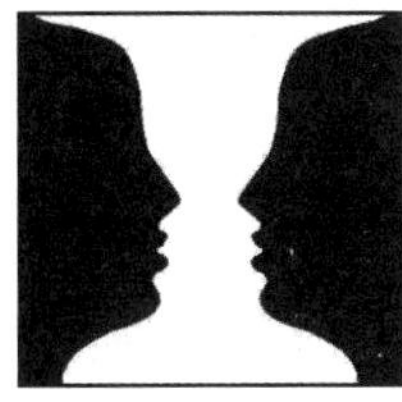

图3-1 双关图

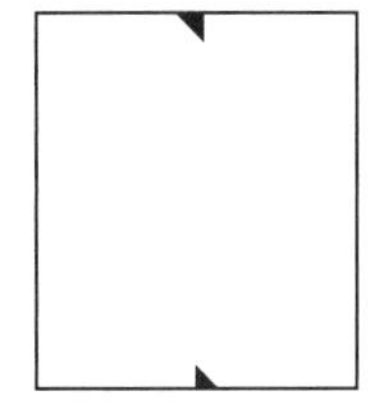

图3-2 大N

3.图3-2是抽象派画家赫尔德(Heid)的作品《大N》。你在这幅画中是否只看到两个小黑色三角形?

个体对世界的认识始于感觉。感觉让个体了解内部和外部环境信息,并维持个体与环境之间的平衡。除此之外,人们还需要知觉。知觉帮助人在感觉的基础上认识事物的整体和意义。感知觉是大自然赋予人类最好的礼物,让生活变得丰富多彩,让生命更加快乐、幸福。

第一节　感知觉概述

一、感知觉定义及分类

(一)定义

感觉(sensation)是人脑对直接作用于感觉器官的客观事物个别属性的反映。感觉受到客观事物物理属性和个体生理特点的影响。例如一颗紫葡萄,用眼睛看,可以知道其颜色为“紫色”,形状为“圆形”,大小是“较小”;用嘴咬,可以知道它的味道为“酸甜”。紫、圆、小和酸甜是葡萄的个别属性。“紫”是葡萄表面反射一定波长的光波作用于眼睛引起的,“圆”和“小”是葡萄的外部轮廓作用于眼睛引起的,“酸甜”是葡萄内部的某些物质作用于舌头引起的。

知觉(perception)是人脑对客观事物的整体属性的综合反映。它通过感觉器官,把从环境中得到的信息,如光、声音、味道等转化为对物体、事件等的经验。仍以葡萄为例,人脑除了感觉到其颜色和味道,还能把它作为一个整体与其他事物(如提子、蓝莓)进行区分。知觉以感觉作为基础,但不是个别感觉属性的简单相加。例如,当个体知觉三角形时,并不是直接将三条直线的感觉相加。知觉是按一定方式整合个别感觉信息,形成一定结构,并根据个体经验来解释由感觉提供的信息。日常生活中,个体看到的不是个别的光、线条,也不是凌乱无序的刺激特性,而是一个整体,如葡萄、沙发、汽车、山川等。

(二)感觉的分类

根据刺激物及其所作用的感觉器官,感觉可以分为外部感觉和内部感觉。外部感觉接受外部物理刺激,譬如视觉、听觉、嗅觉、味觉、肤觉等。内部感觉接受机体内部的刺激(机体自身的运动与状态),譬如运动觉、平衡觉、内脏感觉等。

1.视觉

视觉是人与周围世界发生联系的重要感觉通道。人获得的外部世界信息中,80%以上是通过视觉获得的。视觉主要是由光刺激作用于人眼产生的。

光是具有一定频率和波长的电磁辐射。光的特性决定人的视觉特性。视觉系统在反映光的特性时,会产生一系列视觉现象,譬如明度(由光源和物体表面的明暗程度决定)、颜色(光波作用于人眼引起)、视觉对比(光在空间上分布不同引起)、马赫带(Mach band,在明暗变化的边界上,会在亮区看到一条更亮的线条,而在暗区看到一条更暗的线条,见图3-3)、暗适应(dark adaption,照明停止或由亮处转入暗处时视觉感受性提高的过程)、明适应(bright adaption,照明开始或由暗处转入亮处时视觉感受性降低的过程)、后像(afterimage,刺激物对感受器的作用停止以后,感觉现象会短暂保留一段时间后再消失)。

图3-3　马赫带

生活中的心理学

色盲

色盲又称先天性色觉障碍,指人不能分辨自然光谱中的各种颜色或某种颜色。色盲是由于基因改变引起的。红绿色盲决定于X染色体上的两对基因,即红色盲基因和绿色盲基因。这两对基因在X染色体上是紧密相连的,所以一般用一个基因符号来表示。这对基因的遗传方式是伴X隐性遗传。男性因为只有一条X染色体,所以只需要X染色体上有一对色盲基因就表现出色盲;而女性有两条X染色体,所以需要两条X染色体各有一对色盲基因,才能表现出色盲。这也导致色盲男性患者多于女性。

人眼是视觉感觉器官,形状近似一个球。它由眼球壁和眼球内容物构成。光线经角膜进入眼内,角膜有屈光作用,保护眼睛和聚焦光线。虹膜可以调节瞳孔大小,从而调节对光线的摄入。瞳孔是虹膜中间的小孔,可以随光线的强弱变大或缩小。光线在眼球中最后到达视网膜。视网膜中分布的是视觉感受器:视锥细胞和视杆细胞。两者在视网膜上的分布和功能均不相同。在视网膜中央凹处,只有视锥细胞,这是视网膜上对光最敏感的区域;离开中央凹,视杆细胞急剧增加,在16°~20°视角处最多。视网膜边缘只有少量视锥细胞。视杆细胞是夜视器官，主要在昏暗照明条件下起作用，感受物体的明和暗；视锥细胞是昼视器官，在中等和强光照明条件下起作用，主要感受物体的细节和颜色。光线作用于视觉感受器时，视觉器官会通过换能作用将光能转换成视神经的神经冲动，即神经电信号，然后经过视神经传递至大脑枕叶的纹状区，形成视觉。

2.听觉

除视觉之外，人类另一种重要的感觉是听觉。个体通过听觉可以欣赏音乐，和他人交流互动，以及察觉危险信号等。声波由物体振动而产生，通过介质传递至人耳，就产生了听觉。声波的物理特性包括频率、振幅和波形，它们决定了听觉的基本特性，包括音调（由声波频率决定）、响度（由声音强度或声压水平决定）和音色（由声音波形决定）。

听觉的感觉器官是耳。耳分为外耳、中耳和内耳三部分。外耳的主要作用是收集声音。声音从外耳道传至鼓膜，引起鼓膜的机械振动。鼓膜的运动带动听小骨，把声音传至鼓室，引起内耳淋巴液的振动。这被称为生理性传导。内耳淋巴液的振动会带动基底膜运动，并使毛细胞兴奋，产生动作电位，实现能量转换，经听神经纤维传递至大脑皮层的听觉中枢，引起听觉。除此之外，还存在空气传导（鼓膜振动引起中耳室内的空气振动，然后经鼓室传入内耳）和骨传导（声波从颅骨传入内耳）。

3.其他感觉

嗅觉可以让人们闻到物质的气味。鼻腔黏膜中的嗅细胞感受到物质后会出现神经元冲动，并迅速传递至大脑边缘系统和前额皮层，产生嗅觉。嗅觉是人类基本感觉之一，在人因工程中也得到了很好的应用，例如，在生产车间使用气味较香的物质可以提振个体精神，缓解身体疲劳，提高生产率。

味觉的适宜刺激是可溶于水的化学物质。干燥的糖或盐不会引起味觉，只有在舌头上溶化了才能分辨出甜或咸。味觉感受器是分布在舌面各种乳突内的味蕾。甜、苦、酸、咸是人的四种基本味觉。舌尖、舌两侧、舌中、舌根分别对甜味、酸味、咸味和苦味最敏感。

肤觉是指刺激作用于皮肤引起的感觉。肤觉存在四种基本形态：触压觉、冷觉、温觉和痛觉。肤觉不仅能帮助人类认识物体的软、硬、冷、热等特征，而且能与视觉联合作用，区别物体大小和形状，或者在视觉等感觉器官受到损伤的情况下起到重要的补偿作用，如盲人用手指认字。触压觉是指由非均匀分布的压力在皮肤上引起的感觉，主要包括触觉（物体与皮肤轻微接触，不引起皮肤变形）和压觉（引起皮肤变形）两种。此外，触压觉还有振动觉和痒觉。痒觉可以由机械刺激引起，也可以由化学刺激引起,如蚊虫叮咬后遗留的蚁酸。皮肤表面温度的变化是产生温觉的适宜刺激,温度刺激引起的感觉取决于刺激温度与皮肤表面温度的关系:高于皮肤表面温度的刺激产生温觉;低于皮肤表面温度的刺激产生冷觉;等于皮肤表面温度的刺激不产生温觉。任何一种刺激在对有机体具有损伤或破坏作用时,都能引起痛觉。痛觉在一定程度上可以保护机体,譬如感到头疼时,会意识到可能感冒了;感到肚子疼,会考虑可能吃了变质的食物。这些对痛觉信号的意识,促使人采取措施来保护自身免受病害。

内部感觉的感受器位于机体内部,反映内脏器官的状态、身体平衡状态和自身状况。运动感觉的感受器位于肌肉、肌腱、韧带和关节等,是对身体各部分及其运动进行反应的感觉。平衡觉的感受器位于内耳的前庭器官,对人体做直线加速或减速运动、旋转运动进行反应。内脏感觉的感受器位于脏器壁上,是对机体饥饿、恶心、渴意等状态的感觉。一般情况下,内脏感觉被外感受器的工作屏蔽,只有当内脏感觉十分强烈时,才能被明显感觉到。

(三)知觉的分类

根据人脑认识事物的特征,知觉可以分成空间知觉、时间知觉和运动知觉。空间知觉主要处理有关物体的空间关系(距离、形状等)的信息;时间知觉主要处理有关事物的延续性和顺序性的信息;运动知觉主要处理物体在空间上的位移等信息。此外,知觉还存在一种特殊形态——错觉。

1.空间知觉

空间知觉包括形状知觉、大小知觉、深度知觉和方位知觉等。你是否曾经在下楼梯时,一只脚踩空,差点摔倒?或者想把杯子放到桌子上时,却失手打碎杯子?人们生活在三维空间中,必须具有了解空间事物之间关系及其变化的能力。

在物体所有属性中,形状知觉是最重要的。譬如看书写字,就是一种识别文字的能力;绘画也是一种识别景物和物体的能力。形状识别始于对物体原始特征(点、线条、角度、朝向和运动等)的分析。图形是平面上某一确定的面积,能通过可见的轮廓而从其余部分分离出来的形状。除可见的轮廓外,还有一种客观上不存在明显刺激梯度变化的轮廓,被称为主观轮廓或错觉轮廓。如图3-4(a),我们看到一个白色三角形;在图3-4(b)中,我们看到一个白色正方形。在看见当前图形之后,人们还要利用已有知识经验来确定所知觉图形的形状,这被称为形状识别,主要包括物体识别、面孔识别和文字识别等。物体识别基于对构成物体的基本成分(如三角形、圆柱形、锥形、弧形、结合点等)的分析。例如,咖啡杯和水桶都由一个圆柱体和一个弧形物组成,但是结合方式不同,形成了不同的物体形状。面孔识别主要依赖于对人的面部特征(如眼睛、鼻子、嘴巴)的分析。文字识别强调对文字特征(字形等)的分析。

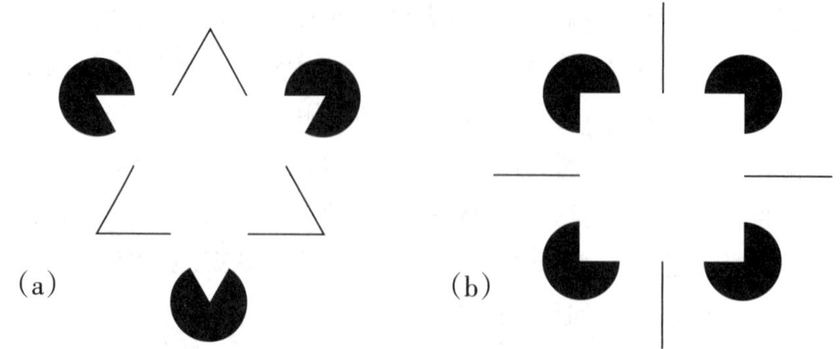

图3-4　主观轮廓

大小知觉是指人对物体长短、面积、体积等的知觉。同等距离下,物体大,投射到视网膜上的映像也大;反之亦然。人脑在综合分析映像大小和物体距离之后,会产生大小知觉。这一过程受多种因素影响:第一,物体熟悉度,很多手机长8~12厘米,宽5~7厘米,当手机距离较远时,虽然视网膜上映像较小,但是对手机的熟悉度使我们能够准确感知它的大小;第二,邻近物体的尺寸,如图3-5,同样大小的两个圆放在一起,周围被较大圆环绕的会显得较小;而被较小圆环绕的则显得较大;第三,人体的姿态,人通常以直立姿态感知外部世界,当身体姿态发生变化时,大小知觉的恒常性也会受到影响。

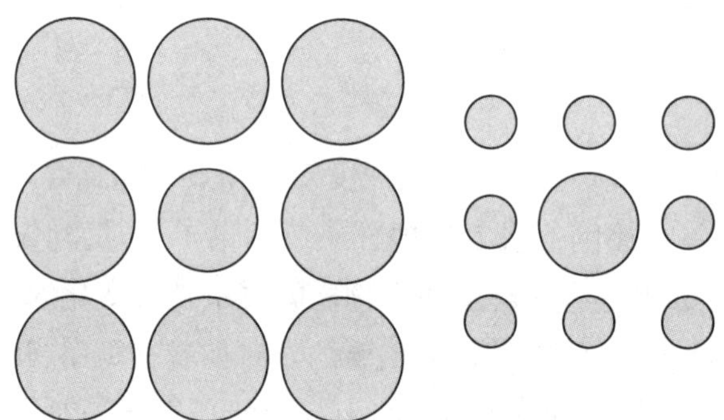

图3-5　邻近物体大小对大小知觉的影响

方位知觉是指对客观物体的位置、空间关系和自身所在空间位置的知觉。动物和人类都具有方位定向的能力。譬如,蜜蜂采蜜后归巢,信鸽能千里传信,老鹰从千米高空俯冲下来捕获猎物,人能分清前后左右、听声辨位等。深度知觉通常指对同一物体凹凸程度或物体之间远近程度的知觉,已被广泛应用于人工智能等领域,譬如在选拔运动员的过程中,检验其深度知觉成为一个重要环节。

2.时间知觉

时间知觉是人类赖以生存的基本能力之一,参与人类的信息加工、运动控制等,直接规划和决定人类的行为(Buhusi & Meck, 2005)。时间知觉指的是人对客观事物或事件的连续性和顺序性的知觉,包括时距知觉和时序知觉。时距知觉是个体对单个事件的持续时间或者两件事之间相隔时间长短的知觉。时序知觉是个体对客观事件的顺序性的知觉。时序知觉告诉人们不同事件发生的先后顺序。时距知觉的理论模型包括内部时钟模型(internal clock model)、标量计时模型(scalar timing model)以及注意闸门模型(attention gate model)。时序知觉的理论模型包括早期的注意转换模型(attention switching model)、知觉时刻模型(perceptual moment model)、时刻触发模型(triggered moment model)和后来的一般阈限模型(general threshold model)、两阶段模型(two stage model)。时距知觉和时序知觉的影响因素主要包括被试的年龄、性别、情绪、经验、刺激特征、注意以及通道间的交互作用等。

3.运动知觉

世界无时无刻不在运动。譬如,河水川流不息、太阳东升西落等,都体现了物体的运动特性。这些特性反映在人脑中,就被称为运动知觉。运动知觉对人和动物的行为具有适应意义。猫、老鹰等动物的捕食行为,不仅需要对猎物(如老鼠、小鸡)的形状、方向、距离等的感知,还需要对其运动的正确知觉。人类过马路、踢足球等也需要对物体运动的知觉。

真动知觉是指物体按特定速度或加速度,从一处向另一处做连续位移,由此引起的知觉。观察刚刚启动的汽车时,我们能看到轮胎的局部细节;随着速度越来越快,只能看到轮胎转动的闪烁瞬间。这被称为运动知觉的上阈限,即当物体运动速度超过一定限度时,人们只能看到弥漫性的闪烁。而当物体运动速度太慢时,单位时间内物体位移距离太小,不会使人产生运动知觉。刚好能察觉到单位时间内物体运动的最低速度被称为运动知觉的下阈限。

似动是指在一定时空条件下,人们看到静止物体在运动,或在没有连续位移的物体上看到连续位移。似动主要包括以下几种形式:动景运动、诱发运动、自主运动和运动后效。动景运动指当两个刺激按一定空间和时间相继呈现时,会看到一个刺激物向另一个刺激物的连续运动。如图3-6,两条相互平行的直线a和b,当直线a向直线b相继呈现的时间间隔短于30毫秒,人们会看到两条直线同时出现;而当呈现时间间隔超过200毫秒,人们会看到相继呈现的两条直线;当呈现时间间隔为60毫秒,人们只能看到一条直线向另一条直线运动。诱发运动指一个物体的运动使与其相邻的一个静止物体产生运动的印象,如"流星透疏水,走月逆行云"。自主运动指人在注视暗环境中一个微弱的、静止的光点时，感觉光点在来回移动的现象。运动后效指注视物体朝一个方向的运动之后，如果将注视点转向静止的物体，会看到静止物体似乎朝相反方向运动的现象。例如，个体盯着瀑布看之后将视线移至悬崖上，会感觉到悬崖在向上运动；看完风扇转动之后再看旁边静止的物体（如沙发），会感觉到沙发在向风扇转动的反方向运动。

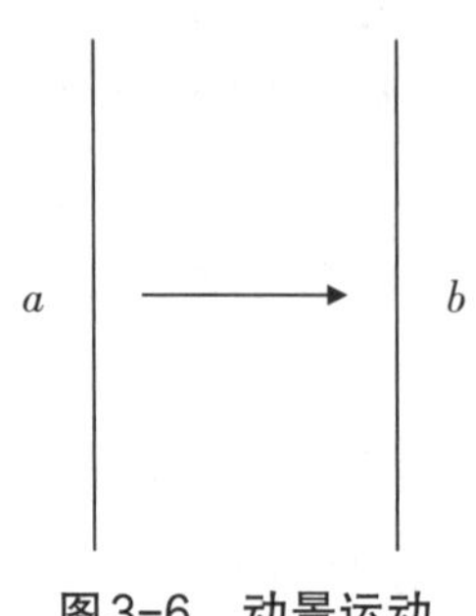

图3-6　动景运动

4. 错觉

错觉是人在特定条件下对客观事物的扭曲知觉。产生错觉的客观原因有物体的形、光、色的干扰；主观原因有人的心理状态等。研究错觉对人类的实践具有重要作用，譬如，飞行员在海面上飞行时，由于海面与天空连在一起且都是蓝色的，容易失去视觉线索，造成“倒飞”现象，引发飞行事故。此外，运动错觉也是一种错觉，譬如将静止图形连续播放，便形成动画。

生活中的心理学

Ames小屋

图3-7　Ames小屋

看到图3-7，你会觉得图中的女人比男人矮吗？其实并非如此。这是一种有趣的视觉现象，被称为艾姆斯房间错觉（Ames room illusion）。

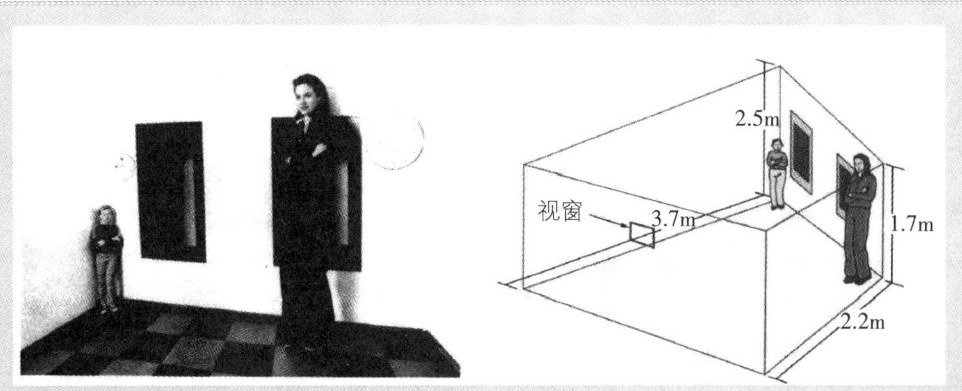

图3-8 Ames小屋的原理

在这个小屋中，若两个身高相同的人分别站在房间左边和右边，会产生明显高度差距的视错觉。小屋的原理如图3-8所示，知觉系统会认为后面的墙与前面的墙平行，且天花板等高，屋中的两个人离我们同样远，右边的人比左边的人要高得多。实际上，后面的墙并非与观察者平行，而是一个斜的等腰梯形，从右墙角向左墙角斜着延伸。当然，为了让小屋产生更加明显的效果，设计者通过一些特殊手段掩饰了这种倾斜，譬如在后面墙壁上放置矩形壁柜，或在小屋地面铺上方格地砖等。

二、感受性与感觉阈限

感受性是指有机体对刺激的感觉能力，它以感觉阈限来度量。感觉阈限是指刚好能引起某种感觉的刺激值。感觉阈限和感受性又分为绝对感觉阈限（absolute sensory threshold）和绝对感受性（absolute sensitivity）、差别感觉阈限（differential sensory threshold）和差别感受性（difference sensitivity）。

个体产生感觉需要客观刺激到达一定程度。譬如日常生活中，个体感觉不到少量灰尘落在皮肤表面，只有当灰尘聚集成较大颗粒时，才能看见并感受到其对皮肤的压力。刚刚能引起感觉的最小刺激量，被称为绝对感觉阈限；人的感觉器官能够觉察到这种微弱刺激的能力被称为绝对感受性。绝对感觉阈限越大，引起感觉所需要的刺激量越大，感受性越小。因此，绝对感受性与绝对感觉阈限在数值上成反比。表3-1展示了人类五种感觉的绝对感觉阈限近似值。绝对感觉阈限又分上限与下限，下限为刚刚能引起某种感觉的最小刺激值；上限为能产生某种感觉的最大刺激值。譬如，当声波频率低至某一点（频率低于20Hz：次声波）或高过某一点（频率高于20000Hz：超声波）时，个体不能听到，这两点分别是人类听觉阈限的下限和上限。

表3-1 人类五种感觉的绝对感觉阈限

感觉种类	绝对感觉阈限
视觉	看到晴朗夜空下约48千米外的烛光
听觉	安静环境下听到约6米以外表的嘀嗒声
味觉	可尝出约9升水中加入约5克糖的甜味
嗅觉	闻到一滴香水扩散到数个房间后的气味
触觉	能感觉从1厘米高处落到脸颊上的苍蝇翅膀

两个同类刺激物的强度只有达到一定的差值，才能引起差别化感觉。譬如，几十平方米的游泳池，如果只增减一桶水，那么很难察觉出水量的差异；如果增加或减少数十桶水，差异会很明显，人们才能觉察出水量的变化。这种刚刚能引起差别感觉的刺激物之间的最小差异量，被称为差别感觉阈限。对最小差异量的感觉能力，叫差别感受性。差别感受性与差别感觉阈限在数值上也成反比。人的差别感受性在生产实践中的应用比较广泛，譬如人因工程中，差别感受性对机器操作人员来说很重要。

三、感知觉的特性

(一)感觉的特性

1.感觉适应

感觉器官经过连续刺激之后，感受性会发生变化，产生一种适应现象。例如，"入芝兰之室，久而不闻其香；入鲍鱼之肆，久而不闻其臭"，说的就是嗅觉适应；又如，在人因工程中，设计室内灯光时，要考虑明适应和暗适应现象。

2.感觉相互作用

在一定条件下，感觉器官对适宜刺激的感受能力会因其他刺激的干扰而降低，由此使感受性发生变化，这一现象被称为感觉相互作用。感觉相互作用包括感觉的相互影响、感觉的补偿作用和联觉。感觉的相互影响指某种感觉器官在受到刺激时对其他感官的感受性造成一定影响。譬如微痛刺激或某些嗅觉刺激，可能使视觉感受性提高；光线刺激较弱时能在一定程度上提高听觉感受性，而较强时会在一定程度上降低听觉感受性；闭上眼睛，捏住鼻子，人们将分不清嘴里吃的是苹果还是土豆。感觉的补偿作用指某种感觉消失以后，可由其他感觉来弥补。譬如，听障人士虽然听不见、说不出，但是能“以目代耳”；盲人虽看不见，但能“以耳代目”，并用触摸来阅读。联觉是指一种感觉兼有或引起另一种感觉的现象。譬如，欣赏音乐能产生一定视觉效果，人们似乎看到高山、流水、花草、树木。颜色也会产生一定的联觉，譬如红、橙、黄为暖色，有接近感；蓝、青、绿为冷色，有远离感。又如切割玻璃的声音会使人产生寒冷的感觉。色调的浓淡能引起轻重变化的感觉，深色调沉重，淡色调轻松，这也常应用于人因工程设计，譬如房间的色调设计。

3.感觉对比

同一感觉器官接受两种完全不同但属于同一类的刺激物的作用，从而使感受性发生变化的现象称为感觉对比。感觉对比分为同时对比和继时对比。同时对比是指几种刺激物同时作用于同一感觉器官时产生的对比。譬如，灰色图形呈现在红色背景上，个体感觉到灰色图形呈绿色，向背景色方向变化。继时对比指几个刺激物先后作用于同一感觉器官时产生的对比。譬如，喝完一碗苦的中药再喝白开水，会感觉到白开水是甜的。

（二）知觉的特性

1.知觉的选择性

知觉的选择性是指人们会有选择地把少数事物当成知觉对象，而把其他事物当成知觉背景。例如，如果学生在课堂上认真听老师讲课，那么教师的声音就是学生知觉的对象，而教室外的声音便成为知觉背景。知觉过程就是把对象从背景中分离出来的过程。正如本章开始提到的双关图，同样显示出知觉中对象与背景的关系。如果选择知觉白色部分的杯子，那么黑色部分的左右两张侧脸成为知觉背景；反之，若以侧脸为知觉对象，杯子则为知觉背景。

2.知觉的整体性

知觉活动中，整体与部分是互相依存的。知觉系统具有把个别属性整合成整体的能力。从斑点图（图3-9）可以看出，尽管这些斑点没有完全连接起来，但是仍能知觉到一只小狗（左）和一位骑着马的人（右）。斑点数量不同，空间分布也不同，所以知觉的几何形状也不相同。个体对部分的知觉依赖整体性，如图3-10，如果将中间的图形和左、右图形作为一个整体（处在字母序列中），个体将知觉其为字母“B”；如果个体将中间的图形和上、下图形作为一个整体（处在数字序列中），个体将知觉其为数字“13”。

图3-9 斑点图

图3-10 部分对整体的依赖关系

此外,人对整体的知觉可能优先于对个别成分的知觉。纳翁(Navon,1977)给被试短暂地呈现由小字母(小字母“H”和“S”)组成的大字母(大字母“H”或“S”),如图3-11,要求被试做出两种反应:第一种是局部反应,要求被试判断小字母;第二种是整体反应,要求被试判断大字母。结果发现,当被试注意局部的小字母时,若小字母与大字母不一致(如小字母为“H”,大字母为“S”),被试的反应变慢;相反,若被试注意整体的大字母时,反应不受小字母的影响。纳翁将这种现象称为“整体优先”,即整体水平的加工先于局部水平的加工。

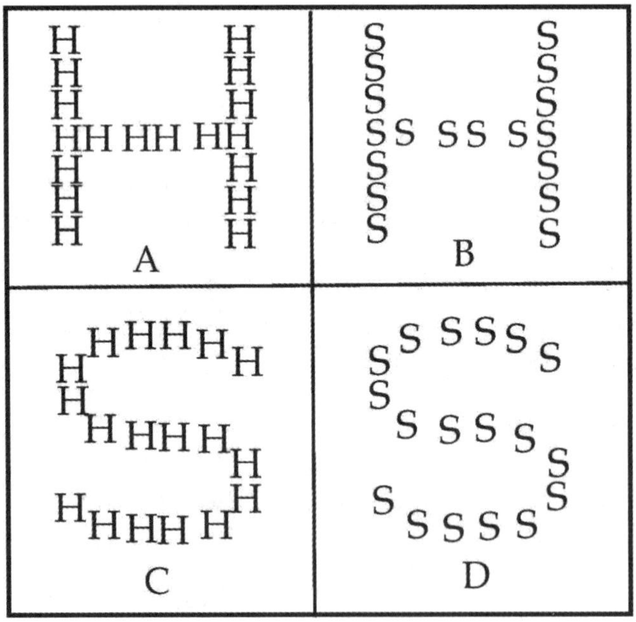

图3-11 整体优先

3.知觉的理解性

个体在知觉过程中不是被动地认识知觉对象的特征,而是根据以往的知识经验,试图对知觉对象做出某种解释，以赋予其一定意义。仍以双关图形（见图3-1）为例，若事先提示这是一只杯子，那么白色杯子部分更容易成为知觉对象；若事先提示这是一张侧面人脸，那么左右两侧脸部分容易成为知觉对象。

4.知觉的恒常性

知觉的恒常性是指当客观条件在一定范围内改变时，知觉映像会在相当程度上保持其稳定性。视觉领域的恒常性主要包括形状、大小、明度和颜色的恒常性等。

形状恒常性指从不同角度观察同一物体，物体在视网膜上的投影形状是不断变化的，但是个体知觉的物体形状无明显变化。图3-12中，门从左往右依次从关闭到打开，虽然每扇门投射到视网膜上的形状不同，但是个体仍知觉到长方形。从不同距离观察同一物体，物体在视网膜上成像大小是有变化的，但是知觉到的物体不完全随距离而变化，而更趋向于物体的实际大小，这被称为大小恒常性。明度恒常性是指当照明条件改变，人知觉到的物体的相对明度保持不变。颜色恒常性是指当照射物体表面的颜色光发生变化，人们对该物体表面颜色的知觉仍然保持不变。

图3-12　形状恒常性

5.知觉学习

知觉学习是个体对感觉材料的加工方式因经验的积累或练习而得到改变或提高的过程。

知觉学习的理论可分为两类：分化论和丰富论。分化论认为，客观世界拥有大量信息，而人接受刺激的能力是有限的，开始时人只能对物体进行粗糙的分化和选择。随着经验的积累，人获取信息的能力逐步提高，先前不能分化的刺激逐渐分化出来，知觉也就从掌握物体的一般特征过渡到掌握物体的本质特征。丰富论认为，知觉学习是用联想和过去的经验来丰富感觉经验，知觉的改变是学会对相同的感觉刺激做出不同的反应。布伦斯威克（Brunswick）等提出的知觉推断理论就是丰富论的一种。

这种理论认为,知觉是在外界刺激的作用下瞬间形成的,因而信息的输入是极初步的。这部分信息只能作为线索,用来提取过去经验中的有关信息,作为假设或推断外界物体性质的依据,并用已有的经验来弥补瞬间输入信息的不足,以形成完整的知觉。学习对知觉的影响是多种多样的,主要是学会对新刺激进行反应或学会对原有刺激做出新的反应。通过学习,一方面能区分出早先被忽略了的刺激特征;另一方面,能对刺激做出新的评价,并学会对刺激间的差别进行反应。在实际生活中,人们并不是根据物体的孤立特征来辨认它们,而是在刺激不断发生变化的条件下,从它们的许多特征中找出相对不变或相对稳定的特征,从而辨认它们。这一切只有通过知觉学习才能实现。

第二节　模式识别

模式识别(pattern recognition)是知觉研究领域的核心问题之一,与感觉、记忆、学习、思维等心理过程紧密联系,是透视人类心理活动的重要窗口之一。

一、模式识别概述

(一)模式及模式识别

模式是指由若干元素或成分按一定关系集合而成的某种刺激结构或刺激的组合。物体、图像、语音、符号或人脸等都可以是模式。模式可以简单,也可以比较复杂。在任何感觉通道内,一个模式总是不同于其他模式。因此,个体的每一个感觉通道都有适宜信息模式。在任何感觉通道中,一个模式必须区别于其他模式才能得到准确识别。模式识别是指个体把输入的刺激信息与长时记忆中的信息进行匹配,并辨认出该刺激属于何种范畴的过程。模式识别既是一个再认知过程,也是一个再整合与再分类过程。

(二)模式识别过程

模式识别包括特征分析、比较和决策三个阶段。特征分析是模式识别的第一个阶段。这一阶段把感觉登记的信息的物理特征与属性抽取出来,并把这些信息分解成多个成分,以把握其结构和特征等。例如,把字母E分解成3条横线和2条竖线。

比较是模式识别的第二个阶段。在比较过程中，要把在特征分析阶段抽取的特征或属性信息，与存储在长时记忆中的信息进行比较。决策是模式识别的第三个阶段。在进行比较之后，要对刺激信息的模式与哪一种记忆信息编码最为匹配做出判断，从而使刺激信息的模式得到识别。

二、模式识别理论

模式识别的理论主要包括模板匹配理论、特征匹配理论、原型匹配理论以及拓扑学理论。

（一）模板匹配理论

模板匹配（template matching）理论最初是针对计算机模式识别提出的，后来被用于解释人类的模式识别过程。模板匹配理论的核心思想是：在人的长时记忆编码的信息中，储存着各式各样的来自个体过去经历的外部模式的拷贝或复本，即模板。它们与外部刺激模式存在着一一对应的关系。当一个刺激作用于人的感觉器官时，刺激信息被编码并与头脑中所储存的模板进行比较和匹配，然后确定哪一个模板与刺激信息最为吻合，从而完成模式识别；反之，刺激信息则不能被识别。可见，模式识别是刺激信息与脑中某个或某些模板产生最佳匹配的过程。譬如，个体视觉识别一个几何图形的过程如下：视网膜将图形发出的光转化成神经能量传送至大脑，大脑搜寻与神经冲动模式对应的模板，若能找到相匹配的对应模板，则个体能识别图形；反之则不能识别。

模板匹配理论的意义是确认在个体头脑中存在与各种刺激模式相对应的表征。模板匹配理论在实际生活中也得到了一定的应用，条形码就是最典型的案例。计算机通过光学设备识别包含商品信息的条形码，进行模板匹配，然后转换成数字，进而确认相应的商品名称。

模板匹配理论也存在着明显的不足。第一，模板匹配理论需要个体长时记忆中储存无数模板，以便进行事物识别，这既会给记忆带来沉重负荷，也会使个体在识别事物时缺乏灵活性。第二，模板匹配理论没有说明模板匹配的信息编码形式，即外部刺激模式与人脑中模板的比较是平行加工还是系列加工，是从局部特征还是整体特征开始，这都与知识表征有关。第三，强调了自下而上的加工模型，忽略了主观期待等自上而下的加工过程。第四，模板匹配理论无法解释日常生活中的某些现象，譬如个体为何能快速识别一个不熟悉的事物。虽然心理学家对模板匹配理论存在一定质疑，但是不应该完全否认它。模板匹配理论作为对模式识别过程的一种阐释，具有一定的作用。

(二)特征分析理论

特征分析(feature analysis)理论的基本观点是,模式识别是通过分析刺激信息的特征,并将其与储存在长时记忆中的模式进行比较,从而决定匹配哪种模式的过程。该理论强调模式是由若干元素及其相互关系的特征组成的结合体,任何模式都可以被分解为诸多特征或属性。比如,一个正三角形含有3条线段、3个角,并且每个角都是60°;汉字“犬”含有四个笔画,一横、一撇、一捺和一点;语音“ba”含有[b]、[a]两个不同的音素。特征分析理论试图把模式分解为组成它们的各种特征,并且用这些特征来描述一个模式。

吉布森(Gibson)曾列表说明每一个拉丁字母的各种特征组合(表3-2)。

表3-2 吉布森的大写字母特征组合表

特征	直线	水平线	垂直线	斜线/	斜线\	曲线	闭合	垂直开放	水平开放	交叉	冗余	循环	对称	间断	垂直	水平
A		+		+	+					+			+		+	
E		+	+							+		+	+			+
F		+	+							+					+	+
H		+	+							+			+		+	
I			+										+		+	
L		+	+							+						+
T		+	+							+			+		+	+
K			+	+	+								+		+	
M			+	+	+							+	+		+	
N			+		+										+	
V				+	+								+			
W				+	+							+	+			
X				+	+					+			+			
Y			+	+	+								+		+	
Z		+		+												+
B			+				+			+		+	+			
C									+				+			
D			+				+						+			
G		+							+							
J								+	+							
O							+						+			
P			+				+			+					+	
R			+		+		+			+					+	
Q					+		+			+						
S									+			+				
U								+					+			

但是，同样是对这26个大写字母，不同的研究者给出了不同的特征组合。表3-3是林赛和诺曼(Lindsay & Norman，1977)总结的字母特征组合表。

表3-3 林赛和诺曼的大写字母特征组合表

	垂直线	水平线	斜线	直角	锐角	连续曲线	间断曲线
A		1	2		3		
B	1	3		4			2
C							1
D	1	2		2			1
E	1	3		4			
F	1	2		3			
G	1	1		1			1
H	2	1		4			
I	1	2		4			
J	1						1
K	1		2	1	2		
L	1	1		1			
M	2		2		3		
N	2		1		2		
O						1	
P	1	2		3			1
Q			1		2	1	
R	1	2	1	3			1
S							2
T	1	1		2			
U	2						1
V			2		1		
W			4		3		
X			2		2		
Y	1		2		1		
Z		2	1		2		

以识别字母E为例，大致可以分为两个阶段。第一阶段是特征分析阶段。字母E可以激活两个特征：3条水平线和2条垂直线。第二阶段是字母分析阶段。26个字母各有一套特征集合，每个字母的特征集合都可以与第一阶段所激活的部分特征进行比较，由于字母E的特征集合与上述两个特征最接近，因而字母E在字母分析水平得到最强烈的激活，从而得到识别；而其他字母（例如“F”或“T”等）也可能由于部分特征匹配而得到一定程度的激活，但是其激活程度不能和字母E相比，因而在正常情况下不会被误认。

特征分析理论较模板匹配理论更灵活，但也存在一定的局限。第一，特征的定义很难把握。成为一个特征需要满足什么条件，没有一个具有操作性的说法。第二，该理论未明确先确认事物还是先确认特征。世界上有各种各样的事物，也就有无数的特征。如果先确认特征，那么在模式识别早期，个体该如何确定检测哪些特征？如果个体事先知道应检测哪些特征，那岂不是他们早就知道自己面对的是什么事物了吗？第三，特征分析阶段的特征是如何被激活的？安德森（Anderson，1980）提出，每一个特征对应一个“微型模板”，即特征激活过程也是一种模式识别，并以模板匹配的方式进行。这样一来，特征分析理论极力反对的模板匹配理论竟成为它的组成部分。第四，跟模板匹配理论一样，特征分析理论也是自下而上的加工模型，忽略了自上而下的加工过程。模式识别不仅依赖特征信息，还受到周围背景以及个体知识经验的影响，这些单单用特征分析理论是难以解释的。

（三）原型匹配理论

原型匹配（prototype matching）理论的基本观点是：所有的外部刺激信息都以原型的表征方式储存于人的长时记忆中，外部刺激信息或事物只要能与人脑中的原型相匹配，即完成了模式识别过程。所谓原型，就是指一类客观事物的抽象物，能体现一类客观事物所共有的关键性特征。原型并不代表任何特殊的、具体的事物，而是代表一类事物的内部表征。它反映着一类事物所具有的基本的、共同的特征。例如，婴儿的原型可能是一个脑袋、两只手、两条腿、用双手和双腿爬行；老人的原型可能是一个脑袋、两只手、两条腿，但弓着腰行走。

原型匹配理论假设原型是一种概括化的表征，因此它并不要求与外部刺激信息严格匹配，只需要近似匹配即可。一旦外部刺激信息与人脑中的某个原型有了近似匹配，就可以把刺激信息纳入这一原型。如果几个外部刺激信息同属于一个类别或范畴，即使它们之间在形状、大小或高低等方面存在差异，也可以通过与人脑中原型的匹配得到准确识别。比如，树林中的树木和画中的树木，尽管差异巨大，但是由于它们与脑中的原型相似，因此仍然能够识别。这样不仅能够大大减轻记忆的负担，也能够使人的模式识别更加灵活,从而更好地适应错综复杂的环境变化与外部的刺激信息。

(四)拓扑学理论

20世纪70年代初,魏斯廷和哈里斯(Weisstein & Harris,1974)在一个实验中发现了客体优势效应(object superiority effect)。他们让被试在不同的条件下,用视觉检测快速呈现的目标线段(如图3-13):(1)目标线段单独出现在注视点附近的不同方向上;(2)将目标线段镶嵌在一个有结构的图形中,目标线段与注视点的相对位置与前一条件相同,要求被试确定线段出现在注视点的哪个方向。结果发现,被试对镶嵌在具有内部一致性和三维特性的图形中的目标线段,比单独呈现的目标线段,正确报告率要高许多。

用特征分析理论很难解释客体优势效应。线段作为一个基本特征,不论是单独存在还是镶嵌于某一图形中,都将激活同一特征检测器,因此视觉系统对它们的检测不存在差别。从客体优势效应上讲,我们看到了知觉系统的功能对客体的某些整体特性的依赖性,或者说,相对于客体的个别特征,知觉系统对客体的整体特性更加敏感。

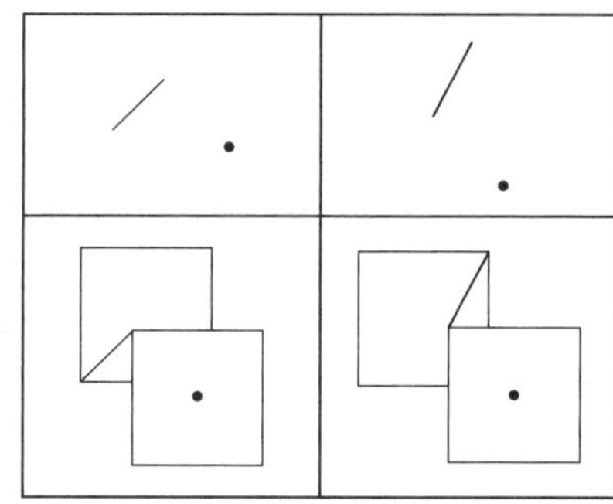

图3-13　客体优势效应(Weistein&Harris,1974)

20世纪80年代初,陈霖根据自己的一系列实验,提出了富有挑战性的视觉拓扑学理论(visual topological theory)。该理论认为,在视觉处理的早期阶段,人的视觉系统首先检测图形的拓扑性质。它对图形的大范围拓扑性质敏感,而对局部几何性质不敏感。在陈霖看来,图形的拓扑性质是指在拓扑变换下图形保持不变的性质和关系,如连通性、封闭性,都是典型的拓扑性质,而大小、角度、平行性等几何性质则不是拓扑性质。图形的具体形状可能千差万别,但只要它们的拓扑性质相同,就可以说它们是拓扑性质等价的图形。在视觉早期信息加工中,视觉系统对这些大范围的拓扑性质更加敏感。视觉系统先加工图形的拓扑性质,再加工它的局部性质。近年来,陈霖应用神经心理学和电生理学的实验技术,进一步证明了视觉系统的这一特点。

拓扑学理论和特征分析理论是针锋相对的。特征分析理论强调模式识别以特征分析为基础,先有特征分析,然后才出现对模式的识别。拓扑学理论则强调模式识别开始于对模式的大范围拓扑性质的提取,再进行特征分析。这两种理论目前存在着激烈的争论,需要进一步研究来解决。

第三节　实践中的感知觉

感知觉研究在日常生活中应用广泛。例如,在司法工作中常用知觉辨认来帮助警方破案;交通安全中会用到知觉规律;人因工程设计更是经常用到感知觉研究成果。下面让我们一起了解感知觉研究在实践中的运用。

一、司法实践中的应用

“啊! 不好意思,我认错人了。”这是在日常生活中出现频率较高的一句话。你有没有认错人或者被别人认错的经历呢? 这种现象的原因在于知觉辨认出现差错。知觉辨认不仅运用在日常生活中,在司法实践中也占有一席之地。为了全面、系统地探讨刑事司法实践中的辨认问题,有研究者把司法实践中的“知觉辨认”扩展为“刑事辨认”等。刑事辨认是指在刑事诉讼过程中,为了查明案情,在侦查人员、检察人员、法官和律师的组织下,由辨认人对案件有关或怀疑与案件有关的犯罪嫌疑人、物品、尸体或场所等进行感知,并将感知到的客体特征与过去感知过的客体特征进行对比、判断,从而认定二者是否同一的证据调查措施。

辨认的结论,一是可以作为确定侦查方向与圈定侦查范围的依据,二是可以作为证据为将来审判阶段提供证据支持。假如没有完备的辨认规则、合理的辨认结论评估标准以及正当必要的程序,那么极容易出现错误辨认结论或者不科学的评判。这一方面会影响辨认功能的发挥,另一方面在实际操作中可能产生冤假错案。

二、交通安全实践中的应用

在日常出行中,道路交通安全是个体生命、财产安全的重要保障。在汽车行驶过程中,驾驶员的感知、判断和操纵三者中,任何一项出现失误,均可能引起道路交通事故。为了安全驾驶,驾驶员在操作过程中必须不断接收足够信息,准确地判断可能造成事故的危险信号,以预防事故发生。这就要求驾驶员首先通过感觉器官获取信息,譬如双眼观察车外物体的颜色、形状和亮度,双手控制方向盘,右脚操纵加速以及制动,双耳听到发动机的响声,鼻子嗅到气味等。在驾驶过程中,各种有关或无关的信息总是混杂一起,这就要求驾驶员对直接作用于感觉器官的客观事物做出整体反映,以获得更多知觉信息。因此,运动觉、窗外景观、视知觉等在安全驾驶中发挥着重要作用。

视知觉是一种复杂的心理现象。譬如,正在驾驶汽车的司机在寻找目标位置的时候,通常包括以下4个视知觉过程:(1)获取道路信息,即驾驶员寻找目标位置时需要获取道路和环境信息,这一过程要求交通标识在适当的时刻和适当的位置出现并向驾驶员提供视知觉引导;(2)发现匹配,即驾驶员观察到标识与他所寻找的目标位置相对应,就会将其固定下来,并按照这个标识驾驶;经验丰富的驾驶员可能依靠储存在长时记忆中的场景来驾驶,这要求交通标识信息(包括光、电、声或文字说明等)符合驾驶员对所需信息的预期,否则驾驶员就会对信息产生怀疑,进而造成心理上的压力和紧张;(3)分辨识别,即驾驶员发现多个刺激信息时,需要从中提取自己需要的信息,这一过程要求交通标识具有适当的信息量,以消除驾驶员的视觉疲劳;(4)反应执行,即驾驶员依据道路上的交通标识指示,产生一系列的驾驶操作来驶向目标位置。驾驶员在行驶过程中还会继续接收道路和环境信息,从而不断地调整自己的驾驶状态以适应新的道路和环境信息。

三、人因工程设计中的应用

人因工程设计以心理学、生物力学、人体测量学、生理学、计算机科学以及系统科学等学科的原理和方法为基础,旨在研究人、机和工作环境之间的关系,使系统和产品的设计符合人的特点、能力和需求,从而使人能安全、高效、健康、舒适地从事各种活动。以往研究中,人因工程设计强调研究的应用性,较少关注行为表现的内在机制。同时,感知觉是人与外界发生直接联系的三个系统之一,在人因工程设计中起着相当重要的作用。视觉和听觉是人因工程设计中的两种主要感知形式。

早期人因工程研究把视觉显示界面作为主要研究对象和内容。视觉显示界面是指所有依靠可见光的作用向人传递信息的显示界面。视觉显示界面与人的视觉功能的匹配,不仅在很大程度上决定了人在人机系统中的工作效率,而且决定了人机系统的安全性和可靠性。视觉显示界面的设计,除了需要考虑显示技术本身的性能指标,譬如显示精度、可靠性等之外,还要考虑显示设计与人的视觉功能点的匹配程度。此外,人机交互设计中还必须考虑听觉信息,主要原因有两个:其一,随着人机系统的日益复杂,单一视觉通道难以满足操作的要求,过多视觉信息显示容易导致视觉通道的信息拥挤,造成操作者的视觉疲劳;其二,听觉通道传递信息具有全方位性、变化敏感性及穿透性等特点,可以弥补其他通道显示的不足,也可以和其他通道相互结合,组成更有效的显示系统。除听觉和视觉之外,其他知觉过程在人因工程设计中同样发挥着作用,例如触觉与计算机键盘的设计。随着人因工程的发展,人机交互和神经工效学开始兴起,感知觉的神经过程也逐渐走进人因工程领域。

本章要点小结

1.感觉是人脑对客观事物个别属性的反映,是人觉察和获取刺激信息的重要渠道。

2.刚刚能引起感觉的最小刺激量叫绝对感觉阈限;而人的感官觉察到这种微弱刺激的能力,叫绝对感受性。刚刚能引起差别感觉的刺激物之间的最小差异量,叫差别感觉阈限。对这一最小差异量的感觉能力,叫差别感受性。

3.知觉是人脑对客观事物的整体属性的综合反映。它通过感觉器官,把从环境中得到的信息,譬如光、声音、味道等转化为对物体、事件等的经验。

4.知觉的选择性是指人们会有选择地把少数事物当成知觉对象,而把其他事物当成知觉背景,以便更清晰地感知一定事物与现象。知觉的整体性是指在知觉活动中,整体和部分是互相依存的。知觉的理解性是指人在知觉过程中,不是被动地认识知觉对象的特征,而是以过去的知识经验为依据,力求对知觉对象做出某种解释。知觉的恒常性是指当客观条件在一定范围内改变时,知觉映像在相当程度上保持着它的稳定性。

5.模式识别是指人把输入的刺激信息与长时记忆中的信息进行匹配、并辨认出该刺激属于什么范畴的过程。

6.模板匹配理论是一个简单的模式识别理论模型。它强调刺激信息与脑中模板的最佳匹配,而且这种匹配要求两者具有最大相似性。

7.原型匹配理论认为,原型是一类客观事物所共有的关键性特征。原型并不代表任何特殊的、具体的事物,而是反映一类事物所具有的基本的、共同的特征。

8.特征分析理论认为,模式是由若干元素及其相互之间的关系的特征组成的结合体,任何模式都可以被分解为诸多特征或属性。模式识别通过对刺激信息特征的分析,与储存在长时记忆中的模式相比较之后,决定与哪个模式进行匹配。

9.拓扑学理论认为,在视觉处理的早期阶段,人的视觉系统首先检测图形的拓扑性质。它对图形的大范围拓扑性质敏感,而对图形的局部几何性质不敏感。

关键术语表

感觉

知觉

模式识别

模板匹配理论

原型匹配理论

特征分析理论

拓扑学理论

本章复习题

一、选择题

1. 当背景知识或先前经验会影响我们所做的判断时，我们强调的主要是（　）。

A. 自上而下加工　　B. 自下而上加工

C. 自动加工　　D. 控制加工

2.“在你的长时记忆中，储存着过去所经历的各种模板，它们与外部的刺激模式存在着一一对应的关系”描述的是（　）。

A. 模板匹配理论　　B. 原型匹配理论

C. 特征匹配理论　　D. 拓扑学结构理论

3. 认知心理学把储存于头脑中代表一组物体关键特征的表征称为（　）。

A. 模板　　B. 原型

C. 样例　　D. 维量

4.“入芝兰之室，久而不闻其香”描述的是（　）。

A. 感觉适应　　B. 感觉相互作用

C. 感觉阈限　　D. 感觉对比

5. 知觉的特性不包括（　）。

A. 整体性　　B. 选择性　　C. 理解性　　D. 间接性

二、简答题

第一节

1. 简述感觉、知觉的定义。

2. 简述知觉的特性。

第二节

1. 简述模式识别的定义。

2. 简要阐述模式识别理论中的四种理论模型。

第三节

1. 简要说明司法实践中辨认的感知原理。

2. 简要说明知觉研究在交通安全中的运用。

第四章

记忆

本章开始之前，请思考以下问题：

大脑是如何记住一条信息的？

为什么可以暂时记住一个电话号码，但拨完电话之后很快就忘记了？

为什么有些信息怎么也记不住，而有些信息刻骨铭心？

以上问题涉及本章的重点内容——记忆。

第一节 记忆概述

“一个人若是没有记忆,他就没有过去,只有眼前,不能学习任何新的东西,也不记得任何面孔,甚至连自己是谁都不知道。”这句话直观地体现了记忆在生活中的重要性。记忆(memory)是过去的经验在人脑中的反映,包括识记、保持、再认(或回忆)三个基本环节。从信息加工观点来看,记忆过程包括三个连续的阶段,分别是编码(encoding)、储存(storage)、提取(retrieval)。编码是将外界刺激的物理特征转化为心理表征,相当于记忆中“记”的阶段。储存作为中间环节,是将编码阶段的信息以一定形式保持在记忆系统中的过程。提取是指在一定情境下,从记忆系统中查找出已储存信息并重现出来,相当于记忆中“忆”的阶段。一个人记忆力的强与弱,表现为是否能对已储存信息进行顺利提取。编码、储存和提取是有先后顺序的加工阶段。任何信息只有经过这些过程的加工与处理,才能被用来解决实际问题。

20世纪50年代,记忆被比作电话系统。20世纪60年代和70年代期间,记忆研究的取向是按照信息储存时间的长短对记忆的种类进行划分。认知心理学家将信息编码、信息储存与信息提取组合成三个记忆系统:瞬时记忆系统(感觉记忆系统)、短时记忆系统和长时记忆系统。三个系统紧密联系,构成记忆系统的有机整体,具体如图4-1。

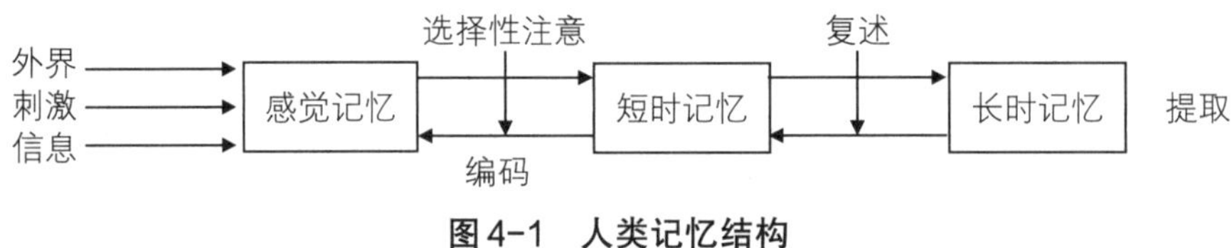

图4-1 人类记忆结构

随着认知心理学的兴起,记忆研究得到蓬勃发展。接下来介绍两种被广泛接受的记忆理论模型。

一、双重记忆理论

1890年,詹姆士(James)在扩展记忆概念的基础上,提出双重记忆理论。该理论认为,记忆包括初级记忆和次级记忆。詹姆士的假设是:初级记忆用于处理即时发生的事件,而次级记忆则负责经验中那些永久性的、不会磨灭的痕迹。该模型结构如图4-2:

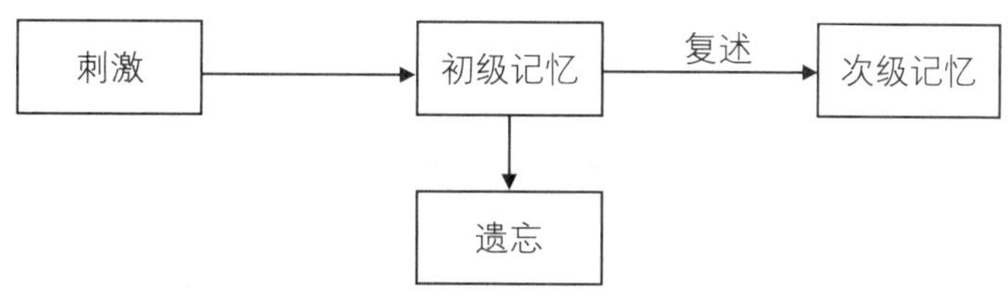

图4-2 双重记忆理论

1965年，Waugh和Norman借用詹姆士的术语，提出两种记忆系统(dual memory theory)模型。模型中的初级记忆即短时记忆，次级记忆即长时记忆。双重记忆理论认为，记忆包括长时记忆和短时记忆，二者彼此独立而又互相联系，形成一个统一的记忆系统。但是该模型仍然过于简单，不能准确地描述人类的一切记忆过程，譬如感觉记忆。

二、记忆的多重储存模型

阿特金森(Atkinson)和谢夫林(Shiffrin)提出另一种模型，认为记忆包括三个子系统：感觉记忆、短时记忆和长时记忆。感觉记忆出现在记忆最开始的阶段，可以包含所有信息，持续几秒以内；短时记忆的容量包括5–7个项目，持续15–30秒；长时记忆包含大量信息，至少可以维持30秒，甚至几年、几十年。外部信息通过感觉器官进入感觉记忆，部分信息受到特别注意或模式识别，进入短时记忆系统；短时记忆的作用相当于缓冲器和加工器，若信息极为强烈，也可以暂时进入长时记忆系统，但是信息保持时间不超过1分钟，受到干扰后会消失。若信息得到及时复述，可以稳定下来，在适当的时候转入长时记忆系统中，得到长久保存(见图4-3)。

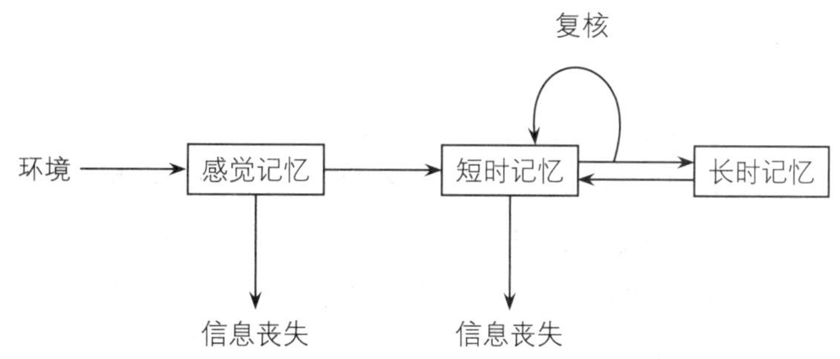

图4-3 Atkinson-Shiffrin记忆系统模型

从系统论观点看，感觉记忆、短时记忆和长时记忆是记忆系统中的三个子系统，三者相互区别又相互联系。在人们的积极记忆活动中，三者密切配合，对信息进行加工和传输。

生活中的心理学

被动的记忆

只看照片1/1200秒，还称不上“看”，甚至还意识不到照片上有什么。但是在眼前闪过的图片却能进入潜意识知觉，意味着下一次再看到同样的图片时，将稍微倾向于选择它，而不是之前没看过的图片。这就是曝光效应。它是一种心理现象，指我们会偏好自己熟悉的事物。社会心理学又把这种效应叫作熟悉定律。对人际交往吸引力的研究发现，见到某个人次数越多，越觉得此人招人喜爱、令人愉快。

现在新媒体广告也是通过曝光效应来影响我们的选择。重复曝光会引发强烈的启动效应，无形中影响人们的喜好。知道这个原理以后，购物时不妨“三省吾身”，理性消费哟！

第二节　感觉记忆

很长一段时期，心理学界一直把记忆看成某种单一的东西，认为只存在长时记忆系统。第二次世界大战之后，认知心理学的发展引发了短时记忆研究的热潮。

一、感觉记忆概述

感觉记忆被认为是对感觉的记录。感觉记忆是指外界信息通过感觉器官时，按输入刺激信息的原有模式，保持几秒钟的极短时间。感觉记忆的主要特征有：

第一，形象性。感觉记忆以信息本身的物理特征进行编码，进入感觉记忆中的信息像照镜子一般映照在人的头脑中，并以感知的顺序被登记。第二，短暂性。图像记忆的保持时间约为1秒，声像记忆约为4秒。第三，即时性。感觉记忆在瞬间储存大量信息，几乎进入感官的所有信息都能被登记。第四，无意识性。信息在感觉记忆中的登记是无意识的，只有受到注意，才能转入短时记忆。

二、感觉记忆存在的证据

每一种感官通道都会对相应的感觉通道刺激进行感觉登记。迄今为止,关于感觉记忆的研究主要集中于视觉信息登记(图像记忆)和听觉信息登记(声像记忆),这两种感觉记忆现象为感觉记忆的存在提供了证据。

(一)图像记忆

阿特金森和谢夫林将视觉存储转瞬即逝的形式称为图像记忆,又称为图像存储。它是最常见的一种感觉记忆。当作用于视觉器官的图像刺激迅速移去之后,图像随即在视觉通道内被登记,并保持极短暂时间。研究表明,当大量刺激成批出现之时,整个刺激阵列保持的时间约为1/4秒。在这段短暂的时间中,被试可以"读出"这一个刺激阵列的任何一部分,相当于他们可以看到一个包含所有项目的"图像"。斯波林(Sperling)用两个图像记忆实验证实了感觉记忆的存在。

1.全部报告法

全部报告法要求被试在识记完材料之后,尽可能地将识记的全部项目再现出来。实验中,斯波林给被试看1张包含9个字母的卡片,分为上、中、下3行,每行3个字母。当刺激终止之后,要求被试把每次所看到的字母尽可能多地报告出来。结果发现,被试一般只能报告出4-5个字母,约为所呈现字母数量的50%。这一实验成绩是被试的真实表现吗?究竟是被试确实没有看清更多字母,还是看到之后又忘记了呢?显然,全部报告法无法说明这一点。

2.部分报告法

为了解决上述问题,斯波林巧妙地改进了实验程序,使用部分报告法。这种方法给被试呈现这样一种字母卡片:每张12个字母,分成3行,每行4个字母,如表4-1。然后,在实验之前告诉被试,每张字母卡片呈现50毫秒,接着随机给出高、中、低三种音调之一,要求出现高音立即报告第一行字母,出现中音报告第二行,出现低音报告第三行。结果发现,被试能准确地报告出任何一行中的3个字母。据此推断,被试大脑中保持每张卡片中的字母数量至少有9个,这是因为被试事先并不知道要报告哪一行字母。若想每行都能报告出3个字母,则需至少记住9个字母才行。这一结果说明,图像记忆的字母容量为9-12个。斯波林据此指出,存在着这样一种记忆:具有相当大的容量,信息保持时间极其短暂。这就为感觉记忆的存在提供了有力证据。

表4-1 部分报告法的实验呈现

字母卡(呈现50毫秒)	字母呈现之后立即出现音调中的一个	被试根据音调指示报告字母
ADJE	高音调	第一行
XPSB	中音调	第二行
MLTG	低音调	第三行

3.延迟报告法

为了进一步搞清图像记忆的保持时间,斯波林进行了另一项实验。实验中仍采用部分报告法,程序与上一个实验的区别是:字母卡呈现之后,声音信号并不立即出现,而是延迟10—1000毫秒不等的时间才出现,要求被试根据信号音的提示报告出某一行的字母。结果发现,回忆成绩随信号音延迟时间的推移而下降,当延迟1秒钟之后,回忆成绩与全部报告法所得结果相同。这意味着,图像信息在头脑中保持的时间随信号提示音的延迟而衰退,为1秒钟左右(见图4-4),与全部报告法所得结果基本一致。这说明在记忆系统中存在秒级的感觉记忆。

综上,图像记忆具有以下性质:(1)所储存信息多于被提取利用的信息;(2)信息保持时间极短,约0.25—1秒,超过1秒,信息会由强变弱并自动消失;(3)受到干扰之后,所含信息很快丧失且不可恢复。先提取信息对后面信息的提取存在干扰作用。图像记忆常被当作感觉记忆的典型。

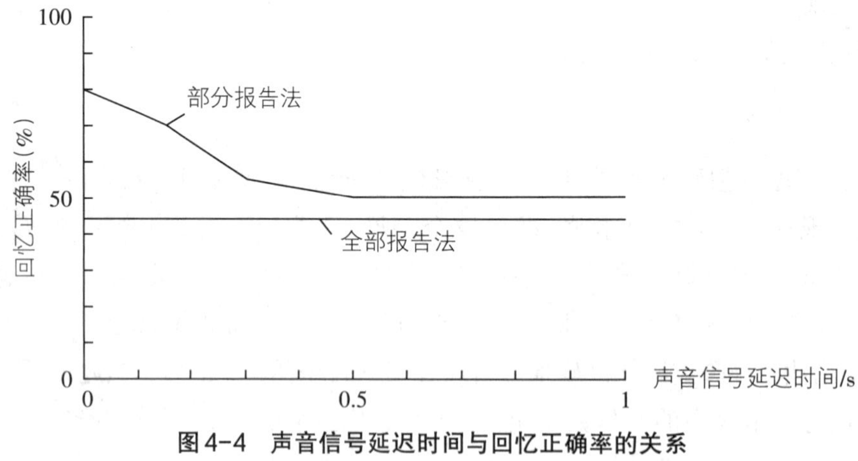

图4-4 声音信号延迟时间与回忆正确率的关系

(二)声像记忆

目前也可以用声像记忆实验来证实感觉记忆的存在。奈瑟把听觉信息登记称为声像记忆,即听觉系统对刺激信息的瞬间保持。最早进行实验研究的是美国学者莫里等(Moray, et al., 1965),他们模仿斯波林的部分报告法实验,设计了“四耳人实验”来证实声像记忆的存在。

1972年,达尔文(Darwin)进一步改进了实验方法,更接近斯波林的实验。实验者首先让被试戴上双耳立体声耳机(见图4-5),然后同时向双耳分别输送由字母和数字组成的声音刺激,譬如,给左耳输入“B”和“5”,同时给右耳输入“M”和“5”,被试主观体验是从左耳听到“B”,右耳听到“M”,而数字“5”似乎来自头部正中(其实是从双耳来的)。这样就出现“三耳人”,如同斯波林的3行字母,实验所用声音刺激类似于表4-2中的数字和字母。实验采用全部报告法和部分报告法。部分报告法中,在被试面前屏幕的左、中、右位置出现一个光条,被试看到左边光条报告左耳项目;看到右边光条报告右耳项目;看见中间光条报告双耳项目;呈现声音刺激的时间为1秒。当光条延迟4秒才呈现,被试报告项目的平均数量为4.25个(见图4-6),相当于采用全部报告法所测得的感觉记忆广度。

若声音刺激呈现之后,延迟2秒才呈现光条,部分报告法所回忆的项目数量优于全部报告法。可见,声像记忆的保持时间大约为2秒,比图像记忆保持的时间稍长,但是保持的项目仅有5个,比图像记忆的容量小。这可能与声音刺激的呈现方式及相对较慢的呈现速度相关。

表4-2 声像记忆实验法

左耳	双耳	右耳
B	5	M
2	T	4
P	U	S

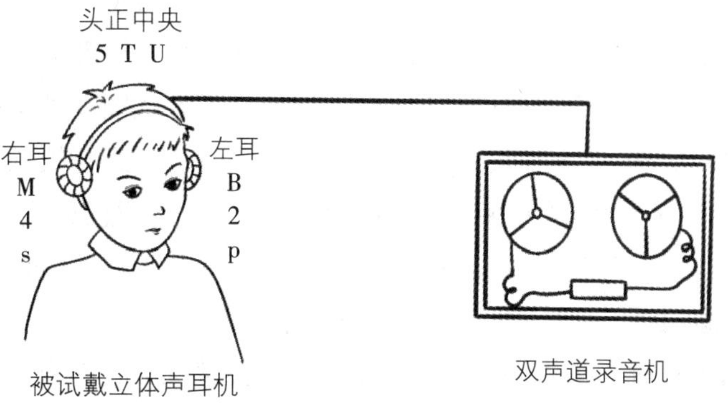

图4-5 达尔文等的双耳分听声像记忆实验程序

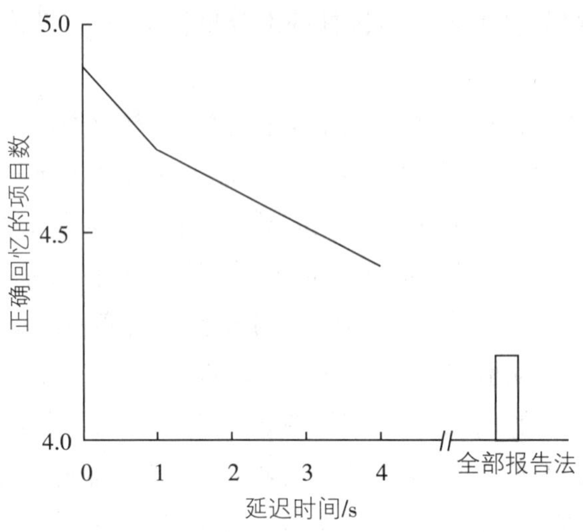

图4-6　声像记忆的实验结果

声像记忆与生活、学习和工作存在密切关系。如果没有声像记忆，人们无法辨别各种声音信号，也无法听懂别人的说话。说话总是一个音一个音地发出，如果不能把听到的每一个音暂时登记下来形成声像，也就不能把一串声音连贯起来，进而理解它的意义。

由此可见，图像记忆和声像记忆的实验均证明了感觉记忆的存在。尽管感觉记忆的保持时间短暂，但是它能为进一步加工信息提供材料和时间，这使得它成为记忆系统不可或缺的起始阶段。

三、感觉记忆的信息加工过程

人们从环境中获取信息时，常常需要将当前事物（模式）与先前记忆中的事物表象（模板）进行匹配，即模式识别。由于人类记忆包含感觉记忆、短时记忆和长时记忆，且三种记忆是性质完全不同的三个子系统，因此，模式与模板在哪一个记忆子系统中进行匹配，即以何种记忆编码进行模式识别，一直为认知心理学所关注。

1974年，Phillips在一项实验中将相同方向及大小的模式和模板相继呈现在同一位置，结果发现，当时间间隔为0–300毫秒，即模式和模板的感觉记忆均存在时，两者能直接以感觉记忆编码进行匹配。然而，在实际生活中，模式识别的匹配时间远远超过感觉记忆的维持时间，因此人们很难确定大脑加工的信息究竟是来自感觉记忆还是短时记忆，因为在刺激呈现及其在感觉记忆中的保持期间，会有部分信息瞬间转换到短时记忆。

针对这些问题，马振玲与杨仲乐开展了一系列相关研究，结果发现，转换到短时记忆的信息都能被加工，且被加工的信息量不可能超过转换到短时记忆的信息量。而感觉记忆中的信息可以直接用于模式识别，且以感觉记忆编码方式利用信息的效率比以短时记忆编码方式利用信息的效率更高。因此，感觉记忆的信息是觉察不到的，一旦被觉察到，就意味着信息已经被传送到短时记忆中。这就是感觉记忆的整个加工过程。

生活中的心理学

熟悉的感觉能制造可靠的记忆

大家可能有这种经验：前阵子刚看过某部电影，却始终想不起该电影的名字，但又记得似乎是一部公路片，还有飞车抢劫的情节，好像最喜欢的明星还友情客串。我们能想起这么多相关的信息，怎么就是记不住它的名字呢？

通常，每次记忆的内容并没有重要与否之分，也不会事先知道需要回忆的细节，所以大脑没能记起选择要记得的选项，反而列出众多错综复杂的情境记忆。情境记忆对于大脑来说是一组相关与交叉的表征图像，所以情境细节也是信息的一部分(Stanfford & Webb, 2005)。

学习的时候，人们会基于感官刺激的感受一并储存周围环境信息，这可能是件有益的事，可一旦换了环境或没有刺激线索，便无法唤起记忆。这也提醒我们，复习时戴着耳机听歌或许并不是一个好方法哦！

第三节　短时记忆

一、短时记忆概述

请你看一看面前的景物，然后闭上双眼，你看到的生动图像很快会消失，留给你的只是模糊的回忆，通常在几秒之内就会消失。这就是熟悉的短时记忆。

短时记忆是信息加工的方式之一，是人脑在1分钟以内对信息的加工处理。它包括两个部分：一个是直接记忆，即输入的刺激信息受到意识的注意之后，没有得到进一步加工编码，而是在人脑中短暂储存；另一个是工作记忆，又称为操作记忆，是对输入的刺激信息再次进行加工编码，扩大信息容量，负责与长时记忆储存的信息相互作用。

短时记忆具有以下特征：

第一，时间的短暂性。1959年，美国学者彼得森夫妇进行了实验，结果表明，无复述条件下，信息在短时记忆中保持的时间很短，约为5—20秒，最长不超过1分钟；若得不到复述，记忆内容将迅速遗忘。

第二，容量的有限性。短时记忆容量又称为记忆广度，是指信息一次呈现之后，被试能回忆的最大数量。米勒1956年在《神奇的数字7±2：我们信息加工能力的限制》中提出，在短时记忆中只能保持有限数量的项目一般为7±2个组块。将较小单元归并成一个较大单元叫组块化，组块化能够有效扩大短时记忆的容量。组块化过程可以从两方面进行：把时间和空间非常接近的单一项目组合起来，使之成为一个较大组块；或利用一定知识经验把单一项目组成有意义的组块。例如，数字5，2，0，1，3，1，4。汉语母语者可以组成一个谐音组块，即"我爱你一生一世"，而不熟悉汉语的个体只能将其编为一串无意义的字符。组块化过程也有局限性。组块化除了受知识经验的影响之外，记忆目标的呈现速度也是一个限制因素。譬如，有人告诉你一个电话号码，如果对方说得太快，而且中间没有任何停顿，你就很难对该号码进行组块化。

二、短时记忆存在的证据

短时记忆作为一个独立的记忆结构，直到20世纪50年代才陆续从实验及临床案例中得到证实。1962年，加拿大学者默多克（Murdock）的自由回忆实验证实了两种记忆的存在。在实验中，他先把排列有序的一系列无关联单词，如肥皂、章鱼、火星、种子、岩石等通过视觉或听觉方式，以每秒1个的速度呈现给被试，待呈现完所有单词之后，要求被试不按顺序尽可能多地回忆出来。图4-7是自由回忆实验的结果。横坐标表示单词呈现顺序，纵坐标表示回忆率。曲线表示单词呈现的系列位置与回忆率的关系，称为系列位置曲线（serial position curve，SPC）。结果发现，词表开头部分单词的回忆效果优于中间部分，且回忆率较高，这种现象称为首因效应（primacy effect）。词表末尾部分的单词比中间部分的单词更易于回忆，回忆率也较高，这一现象称为近因效应（recency effect）。

持双重记忆理论的心理学家对这两种效应的产生机制进行了推断。词表开始部分的单词因有较多复述而进入长时记忆系统，对单词的回忆是从长时记忆中提取，因而记忆牢固，提取成功率较高，表现出首因效应。末尾部分单词因刚刚学过，还来不及复述，虽没进入长时记忆中，但是保持在当前短时记忆中，因而记忆牢固，提取成功率也较高，表现出近因效应。值得注意的是，近因效应涉及末尾部分的单词数目恰好与短时记忆的有限容量吻合。后续实验研究通过改变首因效应与近因效应产生的条件，也进一步证实了短时记忆的存在。

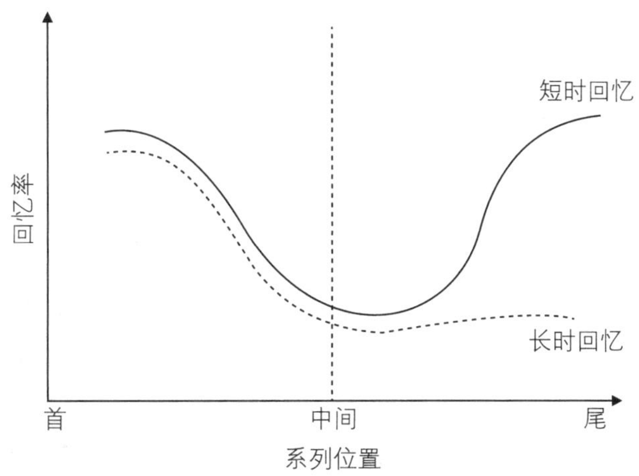

图4-7　记忆的系列位置效应

此外，在临床案例中也可以见到类似现象。譬如，脑震荡患者对受伤前几分钟发生的事件一概记不起，而对多年前往事的记忆很清楚，说明这些患者的长时记忆依然保持完好，损伤的仅是短时记忆。神经心理学家米尔纳（Milner）在1966年报告了一个代号为H.M的癫痫患者，医生为她做了切除海马部位的手术之后病情大有好转，可是记忆却出现反常。患者对手术之前的往事记忆犹新，而对刚刚经历的事情根本记不起来，原因是手术破坏了她的大脑内部由短时记忆向长时记忆传输信息的结构。上述案例证明，短时记忆的信息与长时记忆的信息并不储存在同一个系统之中，短时记忆是临时性的，信息若不及时转入长时记忆，就会逐渐消退。

三、短时记忆信息加工过程

（一）短时记忆的编码

编码是对信息进行转换，使之适合于记忆储存。编码所产生的具体信息形式称为代码。20世纪60年代以来，大量实验证实了短时记忆以言语听觉编码为主，较少采用视觉或语义编码。

1.听觉编码

1964年，康拉德（Conrad）进行了一项实验。他选用两组近音、易混的字母BCPTV和FMNSX为实验材料，用速示器以每个0.75秒的速度随机向被试呈现，每呈现完6个字母之后，就要求被试凭回忆默写出来，记不清时允许猜，但不许不写。从被试的回忆结果可以看出，尽管字母是以视觉方式呈现的，但是回忆时写错的字母中，有80%在近音字母之间（如B和P，S和X），很少在形状相似的字母之间（如F和E）。康拉德和赫尔改用听觉方式向被试呈现声音相近的字母（如EGCZBD）和不相近的字母（如FGOAYQR），实验结果与视觉方式结果类似。这表明，短时记忆是以听觉方式或优先听觉方式对刺激信息进行编码。

2.视觉编码和语义编码

波斯纳等1969年用视觉匹配实验证实了短时记忆也存在视觉编码。威肯斯（Wickens）1970年进行的前摄抑制解除实验证实了语义编码的存在。譬如，听障人士在回忆时容易出现混淆的主要是视觉或语义组块。由于字母和字词以视觉方式呈现，阅读时必须借助内部言语系统，因此可以推断，某些声音混淆现象也可能是发音混淆所致。目前虽然无法将声音混淆与发音混淆区分开，但是可以认为听觉代码（或声音代码）与口语代码并存。认知心理学常把听觉（auditory）、口语（verbal）、言语（linguistic）代码联合起来，称为AVL单元，用以解释短时记忆编码与工作机制。

（二）短时记忆的信息加工

短时记忆的信息加工方式主要是复述（rehearsal）。复述是出声或者不出声的重复。对一个电话号码进行复述，只要没有其他干扰，就可以保持在短时记忆中。复述不仅具有将信息保持在短时记忆中的功能，还可以促使信息从短时记忆输入长时记忆。朗杜斯等1970年在一系列实验中向被试呈现单词，同时要求出声复述。主试用录音机记录，然后算出每一个单词的复述次数。最后，根据自由回忆结果算出每一个单词的正确回忆率。结果显示，复述次数越多，正确回忆率越高，且词表开头的单词比其他单词复述次数更多。比较不同位置上复述次数相同的单词的回忆率，结果发现首因效应消失。这说明，词表靠前位置的单词得到较好回忆，原因在于得到较多复述。但是，并非所有复述都能把信息传送到长时记忆。后续的复述实验发现，复述时间长短不等的单词的正确回忆率几乎无显著差别，这说明复述并不能自动把信息传送到长时记忆。

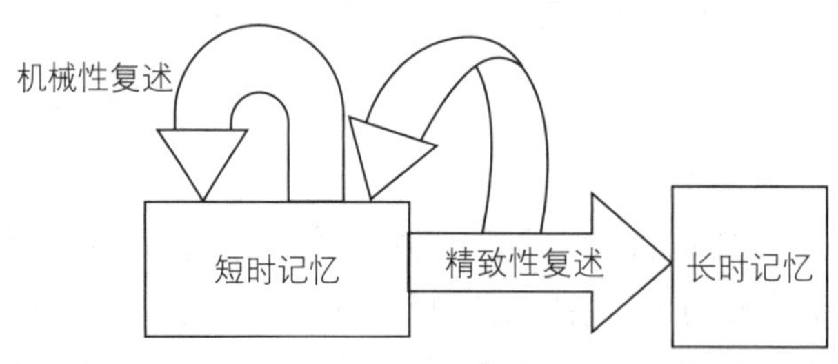

图4-8　两种类型的复述

因此，复述至少包括两种类型（图4–8）：一种是机械性复述（或称维持性复述），即从感觉记忆中抽取某种信息并使该信息适应于短时记忆的编码方式，通过不断地简单重复，力图将刺激信息保持在短时记忆中；另一种是精致性复述（或称整合性复述），即将接收到的信息与自己的知识经验建立联系，进行精细编码。精细编码包括联想编码、组织编码、心象编码等。这种编码能在长时记忆中稳定储存，并在适当的时候被提取出来使用。

（三）短时记忆的提取方式

短时记忆中的信息处于当前意识中，一旦需要就可以即刻提取。然而，短时记忆提取机制并非一个简单的过程。斯滕伯格为了探索短时记忆信息的提取过程，也开展了实验。斯滕伯格在实验中先给被试看1–6个数字（识记数字），然后再呈现1个数字（探测数字），要求被试回答在呈现的数字序列中是否有探测数字。如果数字序列中有探测数字，按"是"键；如果没有，按"否"键。他以反应时为指标分析短时记忆信息提取的特点。被试在做出"是"或"否"的反应之前，必须将探测数字与记忆中的数字序列进行比较。那么，这一过程如何进行呢？这里有三种可能。

1. 平行扫描

将探测数字同时与记忆中所有数字比较，预期反应时将不会因数字序列的长短而变化（图4–9）。

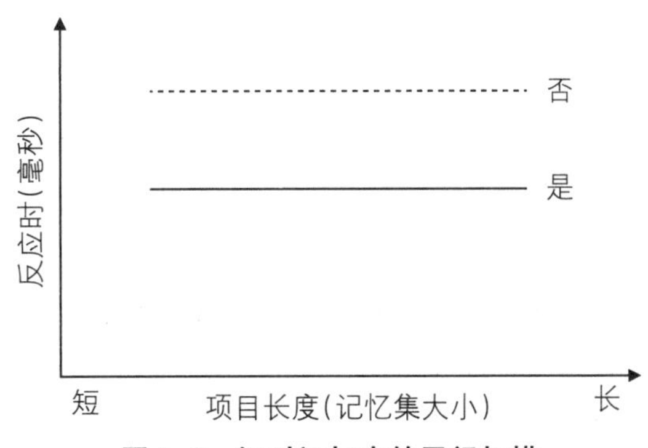

图4–9　短时记忆中的平行扫描

2. 系列中断扫描

将探测数字逐个与记忆中数字进行比较，发现与探测数字相同的数字则中断扫描。预期长数字序列的反应时比短数字序列的反应时要长，做出"否"反应比做出"是"反应的反应时长。因为做出"是"反应，被试即可立即停止扫描，但是做出"否"反应则需扫描记忆中的所有数字（图4–10）。

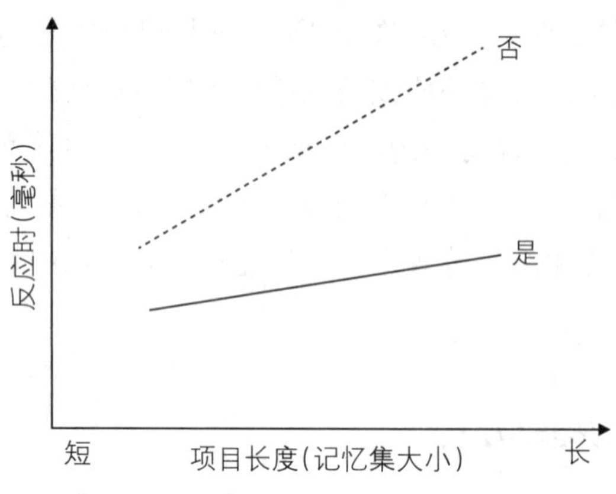

图4-10　短时记忆中的系列中断扫描

3.系列全扫描

将探测数字逐个与记忆中数字进行比较,不论记忆中有没有探测数字。预期扫描长数字序列的反应时比短数字序列要长,且做出"是"或"否"的反应时是相等的(图4-11)。实验结果显示,提取信息的时间随项目增加而增长,呈线性关系,且做出"是"或"否"的反应时相等(图4-12)。斯滕伯格认为,短时记忆对信息提取是按照系列全扫描的方式进行的。

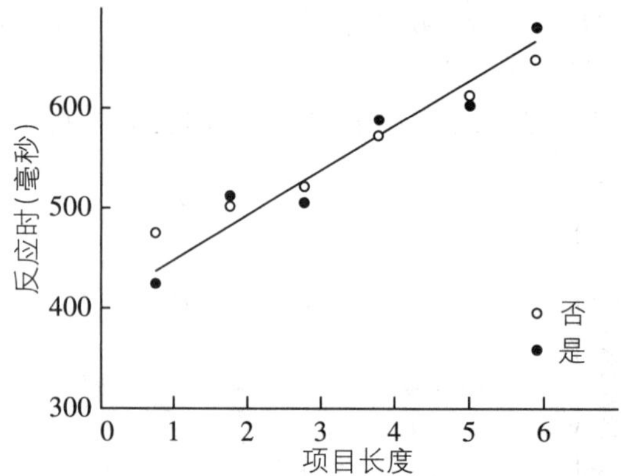

图4-11　短时记忆中的系统全扫描

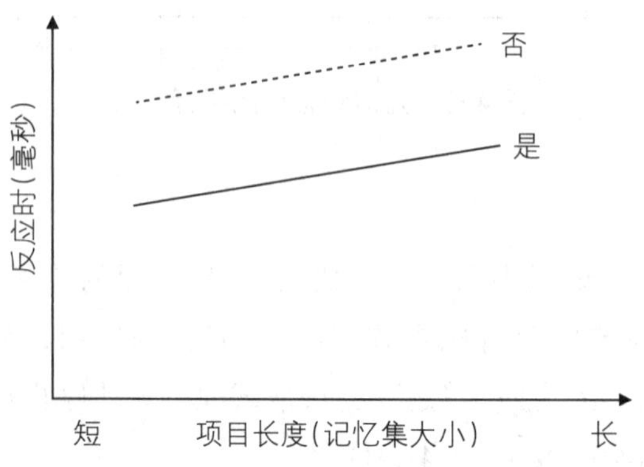

图4-12　短时记忆中的系列全扫描

(四)短时记忆信息的保持

短时记忆中的信息保持的时间短且易受干扰,只要阻止复述行为,信息便很快消退,且不能恢复。内部语言复述可以使即将消失的微弱信息重新强化,变得清晰、稳定,再经过精细复述便可转入长时记忆系统,所以短时记忆也被看作感觉记忆和长时记忆之间的缓冲器。而未经复述的信息或超容量信息则随时间流逝而自然衰退。因此,复述是短时记忆信息转入长时记忆的关键。遗忘原因的理论解释主要包括痕迹消退说和干扰说。痕迹消退说认为,记忆痕迹得不到复述强化,其强度随时间流逝而减弱,导致自然衰退。也有学者提出,信息是被某种目前尚不清楚的生理过程所侵蚀,类似海滩上脚印被海浪冲刷之后而消失。干扰说则认为,储存在短时记忆中的信息受其他信息的干扰而导致遗忘,尤其是新进入的较强信息把原有较弱信息排挤掉而导致遗忘。

Waugh 和 Norman 用巧妙的实验设计分离出"消退"和"干扰"等因素。实验中,他们让被试听由若干个数字组成的数字序列,之后呈现一个探测数字,这个探测数字在序列中曾出现过一次。被试的任务是回忆探测数字之后的数字。从回忆数字到探测数字之间是间隔数字,呈现这些数字的时间为间隔时间。通过采取不同速度和时间间隔来呈现数字序列,就可以将保存时间和干扰信息这两种因素分离。结果发现(图4-13),正确回忆率随间隔数字的增加而降低,不受间隔时间的影响。这一结果支持干扰说,证明遗忘是由于干扰而不是消退所致。

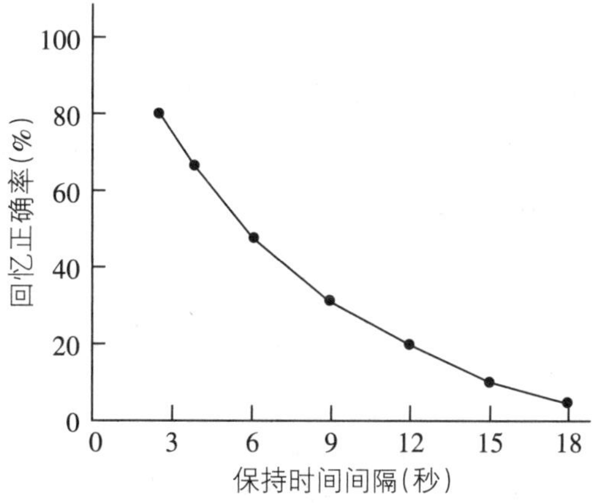

图4-13 回忆正确率和保持时间间隔的关系

常见的干扰说包括两种:倒摄干扰和前摄干扰。倒摄干扰(retroactive interference)指的是新获得知识阻碍对以前学习的旧材料的回忆。产生倒摄干扰的原因在于从学到某个材料之后到回忆该材料之前所经历的活动。前摄干扰(proactive interference)指过去学习的材料阻碍新材料的学习。

生活中的心理学

遗忘和记忆一样重要

长期以来,遗忘一直被当成记忆出错的结果。我们努力学习好像是为了对抗遗忘,想要记住所有复习过的知识。目前,研究者发现遗忘对于大脑正常运作的重要性。大脑时时刻刻在发生遗忘过程,而且遗忘才是让你更好地去记忆的环节!

试想一下,如果大脑没有遗忘过程,那么经历过的事件信息会全部被你记住,将会导致你的大脑超负荷运转而无法处理庞杂信息。一直从事有关记忆的神经生物学研究的加拿大麦吉尔大学认知心理学家Oliver Hardt说:"忘不掉的记忆算什么记忆?这是不可能的。为了让记忆功能正常运作,你的大脑必须遗忘。"

四、工作记忆

(一)何为工作记忆

工作记忆是一种核心认知能力,是信息暂时储存并进行加工处理的过程,具有加工处理信息与储存信息的双重功能。工作记忆概念被提出之后,研究者纷纷提出相关的模型,譬如Baddeley于1990年提出的多成分模型(图4-14),被认为是相对成熟和完善的工作记忆模型。该模型认为,工作记忆包括语音环路、视觉空间模板、中央执行系统和情景缓冲器等组成部分。

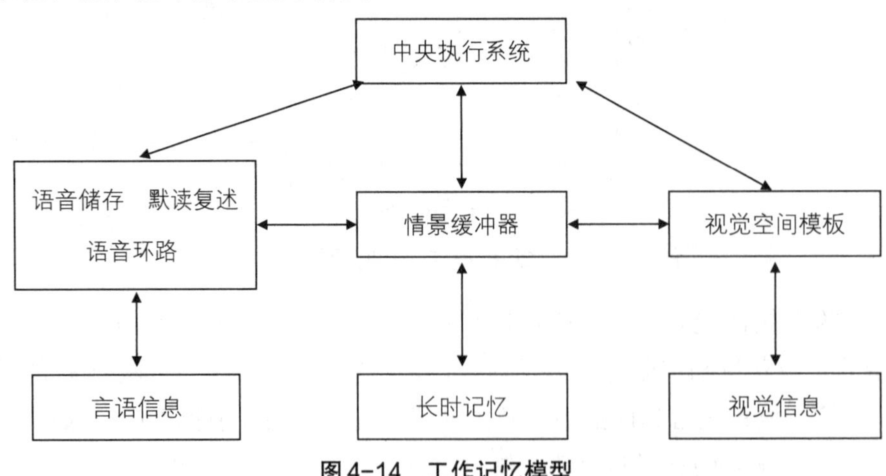

图4-14　工作记忆模型

1.语音环路

语音环路又称发音环路，是一个包含语音信息的容量有限的系统，主要用于言语复述，负责以声音为基础的刺激信息的存储与控制。语音环路由两个部分构成：语音储存（可以短期保存语音信息）与默读复述（用来抵消语音储存中信息的快速衰退，负责复述信息）。语音储存中的信息如果不加以复述，就会很快丢失。巴德利（Baddeley）认为，若没有语音环路，语音信息将在约2秒之后消退。

无关言语效应是支持语音环路的实验证据。它主要是指任何在信息加工过程中出现的言语刺激都有可能干扰该信息的处理，即使该言语刺激无关紧要，且已告知被试要忽略它。语音环路编码具有强制性，所有相关和无关信息都会被加工，对语音储存的干扰很强烈。譬如，当你在一个不熟悉的地方开车，需要找到一个特定地址时，为什么要调低收音机的音量？无关言语效应就是其原因。

2.视觉空间模板

视觉空间模板主要负责加工视觉与空间信息。它不仅储存视觉形象，还储存物体的空间位置。视觉空间模板也储存来自语言描述中的视觉信息。譬如，当一个朋友讲故事的时候，你会发现自己正在想象他描述的场景。想象一个你熟悉的房间（不是你现在所处房间），墙上挂着哪些东西？依次说出这些东西，从门开始按顺时针方向绕房间一圈。现在问问自己，你是否通过“用内心的眼睛环视房间一周”来完成这一任务？如果是这样，你就用到了视觉空间模板。

3.中央执行系统

中央执行系统负责整合来自语音环路、视觉空间模板、情景缓冲器和长时记忆的信息，可以把它看作工作记忆信息整合的“指挥官”。中央执行系统在集中注意、选择策略、转换信息、协调行为的过程中也扮演着主要角色（Baddeley et al., 2009）。另外，中央执行系统负责抑制不相关信息。在每天的日常活动中，中央执行系统帮助你决定做什么以及不做什么，这样就不会偏离主要目标。

4.情景缓冲器

情景缓冲器是一个容量有限的系统，作为暂时性的仓库储存和整合来自语音环路、视觉空间模板的信息，也能够储存复杂信息的记忆。譬如，在写作文时要求你对某一个具体情景进行描述，你会先在脑海中对场景空间信息进行提取，再选择恰当的字词语句。总之，多种来源信息可以在情景缓冲器中得到同时加工。

(二)对工作记忆模型的反思

2000年,研究者总结了工作记忆模型的局限性。第一,“工作记忆”这个名称会误导人。工作记忆是关于注意的“执行控制”,所以工作记忆并非关于记忆,而是关于注意的。因此,称其为“工作注意”可能更合适。第二,工作记忆模型是一种复述与衰减模型,强调面对衰退时,激活对维持信息的重要性。但是,衰减并不是对记忆丧失机制的解释,而只是重新表述信息丢失这一现象。正如尼斯(Nice)所指出,Baddeley的模型并不能准确地指明丢失了什么,也未指明造成丢失的机制。第三,Baddeley的模型关注的焦点是对传入信息的感觉(即视觉和听觉)进行加工,而对概念却不置一词。短时记忆对编码信息的意义很敏感,因此工作记忆模型的亚成分与长时记忆之间一定存在接触点。情景缓冲器就是这个接触点,但是它对具体机制却没有明确规定。最初的模型中并不包含情景缓冲器,对于它到底能在多大程度上解释长时记忆和工作记忆模型的各个亚成分之间的相互作用,目前尚无定论。

第四节　长时记忆

日常生活中,我们经常会回想起小时候的事情。为什么多年前的记忆到今天还显得十分清晰呢?这种现象就涉及长时记忆。

一、长时记忆概述

长时记忆是指信息储存时间在1分钟以上的记忆,且容量没有限制。它储存着过去所有经验和知识,为所有心理活动提供必要的基础。

长时记忆中的信息是有组织的知识系统,对人的学习和行为决策具有重要意义。它使人能够有效地对新信息进行编码,以便更好地识记,也能迅速有效地从头脑中提取有用信息,以解决当前问题。譬如,知觉事物、理解语言和解决问题等,都需要提取头脑中各种有关信息。知识系统的组织化程度不同,提取的速度也会不同,知觉事物、理解语言和解决问题的速度也存在差异。

二、长时记忆的类型

长时记忆可以从不同的角度区分为情景记忆和语义记忆、外显记忆和内隐记忆以及程序性记忆和陈述性记忆。

(一)情景记忆和语义记忆

托尔文(Tulving)认为记忆可以分成情景记忆(episodic memory)和语义记忆(semantic memory)。情景记忆是以时间和空间为坐标,对个人亲身经历的、发生在一定时间和地点的事件(情景)的记忆。情景记忆是人类最高级、成熟最晚的记忆系统,也是受老化影响最大的记忆系统,存在随年龄增加而下降的趋势。语义记忆是语言运用所必需的记忆,是人所具有的知识的有组织的贮存。如“我知道牛顿力学定律”“苏州市在江苏省”,“若A>B,B>C,则A>C”等。语义记忆既包括词义、语言、做事的步骤和解决问题的策略等方面的知识,也包括世界及个别事件、人物、地点和规律等知识。情景记忆涉及个人生活中的特定事件,所接收和保持的信息总是与某个特定的时间和地点有关,并以个人的经历为参照。这是它与语义记忆的重大区别。此外,情景记忆比语义记忆更易受到干扰,而且抽取信息也较缓慢,往往需要努力进行搜索。将记忆划分为情景记忆和语义记忆,还得到一些病例的支持。M.金斯博纳和F.伍德发现,遗忘症患者很难回忆特定情景,但是可以对此作一般的言语描述,如让患者回忆他经历过的有关旗帜的任何一个具体情景,他记得旗帜在游行队伍上空飘扬,这是游行中常见的场面,但他不能描述任何一面具体的旗帜或一次特定的游行。这说明患者的情景记忆受到更大的损害。情景记忆和语义记忆的特点如表4-3所示。

表4-3 情景记忆与语义记忆的特点比较

特点	记忆系统	
	情景记忆	语义记忆
遗忘可能性	高	低
可用性	低	高
回忆体验	有	没有
感觉成分	有	没有
情感存在	有	没有

(二)内隐记忆和外显记忆

外显记忆(explicit memory)是记忆的一种类别,是指需要意识努力才能使信息恢复的记忆,与之相对的是无需意识努力就能使信息恢复的内隐记忆(implicit memory)。外显记忆和内隐记忆的主要区别在于加工深度。加工深度不影响内隐记忆,但对外显记忆则有非常明显的影响。内隐记忆随时间延长而发生的消退比外显记忆慢得多。外显记忆会随着记忆项目的增多而不容易记住;内隐记忆则不然。感觉通道的改变会严重影响内隐记忆,而对外显记忆的效果没有影响。外显记忆很容易受到无关信息的干扰,而内隐记忆则不会。

(三)程序性记忆和陈述性记忆

程序性记忆(procedural memory)是指对如何做事情的记忆,包括对知觉技能、认知技能和运动技能的记忆。这类记忆需要多次尝试才能逐渐获得,往往不需要意识参与。程序性记忆通常很难用语言加以描述,比较容易显示但不容易讲述。比如,会滑雪的人不一定能通过语言教会一个完全没接触过这项运动的人,最好的做法就是练习。而陈述性记忆(declarative memory)是指对有关事实和事件的记忆。它可以通过语言传授而一次性获得。它的提取往往需要意识参与,譬如课堂上学习的课本知识和日常生活常识,都属于这类记忆。学习游泳之前,我们可能读过有关的书籍,记住某些动作要领,这种记忆就是陈述性记忆;之后我们经过不断练习,把知识变成运动技能,真正学会在水中游泳,这时的记忆是程序性记忆。

三、长时记忆信息的加工过程

(一)长时记忆的编码

佩沃认为,长时记忆的信息编码方式主要包括两种:语义编码和表象编码。为了验证这个观点,他设计了一个实验。实验材料是两张图画和与之对应的两张字词卡(如图4-15)。上面的画是小台灯与大斑马,右边的字词卡的字体大小与图是对应的。下面的画则是大台灯和小斑马,卡上的字体大小也是与之对应的。佩沃分别把这些卡片给被试看,要求他们立刻判断现实中谁大谁小,并记录其反应时。佩沃假设,如果长时记忆中只含有语义编码的信息,被试对图画做出的判断可能会慢于字词卡,因为在做出判断之前,需要将图画转换为语词,不如直接对语词做出反应迅速。如果长时记忆中也存在表象编码,那么被试对图画的判断不会慢于字词卡,因为视觉表象可以直接从记忆中提取,无须转换。他又进一步推论,如果长时记忆中的视觉表象与实验呈现的图画不一致,会引起心理冲突,并导致反应时慢于与现实一致的图画,字词卡却不会引起这些冲突,因为字词按语义编码后不具有时空特点,字体大小对语义信息的储存没什么影响。实验结果发现,被试对图画做出判断的反应时快于字词,说明长时记忆中确实包含表象和语义双重编码的信息;被试对与现实一致的图画的判断反应时快于不一致图画,证实表象编码具有时空特点。被试一旦发现图画中对象的大小与现实中对象的大小不一致,会引起心理冲突,自然延缓判断的反应时;被试对字词卡的反应时无差别,说明语义编码的信息无时空特点。至于为什么会出现对图画的判断快于字词,这是因为判断时,语言信息必须转换为表象再进行判断,因此反应时较慢。

图4-15 双重编码实验材料

(二)长时记忆的储存

信息在经过长时记忆的编码之后,会以某种形式储存在人脑中。目前主要的理论模型包括层次网络模型(hierarchical network model)和激活扩散模型(spreading activation model)。

层次网络模型假设(图4-16),语义记忆的基本单元是概念,每一个概念具有一定的特征。上下级和同级水平的概念按层次组织成一个网络,网络中包括节点、线段及连线。节点代表概念,每一个节点上的线段表示该概念的特征或属性,从节点向上的连线表示与上一级概念的联系及归属。譬如,请你在听到下面的句子之后立刻做出"是"或"不是"的判断。

金丝雀是一种动物。

金丝雀是一种鸟。

你对这两个句子的判断,哪一句回答较快?研究发现,对"金丝雀是一种鸟"的判断比对"金丝雀是一种动物"的判断速度快。根据该模型,长时记忆组织结构是一个由许多节点按层次连接起来的网络。节点与节点之间的连接链有长有短。如果两个节点之间的连接链长,提取的反应时则较长;如果两个节点之间的连接链短,提取的反应时则较短。

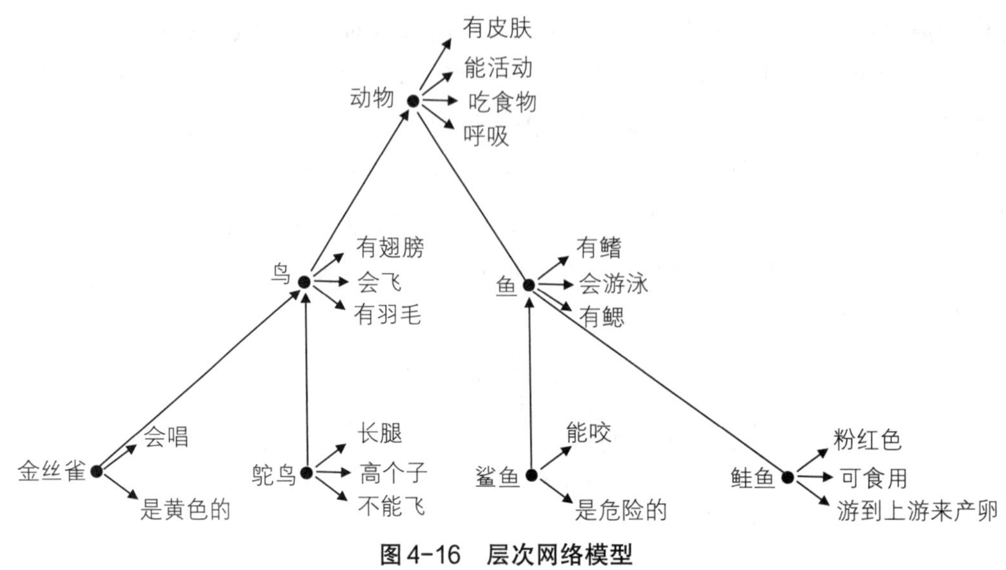

图 4-16　层次网络模型

激活扩散模型放弃了概念的层次结构，而以语义联系或语义相似性组织概念的关联。如图4-17所示，每一个方框就是一个概念，它们之间的连线代表相互间的联系，连线的长短则表示联系的紧密程度。该模型假定，当某一个概念被加工之后会产生激活效应，并向四周扩散，先扩散到的节点就是首先联想到的概念。根据上述例子，鸟和金丝雀之间的路径比动物和金丝雀的路径短，所以判断速度更快。这里面不仅包括搜索过程，也涉及决策过程。它是对已有知识的激活，所以激活扩散模型是一种预存模型。

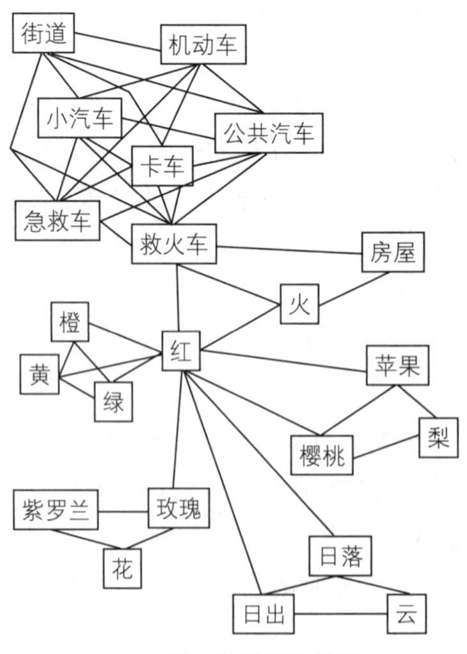

图 4-17　激活扩散模型

(三)长时记忆的提取

长时记忆中信息的提取包括两种形式,即再认(recognition)和回忆(recall)。再认是指过去识记过的材料再次出现,可以识别和确认。再认的效果随着时间间隔而变化,时间越长,效果越差。譬如,突然看到小时候看过的一部电影,但由于时间间隔太长,你已经无法说出这部电影的名字。回忆是指过去识记过的材料在头脑中的重新复现。譬如,在上述情景中,你根据电影名称可以回想起电影情节和演员的名字。一般来说,再认比回忆容易提取信息,这是因为再认时有较多线索,可以帮助你尽快地确认。

生活中的心理学

叫不出朋友的名字

周末和同学在家里聚餐,你在做西点的时候忽然看到锅里煲的汤好了,于是想喊同学过来帮忙,情急之下却想不起他的名字。如此熟悉的人怎么会叫不出名字呢?很多人在生活中也有这种话到嘴边却说不出来的情况,我们会笑称自己大脑"短路"了。的确是因为大脑短时间内抑制记忆的内容,所以才出现这样的现象,心理学中将这种现象称为"舌尖效应"。在产生记忆的过程中,人类把记忆对象以编码的形式存入大脑。长时记忆比短时记忆包含更多的情感特征,越熟悉的人,关注点往往是爱好习惯、性格特点等方面,反而会忽略代表形码和声码的基本因素。

回忆包括直接和间接两种方式。直接把有关信息从长时记忆中抽取出来,对信息的检索几乎是自动化的,这种提取称为直接回忆。譬如,若问你暑假同谁结伴旅游,你会马上说出张三、李四等名字。需要提示线索或中介性联想才能实现的回忆,被称为间接回忆。

第五节　实践中的记忆

日常生活中,记忆现象虽然广泛存在,但是并没有引起太多重视。本节重点介绍几种记忆现象,并从心理学角度进行诠释。

一、自传体记忆

请回答下面这个问题：2016年4月23日上午8点24分，你在做什么？或许你认为自己不可能回答上这个问题。但是仔细想想，可能会发现一些帮助你回想起来的线索。譬如，你的生日是22日，你当时正在学校，第二天正好是周六，也就是4月23日，你的朋友约好给你庆祝。所以，你可能想起来你当时正在起床，犹豫着如何打扮自己。这种现象就是自传体记忆(autobiographical memory)，是记忆者对自身经历的记忆。我们不必刻意记住自己过去某一个时刻在干什么，但通过对线索的回忆，你会将这些记忆重新建构起来。

记忆一定准确吗？想必大家都有这种经验：不同人对同一内容的回忆结果往往相差不大，譬如考试内容；但是不同人对同一事件的记忆结果可能相差非常大，譬如一对正在闹矛盾的情侣对矛盾事件的描述会有很大差异。造成这一现象的原因是人们在两种记忆的储存方式上有所不同。考试内容的记忆属于语义记忆，而吵架经历的记忆则属于情景记忆，更准确地说是属于自传体记忆。自传体记忆是建构性的，即个体在记忆输入的过程中将客体信息分解成若干组成部分分别储存，而在记忆输出过程中则需将分散的信息进行组合、加工，并重新建构出意识中的客体。因此，自传体记忆相较于语义记忆更容易受到个体认知方式、情绪感受等影响，进而产生有异于客观事实的记忆扭曲。

在影视作品中，对“凶手”的指控往往缺少一锤定音的目击者证词。似乎只要确定目击者没有说谎，就一定能给“凶手”定罪。在实际生活中，目击证人的记忆也可能会因为编码、回忆等过程受到认知方式、情绪情感、外界环境等影响，而产生相应改变。所以，自传体记忆并不像想象中那么可信，对目击者证词的采纳须谨慎。

生活中的心理学

被过去困住？

你一直被过去的记忆困扰吗？这是一个超强自传体记忆的独特案例：一个名叫AJ的年轻女子能够回忆起自己从14岁开始的每一天是星期几，以及那天她做了些什么。与其他人的交谈、看到的事物等都是她的回忆线索，让她能够将一件件事情从记忆中提取出来。她想生活在当下，却总也驱散不开自己的记忆，不由自主地一遍又一遍地回忆过去。然而，AJ不知道自己是如何提取记忆的；她只是“知道”任意一天发生了什么。

研究者对她这一能力进行了研究，发现她超强的记忆仅限于自传体事件。

她不是一个特别优秀的学生，像回忆单词的任务就做得不怎么样。有人假设，她可能患上了一种罕见的发育障碍，与此相关的疾病包括孤独症、精神分裂症和注意缺陷多动障碍等。但不管是什么让AJ有别于其他人，在可预见的未来，她只能一直生活在回忆之中。

二、被压抑记忆

心理学中关于被压抑记忆的研究最早由弗洛伊德开始。弗洛伊德在临床治疗中发现，许多患者能够在催眠作用下回忆起早已遗忘的经历。这些经历大多发生在童年时期，且让来访者感到罪恶或羞耻。弗洛伊德认为，记忆系统会对让人痛苦的信息进行监控，并将某些使人非常痛苦以至于不能处理的记忆内容抑制住，从而缓解焦虑，保护个体的自我同一感。这些被抑制的记忆内容存放在意识所不能到达的地方，但是并未消失，会通过某些线索或资料被诱发出来。

与自传体记忆一样，编码与提取之间的时间间隔越长，被压抑记忆越有可能产生扭曲或错误。譬如，心理治疗师在治疗过程中偶然做出来访者童年曾受过虐待的诊断，并以此为依据不经意地“恢复”他们可能错误的记忆。因此，被压抑记忆可能是虚假记忆。洛夫特斯（Loftus）考察了可能造成个体对童年虐待经历产生错误记忆的信息来源，包括暗示、不恰当鼓励和想象等方面。当然，实验研究并不能证明被压抑记忆不存在，也不能证明所有被回忆起来的被压抑记忆都是错误记忆。可以确定的是，被压抑记忆十分容易受到暗示和想象的影响而发生扭曲。

三、闪光灯记忆

闪光灯记忆（flash-bulb memory）是指对于某件事的记忆强烈到想起它的时候会觉得十分鲜明生动，仿佛在电影胶片上一般。研究者发现，在以下三种情况下容易产生闪光灯效应：记忆对个人非常重要、令人惊异以及对个人产生了情绪影响。有学者认为，大脑中与情绪反应相关的部分被激活时，产生的认知效应会导致大脑存储大量与主要信息不直接相关的信息。情绪越激烈，闪光灯记忆越强烈和详细。也有学者认为，人们总是希望寻找一种方法将自己与历史联系起来。历史事件的产生会引起强烈的情绪体验，促使人们复述自己的故事。因此，闪光灯记忆是故事复述的结果。

闪光灯记忆的核心问题在于它的准确性。那么闪光灯记忆究竟有多准确呢？史蒂芬·施密特在一项研究中要求中田纳西州立大学的本科生填写相关问卷，回答在“9·11”事件发生后一天（2001年9月12日）对事件的回忆。在两个月之后，他又对学生进行重测研究。结果发现，几乎所有被试都能够报告基本的“闪光灯”信息：是谁告诉他们“9·11”事件，他们获悉消息时身处何地，与谁在一起，他们的穿着，那天的天气情况等。被试在回答核心问题时表现出更高的一致性，而在外围问题上表现出更低的一致性。然而，与预期相反，施密特发现那些最初对“9·11”事件报告的情绪反应最强烈的被试，随后表现出更为严重的记忆错误。韦弗(Weaver)认为，闪光灯记忆的特别之处在于对这些记忆准确性的过度自信。尽管关于闪光灯记忆的来源和准确性还存在分歧，但值得一直研究下去。

本章要点小结

1. 记忆是过去的经验在人脑中的反映，可分为感觉记忆、短时记忆和长时记忆。

2. 感觉记忆的保持时间只有几秒。短时记忆的保持时间不超过1分钟，容量为5–7个项目。

3. 工作记忆是一个储存和加工信息的系统，包含语音回路、中央执行系统、视觉空间模板和情景缓冲器。

4. 获取信息并转移到长时记忆的过程被称为编码，将信息从长时记忆转移到工作记忆中的过程叫提取。长时记忆的提取方式分为回忆和再认。

5. 自传体记忆是建构性的，即个体在记忆输入过程中将客体信息分解成若干部分储存，在记忆输出过程中则需将零散信息进行组合、加工，并重新建构意识中的客体。

6. 闪光灯记忆是指对某件事的记忆十分强烈。以下三种情况容易产生闪光灯记忆：记忆对个人非常重要、令人惊异以及对个人产生情绪影响。

关键术语表

感觉记忆

短时记忆

长时记忆

工作记忆

复述

情景记忆

语义记忆

陈述性记忆

程序性记忆

内隐记忆

外显记忆

自传体记忆

闪光灯记忆

本章复习题

一、选择题

1.记忆过程包括(　　)。

A.再认和回忆　　B.保持和遗忘

C.识记、保持和遗忘　　D.识记,保持,再认或回忆

2.在公司遇见小时候的伙伴,却叫不出对方的名字,能确认是认识的,此时的心理活动是(　　)。

A.重现　　B.保持

C.再认　　D.回忆

3.斯滕伯格对短时记忆的研究发现,对记忆的项目提取方式是(　　)。

A.平行扫描　　B.继时性扫描

C.完全系列扫描　　D.自动停止系列扫描

4.美国心理学家斯波林首先用部分报告法确认了(　　)的存在。

A.瞬时记忆　　B.短时记忆

C.工作记忆　　D.长时记忆

5.接到老同学的电话,知道是谁却一时叫不出名字,过一会儿就能想起来,这种现象是(　　)。

A.暂时性遗忘　　B.舌尖现象

C.抑制现象　　D.压制现象

6.在对系列呈现的学习材料进行自由回忆时,最后呈现的材料遗忘最少。这种现象称为(　　)。

A.首因效应　　B.启动效应

C.词优效应　　D.近因效应

二、简答题

第一节

1.简述记忆的定义。

2.简述记忆的理论模型。

3.简述记忆的结构。

第二节

1. 简述感觉记忆的概念和特征。

2. 简述感觉记忆存在的证据。

3. 简述感觉记忆的信息加工过程。

第三节

1. 简述短时记忆的概念及特征。

2. 简述短时记忆信息的提取及经典实验。

3. 简述工作记忆的成分。

第四节

1. 简述长时记忆的类型。

2. 简述长时记忆的编码。

3. 简述长时记忆的储存模型。

第五节

1. 简述自传体记忆。

2. 简述被压抑记忆。

3. 简述闪光灯记忆。

第五章

表象

本章开始之前，请尝试回答以下问题：

1. 我国国歌《义勇军进行曲》中包含多少个名词？

2. 你家的住房一共有多少个房间？

3. 请默读并尽量准确、完整地理解下面这段文字，注意体会内心的感受：我看见过波澜壮阔的大海，观赏过水平如镜的西湖，却从没看见过漓江这样的水。漓江的水真静啊，静得让你感觉不到它在流动；漓江的水真清啊，清得可以看见江底的沙石；漓江的水真绿啊，绿得仿佛那是一块无瑕的翡翠。

很多人在回答这些问题的时候都有相同表现。在回答第一个问题的时候，往往会轻声哼唱或者默念国歌；回答第二个问题的时候，往往会想象自己在家里数着房间；回答第三个问题的时候，会借助头脑中的风景理解这段文字。若去过桂林漓江，头脑中会不自觉地出现在漓江旅游的场景。

上述现象涉及人类大脑的一种重要机能——表象（mental image），亦称为意象。表象对人的认知活动至关重要，是认知心理学中最为重要的研究领域之一。

第一节 表象概述

一、表象的概念

（一）定义

表象是过去感知过的事物形象在头脑中再现的过程。认知心理学领域的表象研究开始于20世纪60年代末，之后迅速发展为重要的研究领域。

（二）表象与表征

通俗地说，表征是信息在头脑中的呈现方式。图5-1呈现了知识表征的分类方式。一般而言，根据表征的指向性，可以将其划分为外部表征和内部表征。外部表征指所有外在表现形式，包括语言表征和图像表征，譬如日常使用的菜单、书籍、地图和照片等；内部表征则指所有内在心理表征，包括符号表征和分布式表征。

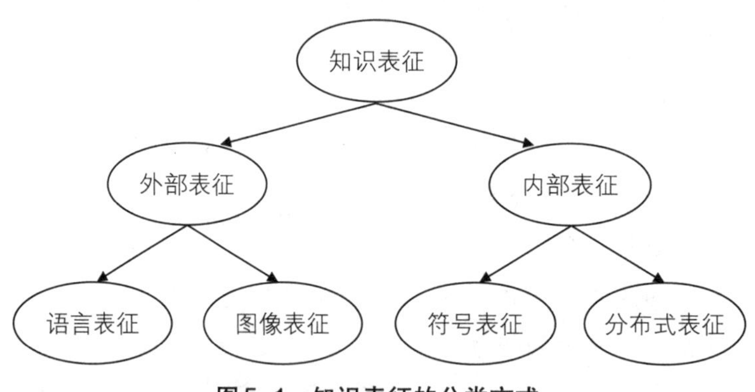

图5-1 知识表征的分类方式

知识的表征可以采用语言或字符，也可以采用图像。“动物园的观赏路线该怎么走？”回答这一问题时，你会发现画一张地图比描述更容易，因为图像能更直观地展现路线。回答“社会主义核心价值观的内容是什么？”时，你可能很难用一张图片作为答案，而采用语言概括会显得更恰当。

由此可见，语言对抽象信息的表达起到重要作用。图像以其与所表征事物的相似性，更适合传达空间性的或具体的信息。例如，在制作美味佳肴时，语言可以传递诸如原料、步骤和烹饪方法等抽象信息，而图像则能呈现菜的外观信息，包括菜肴制作完成之后的模样。

二、表象的特性及其分类

(一)表象的特性

1. 直观形象性

直观形象性是指在人脑中所出现的生动具体形象和过去感知过的事物形象具有一定的相似之处。直观形象性的典型例子是在儿童身上发生的遗觉象(eidetic image)现象。遗觉象是指在刺激停止之后,大脑中持续保持的清晰而生动的表象。除视觉遗觉象外,还存在听觉遗觉象、嗅觉遗觉象、触觉遗觉象等。

2. 概括性

概括性是指表象忽略事物的部分细节,只保留事物的主要特征。它是对同一类事物多次感知后的综合概括。譬如表象中“树”的形象,一般很难体现在现实中某一棵树上,而是体现出树的共有特征。概括性还表现为表象很难表征事物的复杂细节及其复杂关系。例如,绝大多数人可以想象一匹斑马及其身上的条纹,但是如果要数出条纹的条数就很困难。表象往往表征事物的轮廓而不是具体细节。

3. 可操作性

可操作性是指人们可以在头脑中对表象进行操作,如同人们通过外部动作控制和操作客观事物。表象在大脑中并非静止不动的,它可以被分析、整合,也能够被放大、缩小,甚至被调动和翻转。正因为表象具有可操作性,才使得形象思维、创造思维、想象等成为可能。

(二)表象的分类

表象可以根据多种标准进行分类。根据表象形成的感觉通道,可以分为视觉表象、听觉表象、味觉表象、嗅觉表象、触觉表象、动觉表象等。根据表象涵盖对象的概括程度,可以分为个别表象和一般表象。个别表象是对某一具体事物的表象,譬如“一只蓝色的猫”。一般表象则是对某一类事物的表象,譬如“猫”。根据表象形成的创造性程度,可以分为后象、遗觉象、记忆表象和想象表象。后象是接近感觉的一种映像,譬如,先盯着明亮的灯光,再闭上眼睛,在黑暗的背景中会看到一个亮点,这就是后象。遗觉象在前面已经提到过。记忆表象是对过去感知的事物形象的简单重现。想象表象则是对旧表象进行加工、改造,重新组合出的新形象,这种形象可能是个体从未经历过的,因而具有创造性。表象研究主要集中在视觉表象和言语表象。

下面对这两种表象进行介绍。

1. 视觉表象

科斯林等要求学生在日记中记录他们的心理表象，大约2/3的学生报告的表象是视觉表象，听觉、触觉、味觉、嗅觉表象较少。人们总是习惯于用视觉表象解决问题，譬如你家有多少扇窗户？什么水果是黄色的？你拿到高考成绩的那一天发生了什么？根据科斯林的研究，要解决并回答此类问题，首先需要将问题中的物品具体化并将其心理形象表征出来。这是因为人类长时间的生活习惯以及人类最初探索世界时，总是通过观察来掌握周围环境中的信息。

2. 言语表象

言语表象也是表象的一种重要形式。罗兰和佛雷伯格（Roland & Friberg，1985）让被试默念押韵的广告，或者在内心重现从办公室到家里的路线，测量并比较两种任务下大脑皮层的血流含氧量变化。结果发现，当被试默念广告时，布洛卡区和威尔尼克区得到激活。这部分区域受损的病人会出现语言障碍。当被试重新进行“寻找回家的路”等视觉任务时，顶叶、枕叶和颞叶皮层被激活，而这部分区域与视知觉以及注意密切相关。

3. 言语表象与视觉表象之间的转换

你如何找到从学校到家的路？如何在陌生环境中依靠路人的描述找到目的地？这涉及表象的重要功能——空间认知，它的作用在于帮助人们把描述空间结构的文字转换为心理表象。富兰克林和特维尔斯基（Franklin & Tversky）让被试阅读这样一个故事：

今晚，你要与上流社会的知名人士会晤。来到歌剧院，你站在富丽堂皇的包厢围栏前向楼下俯视，在你身后与视野齐平的包厢墙面上有一盏华丽的灯。在你正前方的包厢外墙上，是一块铜匾，铜匾的上面雕刻着建筑设计者的雕像以及生平描述，用于纪念该建筑师。在你右侧的小茶几上放着一束用红色玫瑰与白色康乃馨组成的鲜花。你向上看的时候，可以在约6米高的天花板上看见一个扬声器，从方位上判断，这是包厢专属的扬声器。你从围栏向下望去，在正下方空地上矗立着一尊大理石雕像，仔细琢磨一下，发现雕刻的是一位年轻男性，不知道是否是雕刻大师米开朗琪罗作品《David》的仿品。

阅读完以上材料之后，实验者让被试想象自己位于这样的环境中，并对自己的方位进行如下调整：

你仍站在原位，现在将身体向右旋转90°，在你正前方是一盏灯，你看到前方墙面安装着坚固而细小的圆柱状物体,应该是用来预防地震的。

被试的任务是分别判断左右、前后或上下是什么,并记录反应时。结果显示,判断上下的速度最快,前后其次,而左右的速度最慢。富兰克林和特维尔斯基认为,这与生活中对上下、前后的知觉较为灵敏,而对左右会产生混淆的现象是一致的。由此他们认为,表象与真实空间知觉类似,被试在阅读文字时会主动构建空间表象。在特定条件下,图像和词语是可以相互转化的。具体图像可以通过语言来提取、描述和组织。譬如,电影剧本创作者通常会先进行图像编码,再将其以言语形式储存下来,形成剧本。与此同时,导演会根据对剧本的理解再现图像,这就是通过言语来使图像恢复。

生活中的心理学

为何一边打电话一边开车很危险

很多年轻司机习惯一边开车一边使用手机,从行为因素上看,这是一件危险的事。英国心理学家艾伦(Allan)曾经提到过,当他在收听橄榄球比赛的实况时,无法集中注意力开车。这可以用注意中枢神经理论来解释,因为人的注意资源有限,当打电话需要消耗过多资源的时候,分配给开车的注意资源就不足。这一现象也可以从表象理论中得到解释。根据相关理论,言语表象可以转换为视觉表象,从而产生表象之间的冲突,进而干扰开车时的视知觉。

三、著名的表象实验研究

(一)定位实验

为了解表象的功能,Podgorny和Shepard进行了视觉定位实验。实验材料是一个由25个小正方形所组成的5×5方格,用黑色将其中的一些方格涂成某一个英文字母,如I、L、F、E;或字母组合,如IF(图5-2)。

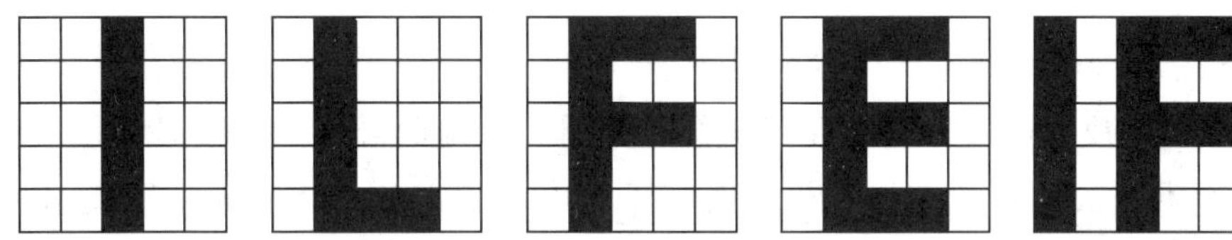

图5-2 定位实验材料

实验在充分学习的基础上,把被试分成三组:

a组:知觉记忆组。在知觉记忆组,实验者先给被试呈现其中一个5×5方格的字母卡片,待被试看清之后,拿开字母卡片,再呈现含有一个蓝色测试点的空白5×5方格,被试判断该蓝点是否在字母内。如图5-3(a)所示,以字母“F”为例,被试应做出“是”反应。

b组:带网格的表象组。首先呈现给被试的依然是5×5方格,区别在于没有呈现任何字母。实验者要求被试自己想象出一个字母,该字母的位置与a组相同,如图5-3(b)所示,被试想象出该字母之后,实验者呈现带测试点的相同方格,让被试做出判断。试验程序、被试的任务与a组同。

c组:不带网格的表象组。该组与b组的区别在于带测试点的方格只有最外边的轮廓,如图5-3(c)所示,其他的实验程序相同。

实验中,所有被试的任务都是在知觉或表象的条件下,尽可能快地判断呈现的蓝色点是否在所呈现字母内。若在字母内则右手按键,在字母外则左手按键,实验者记录反应时。

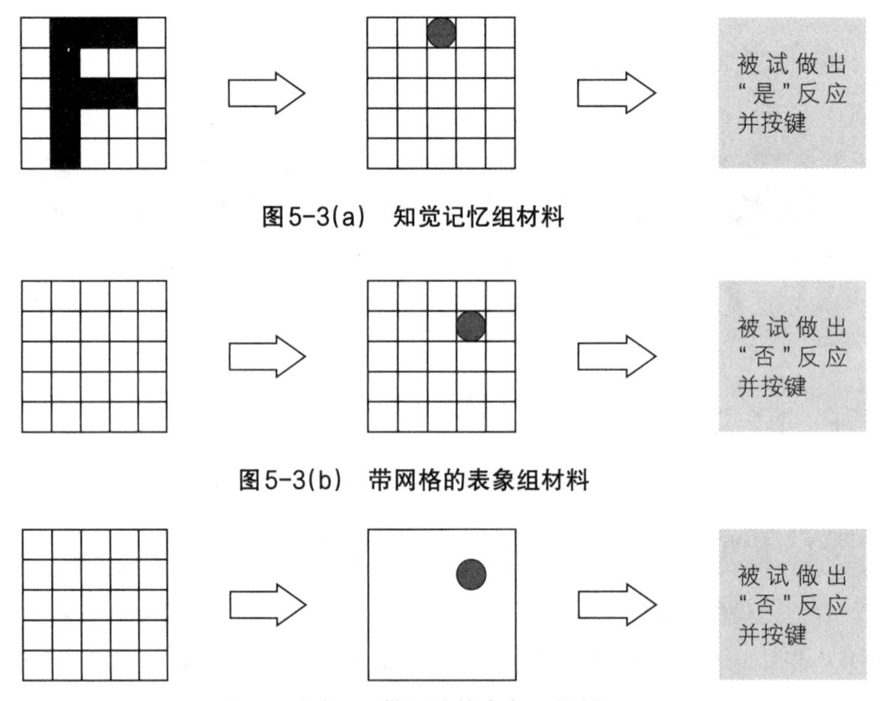

图5-3(a) 知觉记忆组材料

图5-3(b) 带网格的表象组材料

图5-3(c) 不带网格的表象组材料

实验结果如图5-4。统计分析显示,三个组的反应时不存在显著差异。同时,简单字母被试的反应时短于复杂字母或组合字母。反应时随字母的复杂程度增加而增加。这说明被试的知觉表征和想象表征不存在显著差异。Podgorny和Shepard还发现以下特点:

(1)测试点落在字母之内的反应时短于落在字母之外的,换句话说,被试做出

"是"反应的反应时短于"否"反应；

(2)当测试点位于横竖线交叉处时反应时更短；

(3)测试点越远离字母，则反应时越短。

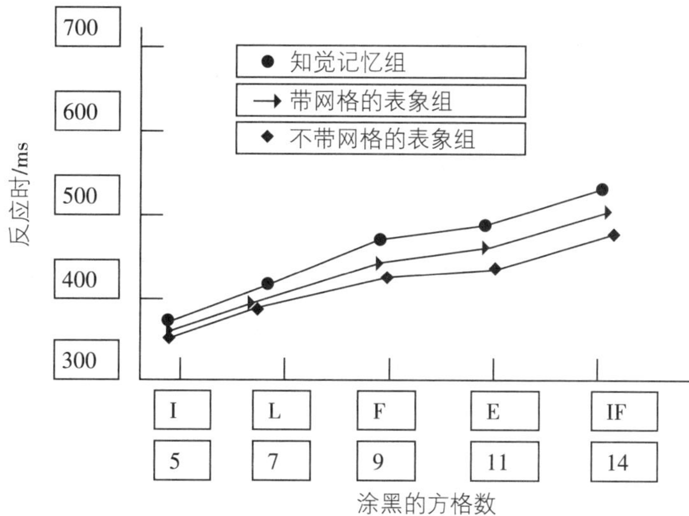

图5-4　定位实验结果

(二)McCollough效应实验

McCollough效应实验是由麦克洛(McCollough，1965)提出的。实验中，被试被要求先注视一个红色背景下纵向的黑白相间的条纹，再注视一个绿色滤光片下横向的黑白相间的条纹，如此反复进行。经过一段时间适应之后，再呈现一个半横向半纵向的黑白条纹的复合刺激，要求被试报告他们所看到的图案及颜色。McCollough效应的有趣之处在于，适应之后，人们会出现一种错觉，认为复合刺激中的黑白条纹方向与之前的纵向和横向条纹方向有关，实际上并非如此。这种效应说明感知系统具有适应性和可塑性。在特定条件下，对视觉信息的解释方式可能发生变化。

芬克(Finke)对在表象条件下是否会出现同样的McCollough效应进行了研究。他进行了诱导实验：被试先分别通过红色和绿色的滤光镜，观察或想象一张由黑白垂直条纹和黑白水平条纹组成的图像。如图5-5所示，如此轮换几分钟，让被试对图像产生适应，随后去掉滤光镜，让被试想象垂直条纹和水平条纹组成的复合图像。许多被试报告看到的垂直条纹为绿色，水平条纹为红色。这表明，表象条件下可以观察到类似McCollough效应的现象，这为理解表象和感知的关系提供了线索。

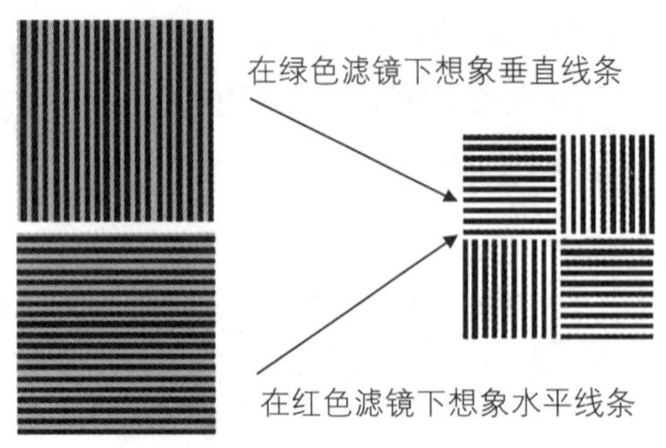

图5-5 McCollough效应实验

诱导实验中,如果让被试只看两种颜色,并要求他们想象横竖线条,通常会产生McCollough效应。有趣的是,Finke还发现,如果在诱导实验中让被试看横竖线条,但是要求他们想象红色与绿色,则测试不会产生McCollough效应。因此,可以认为适应产生的颜色互补效应受到测验图形方向线索的影响,这表明大脑在处理空间线索时的视觉细胞是具有特异性的。这也说明,在模式加工水平和知觉机能等方面,表象与感知具有等价性,但在颜色信息加工水平上可能存在差异。因为个体对颜色的加工发生在较低的感知水平,而模式识别则发生在较高的感知水平,因此可以认为,表象过程类似于高级水平的知觉加工。

第二节 表象的假说

心理表象研究领域争论的焦点问题是:心理表象在人的记忆中究竟如何储存?是以图像形式储存,还是以抽象的语言形式储存?对于这一问题,目前主要有两种假说。

一、双重编码假说

认知心理学曾经认为,人类长时记忆的唯一储存方式是言语。在20世纪60年代末到70年代初,心理学家佩沃(Paivio)提出双重编码假说,即个体表征和存储信息的方式不仅包括语义编码,也包括表象编码。

双重编码假说要点如下:

(1)表象是和言语系统相平行的知识贮存方式。个体既可以使用表象又可以使用言语来表征信息,并且组织化为知识,以便编码、贮存和提取。

(2)言语系统负责处理言语信息,并将这些信息以适当的语言形式储存起来。字词心理表征是以符号(symbolic)编码表征的,这种符号可以被任意指定,在知觉上没有与其所表征事物的一致性,比如“1”和“壹”;汉语的“鸡蛋”,英文则为“egg”,但是这两种符号都代表着同一事物。

(3)表象系统负责基于表象的信息加工与表征。该系统针对的是我们在所处环境中感知到的具体事物的模拟或类比(analogue)编码,诸如房屋、树木、宠物等。

(4)每个系统又可以进一步分为多个子系统,这些子系统在不同感觉通道(如视觉、听觉、触觉、味觉和嗅觉)中加工信息。

(5)两个系统相互联系。如果看到一个视觉物体(如一只小鸟),它会被表象系统识别出来,然后激活与词语“鸟”之间的联系。此时,你可以喊出来:“看,那里有一只鸟。”

二、概念命题假说

虽然双重编码假说为表象的独立地位提供了有力证明,但是并非所有学者都赞同这一点。以皮利辛(Pylyshyn)为首的学者,包括安德森和鲍尔(Anderson & Bower)等提出了概念命题假说。命题是指语词表达意义的最小单元。

(一)命题的存在证据

按照概念命题假说,当试图建立一个长方形的心理表象时,大脑会以类似于语言的、描述性的方式记录线条和角度的信息。根据这一观点,表象更类似于语言,而不是知觉的“近亲”。这意味着表象的储存方式更趋向于语言式的编码,而不是直接从感知输入中产生。这一理论强调表象与语言之间的关联,强调表象在认知过程中的抽象性。

皮利辛认为,以心理表象的形式储存信息是不经济的,因为这需要巨大的储存空间。他认为表象实质上只是一个从命题存储中恢复出来的附带现象,是在提取命题信息之后所添加的东西。实际上,信息以命题的形式储存,或者以抽象概念形式储存,这些概念描述了项目之间的关系。人们从存储中提取命题,并利用这些命题信息来构建表象。

命题表征是如何运作的呢?如图5-6所示,你看到了什么?有人可能会说“草地上有两只兔子”或者“两只兔子在草地上”,这两种说法可以用命题的形式表示为:兔子-下方-草地。命题常用来描述各种关系。概念命题假说的核心在于主张心理表征并非言语或图像,而是以抽象形式来表征知识的内在联系。

图5-6 命题表征案例

(二)表象编码的局限性

为了验证知识表征究竟采取哪种编码方式,支持命题码的学者针对模拟码的局限性开展了一些实验研究。钱伯斯和雷斯伯格(Chambers & Reisberg,1992)在一项研究中给被试短暂地呈现类似图5-7的双关图,然后让他们回答看到了什么。被试往往只能给出一种释义(除非接触过类似的图片),但是实验者会要求被试努力做出其他可能的释义。几乎所有被试都无法完成这一任务。当研究者让被试在纸上画出图形轮廓时,大部分人可以做出第二种释义。

图5-7 鸭-兔双关图

研究表明,表象和真实物体知觉是存在差异性的,加工表象似乎比真实知觉的难度更大。个体可能只有一种方式解释表象而不能进行其他释义。钱伯斯和雷斯伯格推断,该现象是由于知识表征的命题码抑制了模拟码。

这一假设得到卡迈克尔开展的图形命名诱发回忆发生变化的实验结果的支持。实验中,被试连续依次观看6张刺激图形(图5-8)。第一组被试在观看图形的同时,还听到左边一列物体的名称,第二组被试听到的是右边一列物体的名称。在6张图形呈现完毕之后,两组被试回忆并绘制出所看到的图形。结果显示,被试绘制的图形与最初呈现的图形之间存在显著变化,大约有四分之三的图形发生扭曲,而且这些扭曲之后的图形与他们听过名称的物体形状相似。

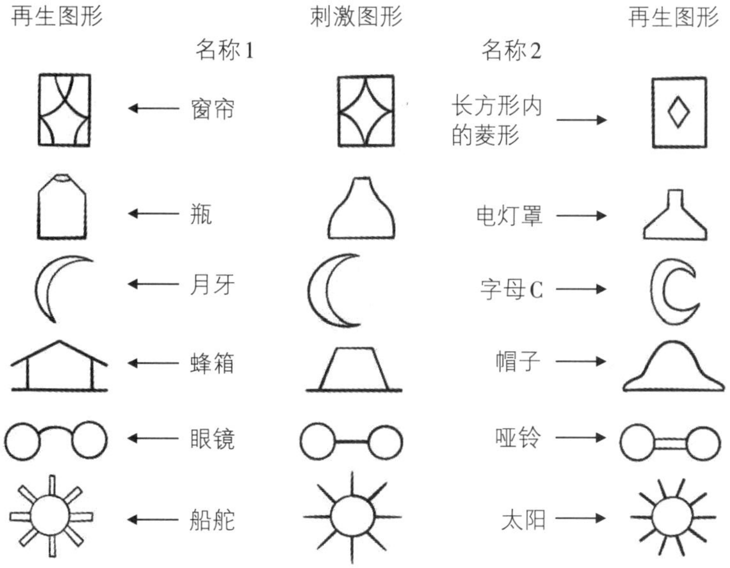

图5-8 命题对表象的影响

因此，双重编码假说认为，人类既有言语编码又有表象编码，而概念命题假说则认为命题是唯一的表征方式。目前已有研究表明，在大多数刺激和任务之中，表象以模拟码的形式进行储存，只是精确程度会受个体表象能力影响。然而，对于某些特定类型的刺激和任务来说，表象可能采用命题码进行储存。总之，表象在许多方面与真实物体知觉相似。

三、功能等价假说

实验者为了考察表象是否与知觉机能等价，在实验中让被试在知觉条件下和在表象条件下完成相同的作业并进行比较，以探讨二者的共同点。研究心理旋转和心理扫描等具体表象过程，可以进一步揭示表象在认知活动中的具体操作方式。

（一）心理旋转

谢帕德和梅茨勒（Shepard & Metzler，1971）开展的心理旋转实验不仅证明了表象的存在，也让人们了解到表象是如何操作的。谢帕德做了一个梦，梦中看见一个3D的物体在空旷环境中旋转。于是，他邀约当时在斯坦福读研究生的梅茨勒一起研究这一现象。1971年，他们将实验结果发表在*Science*上，并由此开启研究表象功能的先河。

这个实验中，实验者要求被试观察一个2D平面上(如一张纸)呈现的成对的由10个小正方体组成的3D几何图形，任务是尽可能正确地判断两个几何形状是否相同。

如图5-9所示，实验图形分为三种关系：

(a)平面对：两个图形相同，方位不同，其中一个在平面上转动80°；

(b)立体对：两个图形相同，其中一个在三维纵深空间中转动80°；

(c)镜像对：两个图形不同，镜像对称。

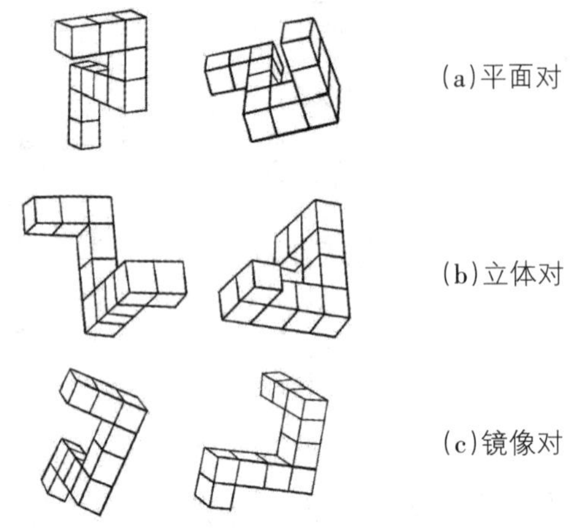

图5-9　心理旋转实验材料

在实验过程中，实验者反复使用以上三类图形，并调整旋转的角度。旋转角度包括9种，即0°、20°、40°、60°、80°、100°、120°、160°和180°，本例中呈现的是80°旋转角度，实验者记录其反应时。

实验结果如图5-10。无论是平面对还是立体对，随着图形旋转度数增加，反应时也增加，即反应时与图形旋转度数之间是线性函数关系。在0°的时候，被试几乎不假思索就能做出判断；当旋转度数增加到180°，被试的表象操作时间也更长。

经过计算，相差度数每增加53°，反应时增加1秒，即反应时是方位差度数的线性函数：$T=1/53\times N+1$。这是否与日常生活中旋转实际物体时所表现出的规律相同？譬如你要看一个倒挂着的钟表的时间。虽然被试没有旋转真正的物体，但是表象的心理加工过程却与真实的知觉类似。心理旋转实验结果的意义深远，开创了表象研究的新方向。

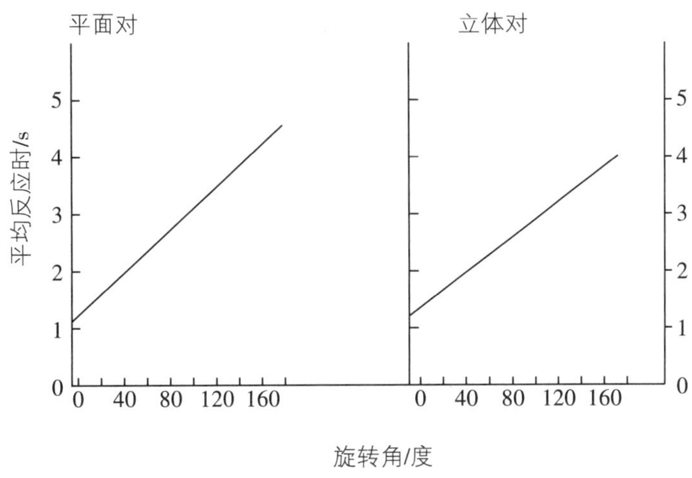

图5-10 心理旋转实验结果

(二)字符旋转实验

是否所有物体的表象都具有这种功能呢？随后的研究均证明，不同物体都可进行心理旋转，反应时会随旋转角度的增加而增加。

库伯和谢帕德(Cooper & Shepard)向被试呈现带有不同倾斜角度的正反字母和数字，如图5-11所示。实验系统地变化字母或数字的倾斜角度，范围从0°到360°，每隔60°变化一次，即倾斜角度分别为顺时针方向的0°(360°)、60°、120°、180°、240°和300°。此外，旋转可以是正向的，也可以是反向的(镜像)。被试的任务是判断这些字母或数字是否发生正向旋转或反向旋转。

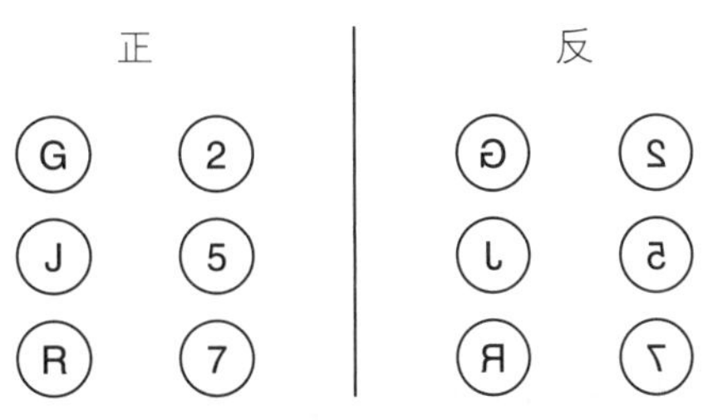

图5-11 字符旋转实验材料

以大写英文字母R为例，不同倾斜度的正反“R”字母共计12个，见图5-12。该实验的自变量是正向或反向字母倾斜的斜度，实验观察的因变量为不同旋转度数的反应时。被试的任务是做出“正”或“反”的判断。

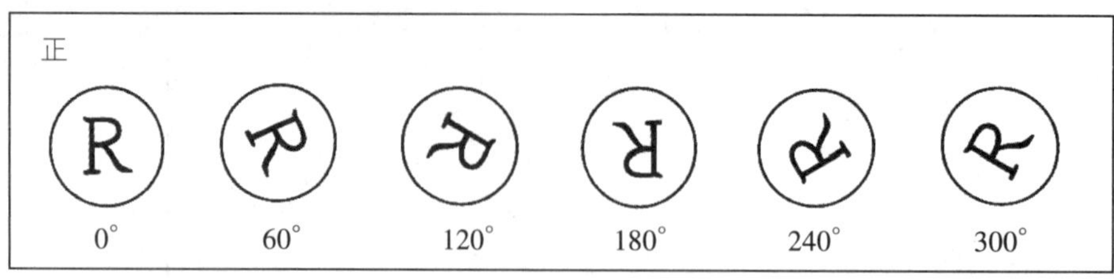

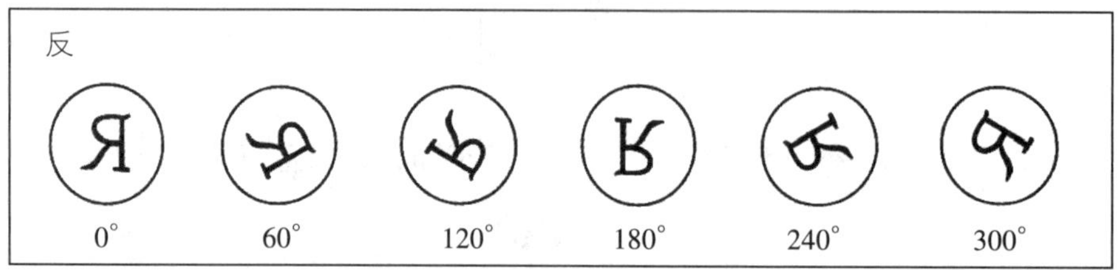

图5-12　R字符旋转实验

实验包括以下设计：

①无任何其他信息，要求被试判断该字母是反的还是正的；

②仅告知呈现字母信息，即呈现什么字母，要求被试做出判断；

③仅告知被试旋转的度数，即方位信息，要求被试做出判断；

④既告知字母信息，又告知方位信息，要求被试做出判断。

结果如图5-13，条件①、②、③的时间均随方位差的变化而以一定速率变化；条件④的反应时较短，且不随字符角度的变化而变化。

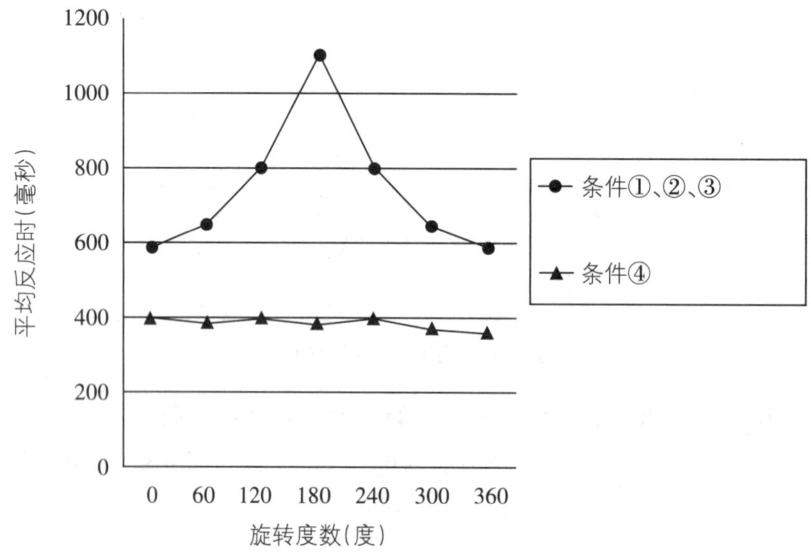

图5-13　R字符旋转实验结果

经过计算可知，本实验中表象心理的旋转速度快于谢帕德之前的物体旋转实验，受呈现物体旋转的难易程度和个体对物体的熟悉程度影响。在实验中，当倾斜角度从0°向180°变化时，被试选择逆时针方向进行心理旋转。然而，当倾斜角度从180°向360°变化时，被试的判断反应时并没有相应地增加，反而缩短了。出现这一现象的原因可能是倾斜角度从180°向360°变化时，被试进行的心理旋转并不是逆时针方向，而是顺时针方向。这说明心理旋转在方向上是灵活的，符合认知经济原则。为了做出正确判断，被试会选择一条更高效的认知路径。

当旋转实际物体时，也会出现类似情况。库伯和谢帕德的实验再次有力地证明了心理旋转与实际物体的物理旋转性质上相似，从而为表象以模拟码形式储存提供了进一步的证据。

如图5-14所示，条件④的结果表明了心理表象操作的作用：被试在知道呈现的字母和方位之后，在表象中旋转到规定的位置，并对该字母进行判断。如果被试的准备时间足够长，那么无论旋转多少度，被试反应时总是短且恒定，说明被试已经运用表象对字母进行了旋转。

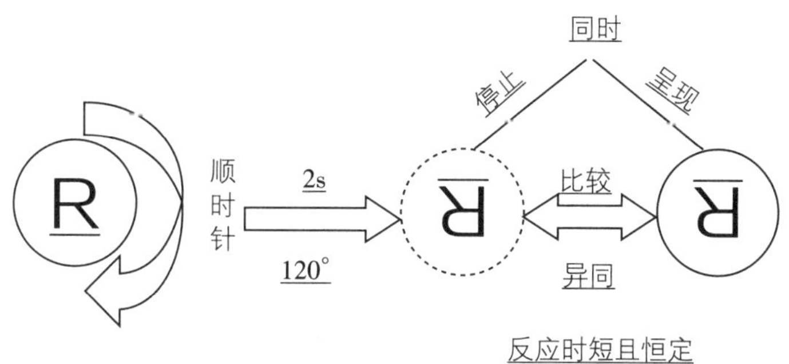

图5-14　旋转实验刺激流程

生活中的心理学

美国心理学家Roger N.Shepard

Roger N.Shepard是美国斯坦福大学社会科学院的名誉教授，自20世纪70年代以来，一直致力于心理表象、多维量表、视觉思维等方面的开创性研究。因为他对心理表象功能研究的卓越贡献，1995年美国政府授予他国家科学奖章（National Medal of Science）。

（三）心理扫描

科斯林等（Kosslyn, et al.）认为，既然表象和知觉在功能上等价，那么知觉受客体大小、方位、位置等空间特性影响的话，表象也应该会受到影响。知觉远距离信息所需时间比知觉近距离信息更长。为了验证在表象中是否存在类似情况，科斯林等进行了一项关于距离的实验。实验者要求被试学习并构建一个视觉表象，然后通过内部扫描的方式，确定其中的对象或空间特性，并记录所需时间。在其中一个实验中，实验者首先让被试识记一些图片，如小船等(图5-15)，然后移除这些图片，要求被试在表象中重现这些图片。

图5-15　心理扫描实验材料

这个表象实验采用了两种不同方式。实验者要求第一组被试在表象中重现整张图片，第二组被试在表象中重现图片的某一部分(例如船头或船尾)。实验者会说出一个物品，它可能在原图中出现过，也可能没有出现，然后被试判断他们识记过的图片中是否有这个物品，实验者记录下判断所需的时间。例如，实验者可能会问："小船上是否有小旗子?"如果被试被要求在表象中重现小船的中部，而实验者要求判断的任务是船头的旗子，那么被试需要的时间较短；当被试被要求在表象中重现船尾，而实验者要求判断的任务是船头的旗子，那么被试需要的时间较长。值得注意的是，当实验者要求被试在表象中重现整个小船时，反应时差却消失了。这与个体在真实情景下的空间知觉是一致的，扫描长距离信息比短距离信息费时更多。

后来，科斯林等利用虚拟地图设计了更精巧的心理扫描实验。他们设计了一个小岛图，如图5-16。该图中画有小屋、树、石头、水井、池塘、沙地和草地。第一阶段，被试需要识记该图，并熟悉图片中每一个地点的方位，形成精确的表象，误差不超过0.64厘米。

图5-16　科斯林的小岛图

该地图上的7个地点配对成21组距离关系(2-19cm),且相邻两个地点之间的距离至少为5mm。被试不断用心理表象移动于不同组之间并做出按键反应,实验者记录反应时。实验中,实验者提到某一地名如“草地”,被试需要表象出整个小岛地图并且扫描到“草地”,一旦到达该位置立刻按键。停顿5秒钟以后,实验者说出另一个地点,同时开始计时,如果这一地点存在,被试需要进行心理扫描,扫描方式为从一个地点沿最短直线移动到另外一个地点并按键,若不存在则按另外一个键,实验者计时结束。实验结果(如图5-17)表明,被试对不同距离地点之间的反应时不同,相隔越远反应时越长。最为重要的是,成对地点的相隔距离与被试反应时是几乎完美的线性函数关系。科斯林的两个实验结果都支持心理表象以模拟码储存的观点。

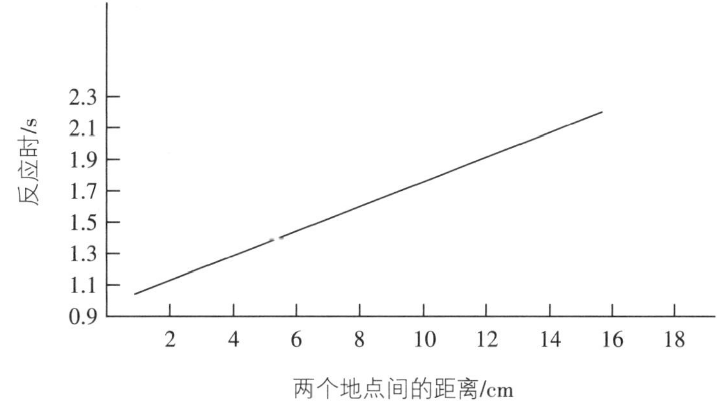

图5-17 地图扫描实验结果

(四)表象缩放

莫耶(Moyer)在动物判断实验中,要求被试回答“狮子和狼哪个更大?”或者“狮子和苍蝇哪个更大?”等问题。实验结果显示,回答第二个问题的反应时比第一个问题更短,反应时随两个动物大小差异的增大而减小。不少被试报告,他们在大脑中形成两个动物的表象,动物大小差异越大,做出反应的时间也越短,且呈函数关系。这似乎说明个体是通过表象进行的比较。与这一结果相似的是约翰逊(Johnson)所做的线条判断实验。实验者在知觉环境下让被试比较两条线段的长短,被试反应时与线段长度差异的对数也呈现出函数关系,即差异越大,反应时越短。科斯林认为,在真实知觉中,小的物体的细节特征总不如大的物体清楚。那么小的表象细节是否也不如大的表象细节清晰?对此,他设计了表象缩放实验,通过使用相对大小来操控表象大小。

科斯林要求被试表象配对出四组成对出现的动物(如图5-18):一头真实大小的大象和一只兔子;一只真实大小的兔子和一只苍蝇;一只兔子和一只大象大小的苍

蝇；一只兔子和一头苍蝇大小的大象。接着，实验者提出一些有关兔子的细节特征的问题，譬如兔子有没有胡须、耳朵、尾巴等，并记录反应时。

图 5-18　表象缩放实验材料

实验的观察目标为被试判断兔子是否具有这些细节的反应时。正如科斯林所假设的，被试总是容易识别比较大的物体，对较大物体(配对 2 和配对 4)细节特征的反应时要短于较小的物体(配对 1 和配对 3)，譬如对与大象配对的兔子的反应时要长于与苍蝇配对的兔子。

科斯林另一项有趣的实验是训练被试形成四个大小不同的正方形表象，每一个正方形表象为一种颜色，如图 5-19 所示。在实验中，实验者说出某一个颜色和动物，类似“绿色的熊”，被试则需要表象出一头正好可以填满绿色方框的熊。实验者对该动物的细节特征进行提问，要求被试做出真伪判定(譬如“熊有斑纹吗？”)。实验结果(如图 5-20)发现，正方形越大，被试反应时越快。实验支持科斯林上一个实验的结论，即表象和知觉一样，小的表象更难以扫描。

图 5-19　对不同大小的客体表象进行扫描的实验

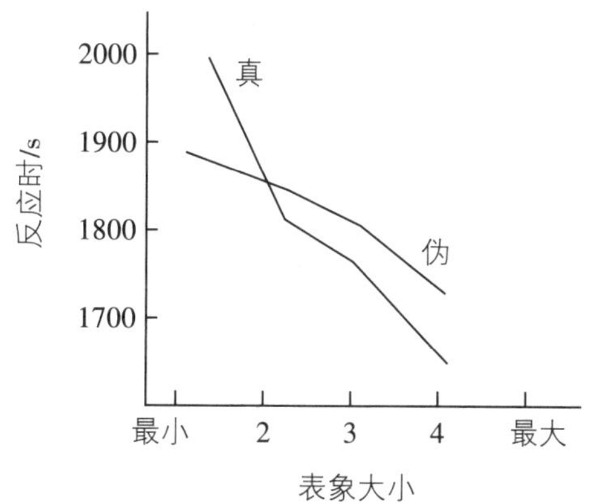

图5-20　做真伪判断的时间

生活中的心理学

美国心理学家Stephen M.Kosslyn

Stephen M.Kosslyn是哈佛大学心理系的教授。他以表象与知觉大小、距离效应等相关研究而闻名。在神经科学中,他也为识别表象过程相关脑区做出了重大贡献。他的研究还涉及社会心理学的从众等方面。

安德森(Anderson)提出,之所以出现反应时的差别,是由于大的物体有更多命题被激活,所以反应时快。但是科斯林后来的实验否认了这一点。科斯林在实验中询问了小学一年级、四年级学生和大学生对动物身体特征的认知,譬如"猫有没有爪子?""猫有没有头?"实验者将被试分为两组,要求A组被试表象出动物再做出反应,B组被试则默认为采用概念命题做出反应。

结果发现,A组出现明显的表象缩放效应,即对较大的身体特征(例如猫的头)的反应时快于那些较小的身体特征(例如猫的爪子),而B组结论却出现差异,小学四年级学生和大学生对较小身体特征的反应时更短,而小学一年级学生对较大特征的反应时更长,说明小孩子更多采用表象。

(五)表象与知觉功能等价的神经科学证据

随着神经科学的发展,认知心理学家开始从生理学因素去论证表象与知觉的关系,典型表现就是探讨哪些脑区参与了表象操作过程。在心理旋转实验中,科恩等(Cohen,et al.,1996)通过fMRI的测试发现知觉、注意的脑区也参与了心理旋转过程,譬如大脑的顶叶、运动皮层等都得到激活。

灵长目动物的大脑和人类最为相似。乔哥保罗斯等(Georgopoulos, et al., 1989)发现猴子也可进行一定的心理旋转。他们让猴子通过训练,在看到一个圆盘内的某一光点后,能熟练掌握移动一个手柄到特定位置,譬如看到12点钟位置的光点,就将手柄移动到3点钟位置。完成该任务后,在没有手柄的表象情况下,目标光源出现后,猴子与知觉反应中相同的大脑皮层细胞兴奋放电。换句话说,灵长目动物同样存在着表象与知觉的机能等价情况。

第三节　表象的功能

一、表象在知觉中的作用

(一)表象对知觉的促进

目前,许多心理学家都承认表象在认知过程中的独立地位和作用。心理旋转、心理扫描的实验以及认知神经科学的发展也证实了这一点。在知觉方面,表象与知觉的功能等价不仅会导致表象对知觉的干扰,也会出现表象对知觉的促进作用。这种促进作用得到了实验证实。海耶斯(Hayes)进行了一项字母识别实验,旨在研究视觉注意在字母识别中的作用。实验中使用A、B、D、E、H、K、R、T等8个字母,在每一次试验开始之前,实验者给被试呈现竖排的四个圆点,同时要求被试在表象中选择其中一个字母。表象有大小之分,"大"的表象要求字母的大小相当于从最上面到最下面圆点的距离,"小"的表象要求字母的大小相当于中间两个圆点的距离。被试形成表象之后,通过按键示意。实验者会呈现某一个字母,然后要求被试判断该字母是否是刚才表象出来的字母。呈现的字母也有大和小之分,且一半呈现的是被试表象过的字母,另一半则是其他字母。被试的任务是判断所呈现的字母与表象的字母是否相同,实验者记录下反应时。

表5-1　不同条件下字母判断的反应时(中数/ms)

字母类型	相同字母				不同字母			
投射表象大小	小		大		小		大	
字母大小	小	大	小	大	小	大	小	大
实验日1	336	385	450	330	460	450	440	445

续表

字母类型	相同字母				不同字母			
实验日2	332	375	360	300	425	425	380	410
实验日3	315	345	355	300	400	395	395	430
实验日4	325	340	395	275	415	415	420	430
平均	327	361.2	390.0	301.2	425.0	421.2	408.7	428.7

从表5-1可以看出,在字母相同的情况下,如果呈现字母的大小与表象的大小一致,那么识别的反应时会比大小不一致时更短。在不同字母情况下,实验者没有观察到这种差异。这说明表象所携带的大小或方位信息在一定条件下对知觉加工有积极促进影响,为知觉进行自上而下的加工提供条件。

(二)表象能力的个体差异性

芬克等在一项表象操作研究中,让被试在头脑中想象一个大写字母D,并将想象出来的字母逆时针旋转90°,然后在下面放置一个大写字母J,再让被试回答看到了什么。结果发现,几乎一半的被试能够对表象进行操作。华莱士(Wallace)在一项实验中先让被试看两条交叉线,再看两条长度相等的水平线,让被试在想象中把水平线放到交叉线里面,形成庞佐错觉(图5-21)。结果发现,表象能力评定得分高的被试会出现强烈的错觉,如同真实知觉一样。所以,表象能力具有个体差异性。

图5-21 表象中的庞佐错觉

二、表象在记忆中的作用

佩沃的双重编码实验结果证明,对言语的反应时要长于对图片的反应时。这说明语言信息要转换成表象才能进行比较。佩沃还通过等级评定法把词区分为高表象值的词语和低表象值的词语,如图5-22。高表象值的词语即容易引起表象的词语,譬如教堂、街道、鳄鱼等。低表象值的词语即不容易引起表象的词语,譬如上下文、能力、德行等。

佩沃在一个词对中,根据刺激词和反应词的表象值的高低组合成四种配对,分别是:

	刺激词	反应词
高——高:	乞丐	教堂
高——低:	教堂	实际
低——高:	行为	街道
低——低:	德行	背景

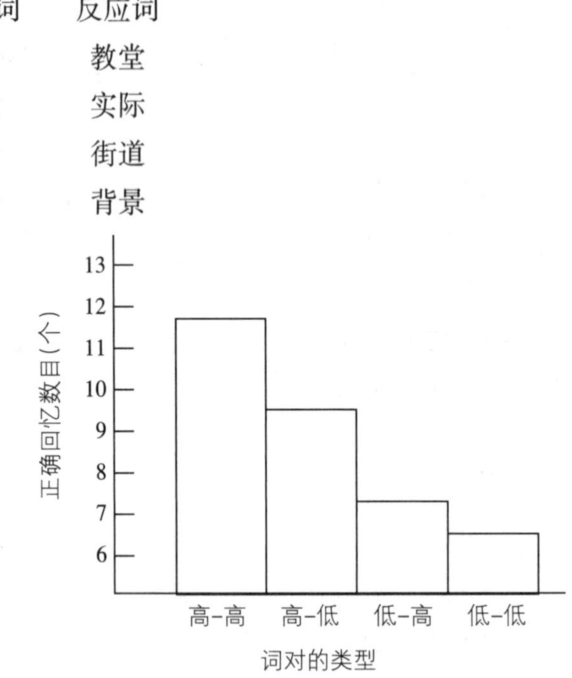

图5-22　词的表象值判定

实验考查被试对反应词的正确回忆数目。结果(如图5-23)反映了被试在不同配对组中对反应词的回忆率。可以看到,当刺激词的表象值高的时候,反应词的回忆率也相对高。由此可以认为,表象对于记忆具有促进作用。

名词	平均数		
	意象性	具象性	意义性
乞丐	6.40	6.25	6.50
教堂	6.68	6.59	7.52
上下文	2.13	2.73	4.44
行为	3.63	4.19	5.32
大象	6.83	7.0	6.88
疲倦	5.07	4.28	3.88
历史	3.47	3.03	6.91
数学	4.50	4.35	6.88
舞蹈	6.77	6.55	6.76
教授	3.83	3.65	5.44
薪水	4.70	5.23	5.08
街道	6.57	6.62	7.48
战斧	6.57	6.87	6.44
德行	3.83	1.46	4.87

图5-23　对不同表象值配对词的正确回忆率

佩沃还发现,对于相同记忆量的词语和图片来说,图片记忆的数目远远多于词语。

三、表象在思维中的作用

心理旋转实验表明,人们在完成特定任务时依赖于视觉表象的操作。这种视觉表象操作实际上是一种视觉思维,属于形象思维的范畴。心理学家一致认为,在问题解决和创造性活动中,表象发挥着重要作用。利用表象进行思维操作被称为形象思维。谢帕德的心理旋转实验为这一观点提供了有力证据。按照科斯林等的观点,人们经常使用视觉表象来回答和解决思维问题,譬如判断樱桃和苹果哪个颜色更红,或者统计教室里窗户的数量,甚至比较兔子、老虎和大象中哪个最大等等。

回答上述问题时,往往需要借助表象的功能。事实上,人类的认知活动可能都需要表象的帮助。心算有时也需要借助于表象。例如,几何学在运算中很大程度上依赖图像操作支持。胡滕洛赫尔(Huttenlocher)的研究表明,空间表象在线性三段论推论中具有重要作用。伍彻(Woocher)研究了推理中表象的作用。他进行如下排序实验:16个人依次站好,身高排序为:A < B < C < D < E < F < G……。结果显示,被试回答"B 和 C谁更高?"慢于"A 和 F 谁更高?",并且距离越大,反应时越短。这意味着被试头脑里排序的表象在推理中发挥重要作用。休因(Sune)提出"表象训练"一词,认为个体可以有意识地利用头脑中已经形成的运动表象进行回顾、重复、修正和发展等。目前,表象训练被广泛运用于运动员的培训中,这一技术充分发挥了心理功能对技能的调节,有利于复杂动作的形成和巩固。

生活中的心理学

表象能力的重要性

表象能力的重要性在许多工作岗位上得到体现。中国菜讲究色香味俱全,这是对厨师视觉、味觉、嗅觉表象能力的最高要求。"贵妃鸡"的传说就包含着表象的运用。

一日,唐明皇与杨贵妃饮酒对歌。杨贵妃酒后迷糊,叫道:"我要飞上天!"唐明皇因酒醉听错了,以为贵妃要吃"飞上天",马上命令御膳房做出来。听了皇帝的要求,厨师们面面相觑:他们从来没听说过有"飞上天"这道菜。但是皇帝金口玉言,众御厨开动脑筋冥思苦想。有位苏州的名厨,叫"苏空头",他想到鸡翅类似展翅的样子,把它拿来做"飞上天"肯定好吃。众人一听,手忙脚乱地找来几只童子鸡,斩下它们的翅膀,与香菇、笋片、青椒一起焖烧,"飞上天"就算做成了。"飞上天”端上来后，唐明皇尝了连声赞叹，问太监是什么菜。太监赶忙说，这就是陛下刚才点的“飞上天”呀。这时，正津津有味地在品尝“飞上天”的杨贵妃说：“此菜色艳、肉嫩、味香，飞与妃同音，干脆就叫它‘贵妃鸡’吧！”

第四节 实践中的表象

一、表象在咨询和治疗活动中的作用

表象与情绪、动机等具有高相关性。心理治疗师认为，表象技术可帮助来访者克服焦虑、恐惧等心理问题。心理表象技术（mental imagery technique，MIT）是指通过呈现和操控心理表象实现身心健康的心理技术。MIT可追溯至19世纪与弗洛伊德同时代的另一位著名心理学家让内（Janet）。作为MIT的先驱者，让内认为心理表象的呈现与替代对治愈严重心理疾患具有重要作用，并在治疗癔症时取得了显著效果。其后，MIT被荣格（Jung）和格式塔心理学创始人皮尔斯（Perls）所继承和发扬。21世纪初，随着MIT所积累的社会应用价值，尤其是在医疗护理领域所取得的显著成效，心理表象技术研究开始出现在主流实验心理学领域。英国牛津大学、剑桥大学与美国加州大学等世界一流科研机构的优秀研究者开始关注心理表象的技术研究。MIT也在医疗护理、临床心理、教育、体育、社会工作等领域取得了显著成效。

不仅如此，健康心理学专家也运用表象管理来帮助个体提高自我效能感，增强免疫力。随着对表象研究的深入，越来越多的研究者认识到表象的重要性。

生活中的心理学

运用表象降低学生的考试焦虑

表象治疗对于焦虑症的缓解很有帮助。焦虑是一种缺乏明显客观原因的内心不安或无根据的恐惧，是人们遇到挑战、困难或危险时出现的一种正常的情绪反应。通常情况下，焦虑与精神打击以及可能的威胁或危险相联系，表现出感到紧张、不愉快甚至痛苦，严重时会伴有植物性神经系统功能的变化或失调。学生处于考试焦虑时，可能会出现紧张、心跳加速或失眠、缺乏胃口等情况。富有经验的治疗师经常让学生在考试之前想象自己考试当天的场景，从早晨起床之后穿什

么衣服、吃什么早饭到在座位上准备答题等。学生在治疗师的引导下对考试当天自己所处情景形成鲜明图像,经过对这些图像的反复重播,增强对考试的控制感,降低焦虑的程度。

二、表象在日常记忆活动中的作用

记忆术是提高记忆的心理策略。视觉表象是增强记忆的有力策略。研究发现,当回忆的项目相互作用时,表象会更有效。譬如,如果你想记住“钢琴-烤面包”这一对词,那么就要想象钢琴嚼着一大片烤面包。一般而言,形成的图像越怪异,视觉表象的相互作用越有效。另一种表象方法是首先建立一系列熟悉的位置,譬如马路、车库、家门前;接下来建立你想记住的每一个项目的心理表象;最后把每一个项目的心理表象放到前面想象的某一个位置中。如果你想以某种顺序记住某些项目,这个方法特别有效。表象和记忆存在千丝万缕的联系。表象在某些字词识记中起着中介作用,有利于学习和记忆。因为表象为记忆提供丰富的回忆线索,包含生动表象的事件、文字总是容易被人记住。这就是为什么广告招牌总是试图唤起大众的表象。下面介绍两种流行的记忆法。

(一)LOCI记忆法

LOCI记忆法最早是由古希腊人西蒙尼德斯(Simonides)创建的。西蒙尼德斯曾经参加一次晚宴,在晚宴过程中楼房坍塌,他是唯一的幸存者。西蒙尼德斯通过回想客人当时坐的位置来辨认被压得面目全非的死者。这次经历使他意识到,将事件与地点相关联有助于记忆。古希腊和古罗马的演说家常用LOCI记忆法来记住演讲稿,到公元前500年,LOCI记忆法都是最流行的记忆法。

LOCI记忆法的基本原理是在大脑中建立一个熟悉的有规律可循的场所,将需要识记的内容与大脑中已存在的轨迹建立联系,从而在回忆熟悉的轨迹时帮助回忆所要识记的东西。譬如,即将要识记的内容是“表象的特点”,建立的轨迹是寝室到教室的路(这一段路任何学生都熟悉),先把要识记的内容与路标建立一对一的匹配关系,譬如“寝室大门—表象的直观形象性”,然后通过寻找共同点,创建内容丰富的系列表象图片来帮助识记。罗斯和劳伦斯(Ross & Lawrence)通过实验证明了LOCI记忆法的效果。他们安排两组被试识记40个无规律的词组,所有项目仅呈现1次。A组被试采用校园中40个地点作为轨迹,联合识记40个词组;B组被试则采用传统识记方式。在一天以后,A组平均可以回忆出34个词组,而B组成绩相对较差,符合艾宾浩斯的遗忘曲线。

生活中的心理学

世界记忆冠军的LOCI记忆法

安迪·贝尔(Andy Bell)是2002年的世界记忆冠军。他究竟有多厉害呢?心理学家做了一个实验,让他在20分钟内浏览并尝试记忆10副无规律的扑克牌。安迪·贝尔需要记忆每一副牌的每一张扑克的具体位置,也就是520张扑克的具体位置。他最终完成了这一高难度的任务。

他有什么秘诀?安迪·贝尔使用了LOCI记忆法。他先以特定顺序在伦敦走一圈,定出一些地标,第一个可能是国会大楼。他重复路线好几次,并且把路线记在脑海里。然后把每一张扑克牌表象化,比方"红桃K"变成一棵凤梨。接下来他将两者合二为一,在大脑里展开一场旅行,表象出生动的图像,并超越记忆的极限。

(二)定桩记忆法

定桩记忆法也称定位记忆法,最早可以追溯到公元前5世纪的古罗马时期。据传,大哲学家亚里士多德喜好四处游学,而且擅长辩论。为使自己的言论更有说服力和无懈可击,他需要记忆很多的典籍以及数据。亚里士多德擅长运用宫殿的柱子来帮助记忆。定桩记忆法就是事先找到一些事物或者地点作为桩子,然后通过联想使需要记忆的信息具有一定的逻辑联系。在回忆的时候,只需要从事先熟知的桩子联想到要记忆的信息。定桩记忆法可以分为很多不同的种类,比如:以身体部位为桩子的定桩法,叫身体定桩法;以地点为桩子的定桩法,叫地点定桩法。地点定桩法又分为狭义地点定桩法和广义地点定桩法。狭义地点定桩法只以地点为桩子;广义地点定桩法不仅包含地点,还包含地点上的物体,可大到一座房子,小到墙上的挂钩和牙刷头。以数字为桩子的定桩法,叫数字定桩法。以字母为桩子的定桩法,叫字母定桩法。以词语为桩子的定桩法,叫词语定桩法。

三、表象在日常环境中的作用

当你计划暑假从A市去B市旅游,就会想象自己在途中的场景,形成个体与环境关系的表象地图。这种对空间关系的表征被称为认知地图(cognitive map)。空间方位识别对于人类的生存适应至关重要。个体形成和使用认知地图,体现出表象的另一重要作用:帮助人们记住周围环境的空间关系。环境心理学家认为,在真实环境中寻找路线的时候,人们常常把知觉的道路与认知地图关联起来进行判断。空间表征随个体运动的增加而不断更新,因此物体位置的表征是动态的。将自我置于环境的中心位置的这种空间关系被称为自我中心表征(egocentric representation)。例如,图5-24左边,游客站在迪斯尼公园的正大门,就是一种自我中心表征。以环境为中心的表征就是他我中心表征(allocentric representation),包括环境中的几何信息或特定路线线索。图5-24右边的图是他我中心表征。

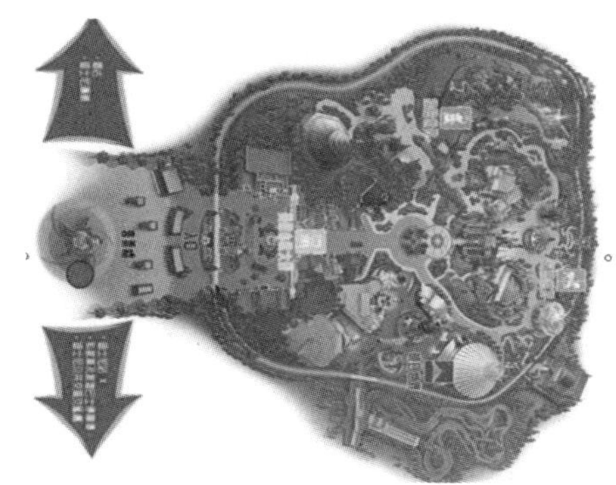

图5-24 自我中心表征和他我中心表征

表象训练可以对大脑结构产生影响。马奎尔等(Maguire, et al., 1998)认为,海马对于环境中心表征具有非常重要的作用。有研究发现,随着驾龄增加,海马的体积会逐渐增大。同时,普通人在寻找道路的过程中,大脑中的海马区会高度活跃,所以,若觉得自己是一个"路痴",不妨进行一些表象的空间训练。

本章要点小结

1. 表征是信息在头脑中的呈现方式。

2. 表象具有直观形象性,同时还具有概括性和可操作性。表象的分类很多,认知心理学主要探讨视觉表象。在一定条件下,言语可以转换为视觉表象。

3. 心理表象领域争论的焦点问题是:心理表象在人的记忆中究竟如何储存?是以图像形式还是以抽象的语言形式储存?表象假说主要有着双重编码假说和概念命题假说。

4. 心理旋转、心理扫描等实验证明,表象与知觉的机能等价,即虽然表象不同于视觉知觉,但是它在功能上与视觉知觉等价。很多实验结果都支持表象是以模拟码的形式存在。

5. 不同的个体表象能力存在差异。佩沃通过对不同表象值的词语配对记忆,证明表象对记忆起促进作用,表象越生动,记忆效果越好。表象在问题解决、创造活动等思维活动中具有重要作用。

6. 表象技术被广泛运用于心理治疗中。对于考试焦虑等心理障碍,表象治疗可以改善个体情绪强度,提高自我效能感。

关键术语表

表象
表征
双重编码假说
概念命题假说
机能等价假说
心理旋转
认知地图
自我中心表征
记忆术

本章复习题

一、选择题

1. 表象是指事物不在面前时，人们在头脑中出现的关于事物的形象。下列属于表象的是(　　)。

A. 没有见过北方冬日的人们，诵读《沁园春·雪》，可在头脑中形成北国风光的情景。

B. 孙悟空是吴承恩抽象出来的一个人物形象。

C. 当一个孩子盯着一幅画看上几分钟，闭上眼睛，依然能够记得这幅画的每一个细节。

D. 看过《红楼梦》电视剧的人们读到书中对王熙凤的描写，似乎她就在眼前。

2. 心理旋转实验表明，无论是字符还是图形，当两个被比较对象之间的旋转角度为(　　)时，其反应时最长。

A.90°　　B.120°　　C.180°　　D.320°

3. 心理扫描的实验研究主要证明了表象的(　　)。

A. 距离效应　　B. 表象的鲜明性
C. 表象与知觉机能等价　　D. 大小效应

4. 经典心理旋转实验说明表象以(　　)形式储存。

A. 语义码　　B. 命题码
C. 模拟码　　D. 类比码

5. 以下属于表象的特征的是(　　)。

A. 直观形象性　　B. 概括性
C. 可操作性　　D. 片面性

6. 以下属于表象记忆的是（　　）。

A. 头脑中储存的关于猫能捉老鼠的知识

B. 记得后天晚上开会

C. 关于如何使用传真机的知识

D. 记得两天前在商场看见过一位老同学

7. 下面哪个例子能说明表象对记忆的促进（　　）。

A. 人们对生动的图片记得更牢

B. 学生将考试内容与学校地标联系起来记忆

C. 对抽象的事物多记几次有利于记忆

D. 化学元素不容易记忆，是因为这些知识不容易产生表象

二、简答题

第一节

1. 什么是表象？

2. 请简述表象的特征。

第二节

1. 简述表象的双重编码假说。

2. 简述概念命题假说的观点。

3. 简述证明表象与知觉功能等价的实验。

第三节

1. 简述表象对于知觉的促进和抑制作用。

2. 简述表象对思维的影响。

第四节

1. 简述你如何在陌生环境中利用认知地图判断正确的方位。

2. 简述LOCI记忆术。

第六章

概念与推理

人类之所以成为“万物之灵”,是因为人类具有思维。思维在生活中占据重要地位,没有思维就无法进行最简单的概念理解,更无法进行复杂的推理运算。本章首先介绍概念的定义、结构及其形成;接着介绍推理及其过程;最后简介概念和推理如何在日常生活中发挥作用。

第一节 概念

一、概念的定义及结构

（一）概念的定义

概念(concept)是人脑对客观事物的本质的反映，这种反映可以用词语来记载和表示。概念是思维活动的产物，同时又是思维活动借以进行的单元。表达概念的语言形式是词或词组。概念具有两个基本特征，即内涵和外延。概念的内涵是指概念的含义，即该概念所反映的对象所特有的属性。譬如："商品是用来交换的劳动产品"，其中，"用来交换的劳动产品"就是"商品"的内涵。概念的外延是指概念所反映的对象的范围。譬如："森林包括防护林、用材林、经济林、薪炭林、特殊用途林"，这就是从外延角度说明"森林"这个概念。概念的内涵和外延具有反比关系，即一个概念的内涵越大，外延越小；反之亦然。

（二）概念结构

概念结构(conceptual structure)是概念的内部组织，即概念由哪些因素构成以及这些因素之间的关系。最重要的概念结构理论有特征表说和原型说两种。

1.特征表说

特征表说以美国心理学家L.E.伯恩的理论为代表。他认为，概念是由按一定规则联结起来的事物的有关特征或属性来定义的，由事物的各种特征和联合这些特征的规则组成。譬如用"无色""无臭""无味"和"液体"这些属性来定义"水"这个概念。

特征表说认为概念由两个因素构成：(1)概念的定义性特征，即一类个体具有的共同属性；(2)定义性特征之间的关系，即整合这些特征的规则。两个因素有机结合，就组成一个特征表。伯恩等用下列方程来表示概念的结构：

$$C=R(X,Y,\cdots\cdots)$$

其中，C为概念；X，Y，……为一类个体具有的共同特征；R为整合这些特征的规则。这些规则又称为概念规则(conceptual rule)，确定诸定义性特征的关系。例如，"红色圆形"的定义性特征为"红色""圆形"，两者之间的关系为"和"。任何一个实例必须同时具备这两个特征才能成为"红色圆形"的肯定实例，即整合两个特征的规则为合取。依照上述方程，可将“红色圆形”表示如下：

$$C_{红色圆形}=合取(红色,圆形)$$

除合取之外，还有其他概念规则，如肯定、否定、析取、条件等等。概念规则不同，就会构成各种性质的概念。表6-1是各种概念规则下“红色”(R)和“方块”(S)两个特征的组成的实例。

表6-1 各类概念规则下两个特征的组成实例

名称	符号表达	语言描述
肯定	R	所有红色的图形均为肯定实例
合取	$R \cap S$	所有红色的方块均为肯定实例
包含性析取	$R \cup S$	所有红色的图形(或方块)，或既是红色又是方块的均为肯定实例
条件	$R \rightarrow S$ $[\bar{R} \cup \bar{S}]$	如果图形是红色的，则它必须是方块，才能成为肯定实例
双重条件	$R \leftrightarrow S$ $[(R \cap S) \cup (\bar{R} \cap \bar{S})]$	红色的图形能为肯定实例，如果且仅仅如果它是方块
否定	R	所有不是红色的图形均为肯定实例
选择性限定	$R \mid S$ $[\bar{R} \cup \bar{S}]$	凡不是红色的或不是方块的图形均为肯定实例
联合性限定	$R \downarrow S$ $[\bar{R} \cap \bar{S}]$	凡既不是红色的又不是方块的图形均为肯定实例
排除	$R \cap \bar{S}$	凡是红色的但不是方块的图形均为肯定实例
排除性析取	$\bar{R} \cup S$ $[(R \cap \bar{S}) \cup (\bar{R} \cap S]$	所有红色图形或方块但非既是红色的又是方块的均为肯定实例

综上所述，要完整表征一个概念，即构成一个特征表，应当将定义性特征和概念规则有机结合，缺一不可。

特征表说认为，概念的形成过程包括两个既相互区别又联系的过程，即特征学习(feature learning)和规则学习(rule learning)。Neisser和Weene将合取、析取和条件等看作基本逻辑操作，认为任何一个规则的难易程度取决于掌握该概念所需要的基本逻辑操作的数量。据此，他们将上表所列的概念规则按难易程度分为三个水平：容易水平，即肯定和否定的概念规则；困难水平，即排除性析取和双重条件的概念规则；其余均属中间水平。

Neisser和Weene认为合取概念和析取概念处于同一水平，但是Reznick和Richman发现析取概念比合取概念更容易掌握。当然，也有心理学家认为合取概念比析取概念更容易掌握。这一分歧可能与实验条件有关。这也提示我们，规则学习是一个复杂过程，受到众多因素影响。

2.原型说

原型说的代表人物Rosch认为，概念主要是以原型(prototype)即它的最佳实例来表征的。例如，当人们的思维活动涉及鸟的概念时，常常会想到鸽子，而不大可能想到企鹅，这一事实说明鸽子和企鹅不能在同等程度上表征鸟的概念。但是企鹅无疑也属于鸟类，所以，人们对一个概念的理解不仅包含原型，还包含维量。Rosch将这一维量称作范畴成员代表性的程度。它表明同一类个体容许的变异性，即个体偏离原型的容许距离。Rosch认为概念由两个因素构成：(1)原型或最佳实例；(2)范畴成员代表性的程度。两个因素紧密结合，而原型起核心作用。

为了揭示概念中原型和范畴成员代表性的程度，Rosch给被试呈现了4个语义范畴的词语实例，让他们对每一个词语实例代表的相应概念给予由高到低的等级评定，以1为最高。部分结果见表6-2。

表6-2 4个语义范畴实例的高低等级评定

家具	等级	水果	等级	机动车	等级	武器	等级
椅子	1.5	橙子	1	汽车	1	枪	1
沙发	1.5	苹果	2	旅行汽车	2	手枪	2
睡椅	3.5	香蕉	3	卡车	3	左轮手枪	3
桌子	3.5	桃子	4	小汽车	4	机关枪	4
安乐椅	5	梨	5	公共汽车	5.5	步枪	5
梳妆台	6.5	杏	6.5	出租汽车	5.5	弹簧刀	6
转椅	6.5	柑橘	6.5	吉普车	7	刀	7
咖啡桌	8	梅子	8	急救车	8	匕首	8
摇椅	9	葡萄	9	摩托车	9	猎枪	9
双人椅	10	油桃	10	街车	10	剑	10
柜橱	11	草莓	11	大蓬货车	11	炸弹	11.5
写字台	13	浆果	13	缆车	13	原子弹	13.5

由表6-2可见，在每个概念的范畴内，每个实例在代表相应概念的程度上存在不同的等级评定。譬如，在家具这一概念范畴内，椅子和沙发具有最高等级评定，可以最好地代表家具这一概念，而柜橱、写字台等只有较低的等级评定；在水果这一概念

范畴内，橙子具有最高的等级评定，而葡萄、油桃等只有较低的等级评定。在每个概念范畴内，最高等级评定的实例即为概念的原型或最佳实例，其他实例则具有不同程度的范畴成员代表性。应当指出，在具体确定某一个概念的原型时，不同地区、民族、时代乃至文化背景和群体构成等方面会存在一定的差别，但是每一个概念总会有它的原型。Rosch后来的反应时实验得到与上述实验一致的结果。实验表明，被试对命题“鸽子是鸟”判定为真所需时间少于判定命题“企鹅是鸟”为真所需时间。反应时的差别反映出各实例具有不同程度的范畴成员代表性。

一定程度上，原型说与特征表说是对立的。特征表说曾经受到一些心理学家的批评。这些心理学家认为，特征表说主要利用人工概念，着眼于单个维量或属性和简单逻辑操作，没有考虑与人工概念相去甚远的自然概念结构。Rosch指出，人工概念是由一些独立的刺激维量构成的，凡是具有所规定全部属性的刺激就是概念实例，而且任何一个肯定实例都可以在同等程度上表征该概念。但是，自然概念未必能以独立的刺激维量来表征，自然概念的维量可能既有独立的又有单一的，一个维量可能由几个更基本的维量结合而成，所以常常难以确认。Markman和Seibert认为集合概念不同于普通概念，一个集合体特征不必是它的组成部分所具有的，因此特征表说难以解释集合概念。原型说在这样的背景下应运而生，企图从整体角度来解释概念，而不是依靠定义性特征及其规则。

Rosch认为，原型之所以能最好地表征概念，是因为它有更多特征与该概念范畴的其他成员相同。Rosch和Mervis(1975)提出了的家族相似性这一概念。所谓家族相似性，是指一个家族的成员的容貌具有相似性，但是相似之处又不完全一样。例如，儿子部分容貌特征像父亲，另一部分特征又像祖父；女儿部分容貌特征像父亲，另一部分特征像姑姑；等等。这种家族相似性如同特征集合，没有一个成员具有全部特征，也不会有两个成员具有完全相同的特征(同卵双生子除外)，但是所有成员都会具有部分家族特征。依照Rosch和Mervis的观点，与同一概念的其他成员相比，原型与更多成员具有共同特征。概念允许每一个实例在一定范围内发生变化，但是作为核心，原型为这些各具特色的实例组成一个整体提供了基础。

为了证实概念是由原型而不是由特征表来表征的，Rosch在一项匹配实验中给被试同时呈现一对事物的名称，要求被试尽快说出这对名称相同还是不同，并记录反应时。相同包含两种情况，一种是两个名称完全相同，如“知更鸟-知更鸟”，另一种是两个名称属于同一范畴，如“知更鸟-麻雀”；不同是指两个名称属于两个不同范畴，如“知更鸟-苹果”。Rosch认为，在呈现成对名称之前，应用启动技术将涉及范畴(如“鸟”)告诉被试，就能弄清概念是怎样表征的。实验的基本逻辑是：如果先呈现范畴所引起的表征类似于特征表结构，那么对一对名称做出相同反应(不管这一对名称的范畴成员代表性程度如何)都将更容易,反应会同等程度加快。这是因为同类所有个体都具有共同特征。如果先呈现范畴所引起的表征类似于原型,那么被试对更接近原型的名称反应将更快。Rosch从9个范畴中,分别选择了范畴成员代表性程度为高、中、低的项目,如在水果的范畴中,苹果为高等,梨为中等,草莓为低等;在鸟的范畴中,知更鸟为高等,猫头鹰为中等,企鹅为低等。在这个实验中,Rosch除运用上述字词之外,还运用了图画材料,并且分别进行有启动和无启动条件下的实验,结果见图6-1。

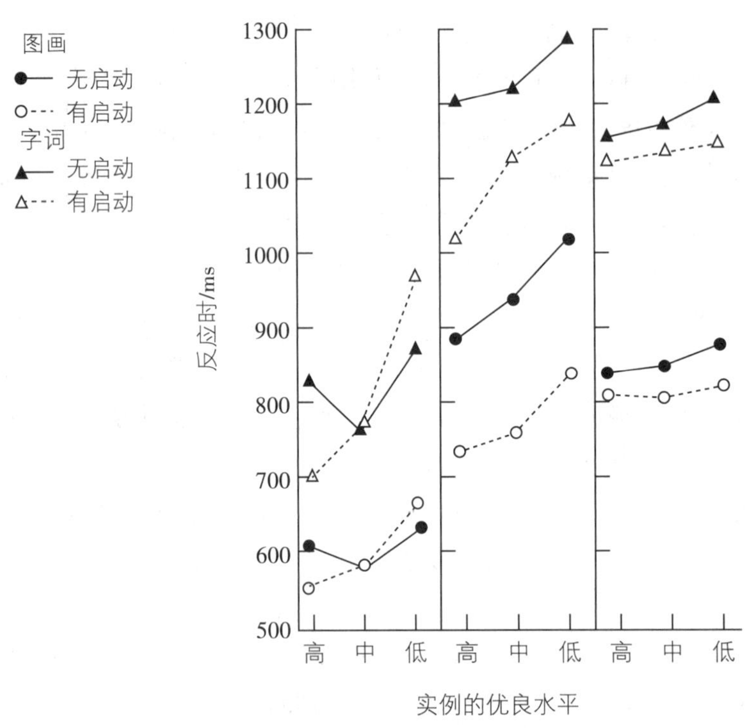

图6-1　不同范畴成员代表性程度的反应时

由图可见,在同一个项目内,不论是字词还是图画,启动加快了被试对范畴成员代表性高的项目的反应,产生易化效应;启动对范畴成员代表性中等的项目没有明显影响,但是延缓了被试对范畴成员代表性低的项目的反应。在同一范畴之内,启动对三种范畴成员代表性项目(图画或字词)都有易化作用,没有表现出显著差异;但是分别就图画和字词的实验结果来看(包括有启动的和无启动的),三种范畴成员代表性项目的反应时存在显著差异。范畴成员代表性高的项目反应时较短,反之则较长。不同范畴的实验结果具备与同一范畴相似的趋势。这些实验结果表明,易化效应在范畴成员代表性较高的项目中显得比较突出,这说明当人们听到一个范畴名称时,在他们的头脑里出现的不是该范畴所有成员,而是该范畴的原型。

Rosch等提出的原型假说与模式识别中的原型假说一脉相承。Reed(1972)提出的原型匹配模型中,原型也是指概念的表征,这一点与Rosch等提出的原型是一致的。但是对于原型的本质,他们的观点不一致。Reed将原型视作范畴的平均特征或集中趋势,认为原型是范畴的概括化的表象。Rosch则把原型看成与同一概念的成员拥有更多共同特征的实例,是一个特定的具体表象。

Franks和Bransford提出了原型加转换的理论。在一个实验里,他们设计了一个基本刺激模式即原型(图6-2),它是由一定位置的4个图形构成的,确定一些转换规则,并依照这些规则将基本的刺激模式加以变形。

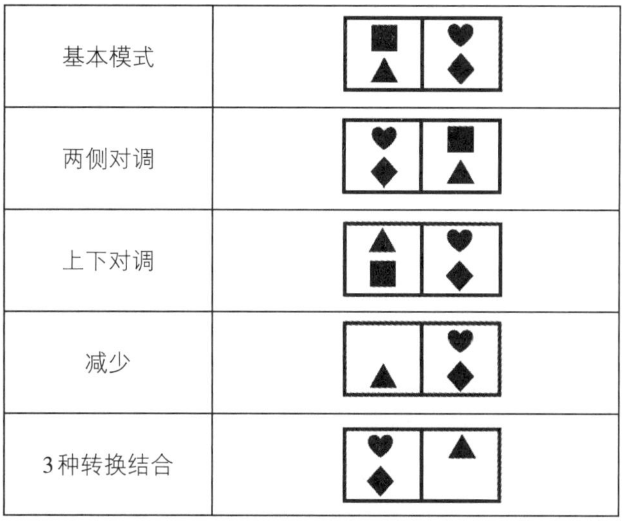

基本模式	
两侧对调	
上下对调	
减少	
3种转换结合	

图6-2 基本模式及其转换实例

转换规则包括:(1)将右侧一对图形与左侧一对图形调换位置;(2)将一对图形中的上下图形对调;(3)减少一个图形;(4)用一个新图形来代替一个原有图形,譬如用六边形来代替正方形。这些转换被假想为依次距原型越来越远。变形模式既有按1个转换规则的,也有将2个或3个转换规则结合起来的。实验开始时,实验者先给被试看这些变形的模式,各种变形模式呈现的次数相等,但不给被试看原型;然后进行再认实验,给被试呈现一系列变形的模式和原型,让他们判定。结果发现(图6-3),以前未看过的原型以最高概率被再认,而且得到最高的信心等级评定;接着是依次距原型越来越远的变形,在上述转换规则之外的变形则被否定。Franks和Bransford据此认为,被试从属于一个范畴的各种刺激的变形中,抽象出一个最佳实例或原型。范畴是以图式表达出来的,它由两个因素所构成:一个是最佳实例或最中间的实例;另一个是一套规则,可用来对最佳实例进行操作。将一定的操作规则看成与原型紧密结合的范畴因素,这对以Rosch为代表的原型说是一个重要补充。它所涉及的方面与Rosch的范畴成员代表性的程度是一样的,即同类个体的变异性,但它是从动态角度来阐述的。

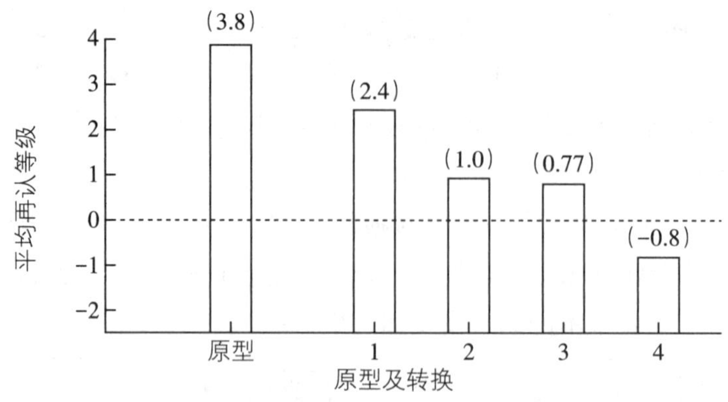

图6-3 原型及各种变形模式的再认

以上简要介绍了特征表说和原型说。特征表说注重概念的定义性特征,带有分析性色彩;原型说强调最佳实例,带有综合性色彩。前者认为特征是由语义表达的,后者设想原型是以一般表象编码的。但是特征表说与原型说也有共同之处。例如,两者皆有静态的一面(特征和原型),又都有动态的一面(概念规则和转换规则)。特征表说并不排除概念的诸特征在实例中的整合,原型说强调原型是具有更多共同属性的实例。也许正像Lindsay和Norman所说,概念可由属、种的特点和实例三者共同来表达。这实际上是将特征表说和原型说结合了起来。从目前情况来看,特征表说比较符合对概念实质的理解,因而易被接受。原型说将概念与表象相联系,有合理的成分,但是表象的概括程度是有限的,抽象概念与表象没有直接联系,难以解释所有概念。

概念结构研究方兴未艾,与概念形成研究相比,不仅所积累的研究证据较少,而且研究课题和方法也较少。但是概念结构与概念形成都是重要领域,应该成为心理学研究概念的一条新途径。

二、概念形成

布鲁纳、古德曼和奥斯汀(Bruner,Goodman & Austin)最早开展概念形成的研究。概念形成的过程包括几个阶段:(1)获取用来分离和学习概念的必要信息;(2)保存信息以备使用;(3)转换信息,使其在验证新的可能实例中变得可用。

布鲁纳等采用如图6-4所示的绘有多种几何形状的卡片研究人们形成概念的方式。每张卡片包含三种形状的图形(圆形、方形和十字形),花色也有三种(黑色、白色和条纹),图形数目也有三种选择(一个、两个和三个)。首先,主试将图中的所有卡片放在每位被试的面前,告知他们实验人员此时脑海中已有的某个概念,比如“黑色圆圈”或者“所有包含两条边框且内含条纹图形的卡片”等。然后,向被试展示一张可以表明这个概念的卡片，换言之，就是向他们展示一个肯定实例。被试随后的任务是检验其他的卡片，一次一张，并总结出这一类别。实验人员在展示每张卡片之后提供反馈，要求每位被试尽可能有效地确定这一概念的性质。

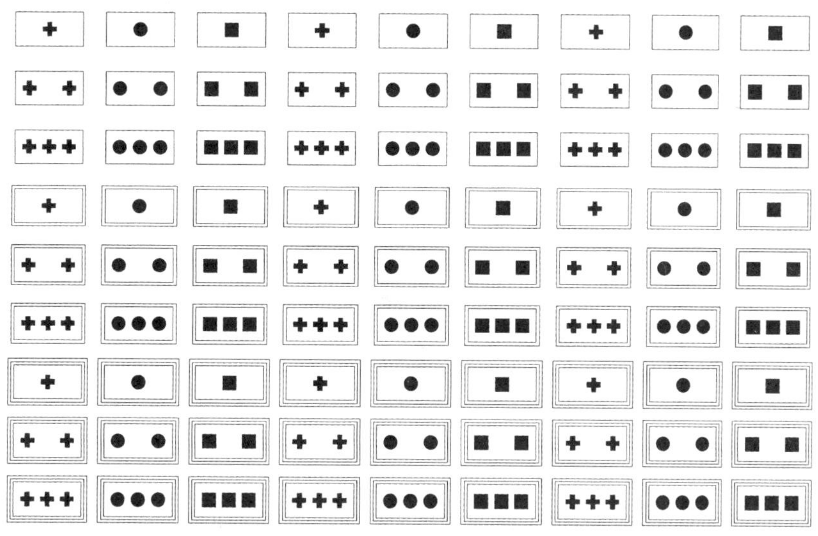

图6-4　概念形成实验用的卡片

布鲁纳等描述了能够用来执行任务的策略。

第一个策略是同时扫描。使用这种策略的被试用每张卡片去检验并排除其他假设。这种策略要求被试事先弄清楚与每一张卡片相关联的假设，并在加工的每个环节认真思考如何才能选择最理想的卡片，以排除最大数目的假设。这种策略很难运用，并且对工作记忆的要求很高。

第二个策略为逐次扫描，看起来更具操作性。被试一次只检验一个假设。例如，他先选择适当的卡片并尽可能弄明白概念是否是“黑色图形”；如果确信这个概念无误，再去检验另外一个概念。如此反复，直到有足够的证据表明已经得到了正确的概念为止。同时扫描和逐次扫描的不同之处在于，前者要求同时检验许多概念，后者则是一次检验一个概念。因此，逐次扫描的效率虽然不那么高，但从认识方面而言更具操作性。

第三个策略是保守聚焦法。被试首先找到一张能够说明这一概念的卡片(称为“焦点卡”)，然后选择只在某一方面与它不同的其他卡片做检验。如果焦点卡有两个黑色十字和一个边框，被试接下来可以从下列卡片中做出选择：一张有两个黑色圆圈和一个边框的卡片，一张有一个黑色十字和一个边框的卡片，一张有两个黑色十字和两个边框的卡片，或者一张有两个白色十字和一个边框的卡片。如果这些卡片中有一张也是该类别中的成员，那么被试就可以排除变化了的属性，推断与概念有关的可能。例如，如果有两个白色十字和一个边框的卡片也是该类别中的一个成员，那么被试就知道颜色并不能界定这个概念。这种策略相当有趣,因为它既有效又相对容易。但是,除非卡片是按照有序的方式加以排列的,否则这种策略很难执行。

布鲁纳等发现,这些策略的有效性在一定程度上取决于任务的情境。例如,当要求被试必须在头脑中处理这些问题,且不向他们展示卡片时,那些使用扫描策略的被试就会遇到更多的麻烦。被试采用何种策略在一定程度上取决于任务条件,比如,卡片是按照有序的方式摆放还是随意地摆放。

研究结果表明,当概念以充分必要的特征加以限定时,人们就形成了包含充分必要特征的表征。

三、教学条件下对概念的掌握

(一)概念掌握

概念掌握是个体获得客观事物或现象共同的本质特征的过程。一个人在掌握某个概念时,并非都由自己去寻找或发现概念的本质,而经常是通过学习前人已经抽象与概括出的描述,即通过概念同化来掌握的。这时,概念的关键特征是通过定义或上下文直接呈现给学习者的。概念掌握是一种积极的、主动的接受性学习,含有个体积极的认知活动过程。个体只有将新的概念与自己认知结构中的适当观念建立起联系,才能获得这个概念的内涵,而建立这种联系则必须通过个体积极的思维活动才能实现。因此,概念掌握在很大程度上依赖于个体的主观能动性。

概念掌握涉及新概念与原有概念之间的差异,因此,它是一个概念同化的过程,其主要特征是学习者将新概念直接纳入自己认知结构的适当位置,通过辨别新概念与原有概念的异同而掌握新概念。这一过程依赖于两个方面的条件:一是内部条件,即学习者的认知结构中必须具有同化新概念的有关信息;二是外部条件,即给学习者呈现的概念表述应该是清楚的。

(二)教学条件下概念掌握的模式

1.类属学习

类属学习是指把新概念纳入自己认知结构的适当位置,并使它们相互作用、建立联系的过程。认知心理学认为,在概念学习中,新知识会与个体头脑中原有认知结构的相关部分建立联系。认知结构是按层次建立的,一旦新的刺激信息出现,就会与个体原有认知结构产生一种从属关系。因此,新的刺激信息会促使认知结构重新整合,按层次结构进行重组与建构。

类属学习有两种形式:派生类属学习和相关类属学习。

派生类属学习是指个体认知结构中原有的概念是一个上位概念,所学的新概念或所接收到的新信息只是这个上位概念的一个特征或一个例证。比如,原有认知结构中有"笔"这个概念,它是概括了铅笔、钢笔、毛笔等各种从属概念而构成的。当要学习新概念"圆珠笔"时,圆珠笔这个刺激信息就会纳入原有的"笔"的概念中。派生类属学习使原有概念得到充实或证实,但不能使原有概念产生本质上的改变。

相关类属学习在概念学习中非常重要,它促进一个人的认识不断发展与深化。概念掌握过程是一个从简单到复杂、从低级到高级的过程。许多概念的掌握都经历了不断深化、扩展的过程。这一学习过程比较符合人对事物规律性的认识活动。

2.总括学习

总括学习是指在若干已有的从属概念的基础上学习一个上位概念。例如,掌握了铅笔、橡皮、笔记本等概念后,在学习上位概念"文具"时,原有的从属概念可为上位概念"文具"服务。对已学过的材料进行归纳,就需要这种学习方式。

3.并列结合学习

并列结合学习是指新概念或新的刺激信息不能纳入原有的认知结构中,也不能概括原有的若干特殊概念,只能和原有认知结构中的整个内容进行一般联系的过程。例如,新学习的概念是"质量和能量的关系"。在认知结构中,原有的概念是热和体积、遗传和变异、需求和价格等,在这种情况下,"质量和能量的关系"不类属于某个特殊关系,也不能概括原有的关系,但它们具有共同的关键属性。由于新概念与原有的认知结构具有一般的吻合性,因而能够被原有的知识同化。

概念掌握的过程受多种因素影响,但主要是两个方面:一是个体的学习动机与兴趣等主观心理因素;二是个体已有的知识基础,包括认知结构的可利用性、可辨别性、稳定性和清晰性等。

(三)概念掌握的发展特点

按照皮亚杰的认知发展论,儿童的认知发展会经历三个阶段。在不同的认知发展阶段,儿童获得概念的形式和结果具有不同的特点。

学前儿童由于认知发展水平的局限,只能以概念形成的形式,从具体的实际经验中掌握概念。受实际经验的限制,他们只能获得直接知觉到的和熟悉的事物所构成的初级概念,如狗、房子等。

随着知识经验的增长,小学儿童的认知结构中已有了相当的概念。他们不必对照概念的多种具体实例来一一检验,可以根据已有的概念与关键特征来获得意义。因此,他们在原有概念的基础上建立二级概念,开始向概念同化过渡。但他们获得新概念仍需借助具体的实例,认知仍有很大的直观性。

中学生的认知发展已达到抽象逻辑运算的水平,二级概念的关键特征可以直接与认知结构中的原有概念相联系,不需要凭借具体的实际经验。这样就为中学生直接通过定义和上下文获得概念开辟了广阔的天地,以概念同化的方式来掌握概念成为主要的形式。只有到了这个阶段,才能真正获得由语言所表述的精确、清晰和抽象的概念。

第二节　推理

傍晚六点,你等一个朋友一起去看电影。一小时过去了她还没到,出门前你们互通了电话,而现在打她电话又没人接。她总是很准时,如果她迟到就会打电话。综合以上情况,你得出结论,她有可能在路上遇到了什么麻烦事。心理学家用“推理”一词来描述通过变换给定信息以得到结论的认知加工过程。生活中处处都会用到推理。

一、推理概述

(一)推理的定义

认知心理学家所说的推理,往往指一种特殊的思维,即用于解决难题或谜题的思维。推理常常包含一些逻辑规则的使用。它是这样一种思维:人们接受某种信息输入,通过各种推论,创造出新信息或使不明显的信息外显化。推理包含从其他信息得出的推论或结论。

(二)推理的类型

推理通常分为演绎推理和归纳推理。演绎推理是从一般到具体,也称从一般到特殊的一种推理方法。例如,所有的大学生都喜欢听流行歌曲;小明是一个大学生;因此,小明喜欢听流行歌曲。这个演绎推理是不大可靠的,它未能从正确的前提出发,因此不具有演绎效力。归纳推理则是从特殊到一般。例如,所有的大学生都要上公共选修课;小琪是一个大学生;因此,小琪要上公共选修课。

远在亚里士多德时代，演绎推理就引起了哲学家和逻辑学家的兴趣。人们设计出各种逻辑系统以确立评价推理的标准。三阶段推理和命题推理是演绎推理的重要形式。

生活中的心理学

一道逻辑谜题

"我们做点馅饼，怎么样？"在一个凉爽的夏日，红桃国王问红桃皇后。

"没有果酱，做馅饼还有什么意思？"皇后大发雷霆，"果酱是最好的部分！"

"那就用果酱好了。"国王说。

"我办不到！"皇后叫道，"我的果酱被偷了！"

"真的吗？这是很严重的事！谁偷了它？"国王说。

"我怎么知道谁偷了它？我要是知道，早把果酱拿回来了！"

国王派他的士兵四处打探果酱的下落，并在三月野兔、疯狂制帽匠和睡鼠的房子里找到了果酱。他们三个立刻被抓起来了。

"肃静！我要查明事情真相！我讨厌别人溜进我的厨房，偷我的果酱！"国王在审判台上朗声说。

"你有机会偷果酱吗？"国王问三月野兔。

"我从没有偷过果酱！"三月野兔为自己辩护。

"你呢，你有机会成为罪犯吗？"国王向制帽匠狂吼。

制帽匠一句话也说不出来，他只是站在那里喘气。

"如果他无话可说，那就证明他有罪，立刻砍掉他的头！"皇后说。

"不，不！"制帽匠恳求道，"我们中有一个人偷了它，但不是我！"

国王继续问睡鼠："你有什么要说的？三月野兔和制帽匠都说了真话吗？"

"至少有一个是。"睡鼠说完，就睡着了。

接下来的调查说明，三月野兔和睡鼠没有全说实话。

谁偷了果酱呢？

二、三段论推理

三段论推理是指以两个性质判断为前提，推出另一个性质判断结论的演绎推理形式。三段论推理包含两个前提和一个结论，即从前提中引出必然结论的过程。一个真实的、正确的三段论，前提与结论在逻辑上要一致。一个人进行三段论推理的任务是判断结论是真还是假。

一个三段论包含三个项(A、B和C),其中一个(B)会在两个前提中都出现。前提和结论分别包含“全部、一些、没有”等词语。三段论总共有64种不同的前提组合类型,每对组合前提可以与8种可能的结论进行组合,因此共有512种可能,但大部分都是无效的。

当你面对一个三段论时,你必须判断组合前提下的结论是否有效。结论的有效性仅仅取决于它是否遵循了前提的逻辑。请看下面的例子:

前提:所有的孩子都是听话的。

所有女童子军都是孩子。

结论:那么,所有女童子军都是听话的。

这个结论遵循了组合前提的逻辑。因此,不管你对孩子听话的观点如何,这个结论是有效的。

1.偏向

人们常常在三段论推理中犯错误,部分原因是各种各样的偏向。例如,人们存在信念偏向,即不顾结论的逻辑有效性,只接受可以相信的结论,拒绝难以置信的结论(Evans,Barston & Pollard,1983)。Oakhill、Garnham和Johnson-Laird给出了下面这个三段论:

所有法国人都喝酒。

有些喝酒的人是美食家。

那么,有些法国人是美食家。

这个结论是非常值得相信的,并被许多人认可。然而,它实际上是无效的,因为它并没有遵循组合前提的逻辑。

Klauer、Musch和Naumer发现,在三段论推理中存在各种偏向。实验者告知被试,他们将要看到的三段论都是从一个大三段论集合中随机抽取出来的。有些被试被告知,这个集合里只有六分之一的三段论是有效的,而其他被试则被告知这个集合里有六分之五的三段论是有效的。实际上,有效和无效各占一半。另外,一半结论是可以相信的,而另一半结论是不可信的。

他们发现了什么呢?第一,基本比率效应(base-rate effect):人们对三段论推理的表现受对所感知的有效三段论的概率大小影响;第二,信念偏向的证据:无论是有效结论还是无效结论,在它们可信时比不可信时更有可能被认为是有效的(见图6-5)。这两个发现都表明,被试对三段论结论有效性的判断受与逻辑完全无关的因素影响。

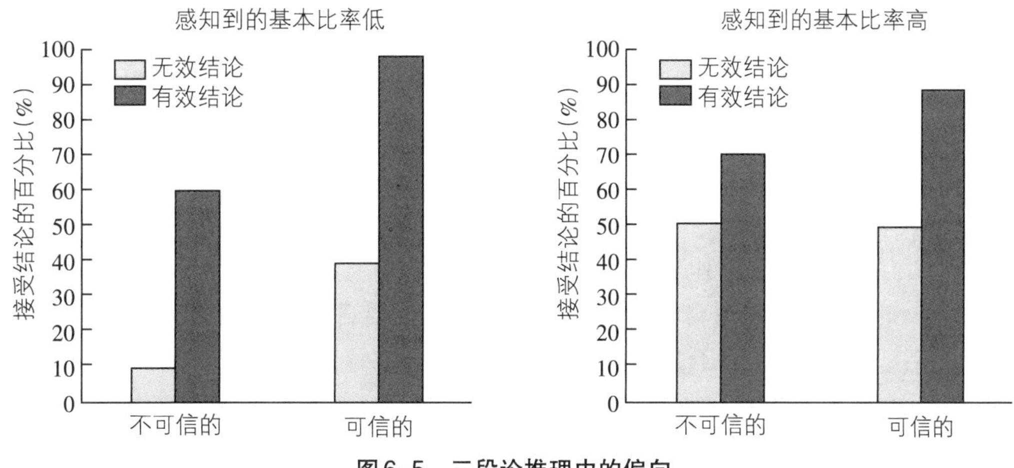

图6-5　三段论推理中的偏向

2.氛围效应

Woodworth和Sells发现，导致人们在推理任务中表现差的一个因素是氛围效应(atmosphere effect)。在这个效应中，三段论的前提形式影响了人们对结论形式的预期。例如，两个前提都包含“全部”这个词，那么我们会预期结论也包含这个词。研究者获得了支持氛围效应的证据，而且Chater和Oasksford已经把这一效应整合进了他们的概率启发式模型。

3.转换错误

导致被试在推理任务中表现得差的因素还有转换错误，即一种形式的陈述错误地转换到另一种形式的陈述上。被试经常认为“所有A都是B”意味着“所有B都是A”，而且“有些A不是B”意味着“有些B不是A”。Ceraso和Provitera(1971)试图通过更清晰地表述前提来阻止转换错误(如把“所有A都是B”表述为“所有A都是B，但有些B不是A”)。这种做法对改进被试的表现起到了实质性作用。Begg和Denny总结了一些氛围效应和转换错误的研究结果，发现很多明显的转换错误被简单地认为是氛围效应。

总之，许多人会在三段论推理中产生偏见，而这种偏见会破坏推理的准确性。大多数关于偏见和错误的理论只提供了一种描述，而不是一种解释。一个完整的解释应该指明人们为什么会转换状态，或者为什么会受到由前提所创建的氛围的影响。

三、命题检验

命题检验也称条件推理(conditional reasoning)。研究者通过研究条件推理来判断推理是否具有逻辑性。条件推理可追溯到命题逻辑(propositional logic)。命题逻辑中包含诸如“或”(or)、“与”(and)、“如果……那么”(if……then)和“当且仅当”(if and only if)这样的逻辑算子(logical operator)。在这种逻辑体系里,符号用来表示句子,而逻辑算子作用于这些符号,进而做出推论。因此,在命题逻辑中,我们可以用P表示命题“正在下雨”,用Q表示命题“爱丽丝被淋湿了”,然后用逻辑算子“如果……那么”去连接这两个命题:如果P,那么Q。

单词和命题在命题逻辑中的意义与它们在自然语言中的意义并不相同。例如,在这种逻辑体系中,命题只能是下述两个真值之一;它们要么是真,要么是假。如果P表示“正在下雨”,那么P要么为真(即正在下雨),要么为假(即并没有下雨)。命题逻辑不允许关于P的真值的任何不确定性(即不存在这种情形:实际上并没有下雨,但由于大雾弥漫使得你可以说正在下雨)。

在考虑“如果……那么”时,命题逻辑与普通语言之间的意义差别就显得尤为显著。我们来看一下“肯定后件”的情形:

前提:如果苏珊生气了,则我会感到难过。

我感到难过。

结论:因此,苏珊生气了。

你认为上面的结论有效吗?许多人认为是真的,但根据命题逻辑它是不成立的。解释如下:我可能是因为某个其他原因感到难过(如失业、失恋)。

又如:

前提:如果天正下雨,则爱丽丝会被淋湿。

天正下雨。

结论:爱丽丝被淋湿了。

这个结论是有效的。它演示了推理的一个重要规则,即肯定前件:“如果A,那么B”,并且如果给定A,那么我们就能有效地推出B。

另一个推理规则是否定后件。已知前提:如果A那么B,且当B为假时,推出“A为假”必定成立。例如:

前提:如果天正下雨,则爱丽丝会被淋湿。

爱丽丝没被淋湿。

结论:天并没有下雨。

人们对肯定前件的推理比否定后件的推理表现得更好。

另一种条件推理类型是否定前件:

前提:如果天正下雨,则爱丽丝会被淋湿。

天没有下雨。

结论:爱丽丝不会被淋湿。

上述推理是无效的。我们知道,并不是只有在下雨时爱丽丝才会被淋湿(她可能被楼上泼下来的水淋湿)。

1.情境效应

前面我们所讨论的这些研究都表明,人们常常在条件推理中犯错误。在附加情境信息以附加前提的形式呈现的研究中,研究者得到了支持“我们只有有限的逻辑推理能力”这一观点的有力证据。情境效应有时能显著地损害或改善人们在条件推理任务中的表现。例如,拜恩(Byrne)在一个研究中,比较了标准条件与其他两种条件下被试完成条件推理任务的成绩。

(1)备择论据(小括号内)

如果天正下雨,则她会被淋湿。

(如果天正下雪,那么她会被淋湿。)

她被淋湿了。

则?

(2)附加论据或者要求(小括号内)

如果她有一篇论文要写,则她将会在图书馆学习到很晚。

(如果图书馆一直开放,则她会在图书馆学习到很晚。)

她有一篇论文要写。

则?

Byrne发现,由于备择论据使得被试更不愿意接受无效推理,所以他们通过肯定后件和否定前件改善了被试成绩。相反,附加论据导致被试在肯定前件和否定后件推理中成绩显著下降(图6-6)。因此,我们在进行逻辑推理时会极大地受到与逻辑推理不太相关的情境信息的影响。

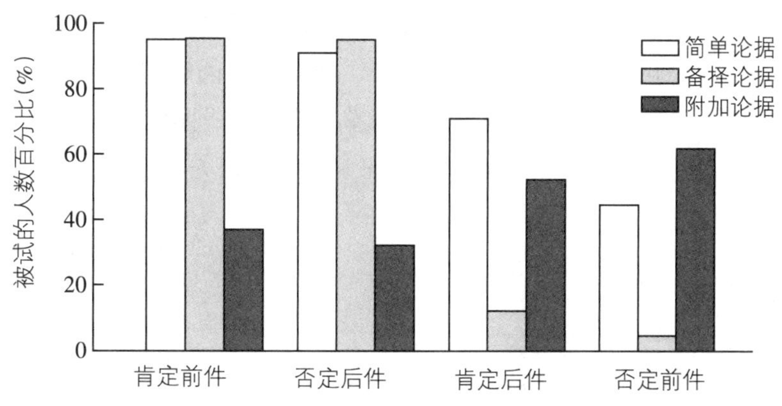

图6-6 各种推理类型下被试的人数百分比

Stevenson 和 Over(1995)发现,附加前提对条件推理的影响取决于这个附加前提的确定性程度。下面是他们研究中的一个例子:

If John goes fishing, he will have a fish supper.(标准前提)

If John catches a fish, he will have a fish supper.(附加前提)

John is * lucky when he goes fishing.(资格句)

John goes fishing.

Therefore?

[*可以是下面列出的某一个词:always, usually, rarely, never]

Stevenson 和 Over 发现了什么呢?当把"always"用在资格句中时,有效的肯定前件抑制消失了。然而,抑制程度随着插入的单词从"always"变为"never"而逐渐提高。

各种研究结果显示,许多人并没有按逻辑思考条件推理任务:第一,否定后件是有效的,但它常常被认为是无效的;第二,肯定后件和否定前件都是无效的,但有时被认为是有效的;第三,与结论有效性无关的情境信息仍然会影响对结论有效性的判断。

2.Wason 选择任务

在推理研究中,最有名的任务是心理学家 Peter Wason 提出的。这种任务现在被称为 Wason 选择任务。这个任务并不是一个纯粹的演绎推理任务,而是涉及运用条件规则的假设检验任务。这个任务被数百个研究所采用,但研究者对是否可以把它作为一种检验人类推理行为的工具尚存争论。

标准 Wason 选择任务是将四张卡片放在桌子上,每张卡片的一面印有一个字母,另一面印有一个数字。实验者告知被试,有一个适用于四张卡片的规则(如"如果卡片的一面是R,那么它的另一面是2")。被试的任务是选择为了验证规则的真伪而必须翻看的卡片。

在一个选择任务中,四张卡片上分别显示了R、G、2和7(如图6-7),而规则就是"如果卡片的一面是R,那么它的另一面是2"。你对这个问题的答案是什么呢?大部分人选择翻看R和2两张卡片。如果你也这么选的话,那你就错了!你需要看是否有卡片不遵循规则。从这一点来看,印有2的卡片是不相关的。

图6-7　标准Wason选择任务卡片

正确答案是选择印有R和7的卡片。只有5%~10%的被试给出了正确答案。印有7的那张卡片是必须翻看的,因为如果它的另一面是R的话,被试就能证明这个规则是不对的。

一些研究者曾经认为,Wason选择任务的抽象性使得它难以被解决。Wason和Shapiro在一次实验中用了四张卡片(曼彻斯特、利兹、汽车和火车),规则为“我每次去曼彻斯特都是乘汽车去的”。被试的任务是选择验证这个规则而必须翻看的卡片。62%的被试给出了必须翻看曼彻斯特和火车这两张卡片的正确答案。

然而,Griggs和Cox在佛罗里达州让美国学生完成上面这个任务,却没有这么高的正确选择率。出现这种结果,大概是因为大多数美国学生没有去曼彻斯特和利兹的直接经历。总的来说,并没有有力的证据表明,具体材料比抽象材料能让被试在Wason选择任务中有更好的表现。

四、概率推理

概率推理是人们根据不确定信息做出决定时进行的推理。日常生活中,人们经常会遇到不确定信息,即具有概率性质的信息,若据此推理,便是概率推理。它是根据以往的经验和分析,结合先验知识,由已知变量信息来推导未知变量信息的过程。譬如,天阴并不一定意味着要下雨,肚子痛并不一定是得了胃病。研究表明,虽然人们可以学习并掌握这些理论模型,但人们在日常生活中使用概率推理时却常常偏离这些理论模型。

众所周知,某种随机事件的概率愈大,表明该事件发生的可能性就愈大;反之,概率愈小,表明该事件发生的可能性也就愈小。因此,某一随机事件的概率大小,标志着该事件发生的可能性的大小。运用概率这种逻辑方法进行逻辑推理时,首先需要对大量的基本事件进行广泛的考察。考察范围愈广,对象愈多,正确性就愈高;反之,则愈低。

第三节　实践中的概念和推理

一、概念理解与人际交流

日常生活中,人们对于同一概念的理解会直接影响彼此交流。譬如,你在一次重要会议中迟到了,向负责人解释是因为汽车轮胎漏气而导致迟到。如果负责人头脑中具有"漏气的轮胎"这一概念,那么就不需要详细解释。总体上,概念理解会受到社会文化背景和教育程度的影响。

哈塔诺(Hotano)和西格勒(Siegler)在一项研究中探讨了生活在不同社会文化背景下的儿童对生命概念的理解,结果发现,不同社会文化背景下的儿童都知道人、动物、非生物和植物属于不同的类别,但对于它们是否有生命的判断却不同。

概念形成包括两个方面:一是界定概念内涵的过程;二是对概念与概念之间关系进行区分的过程。人们对这两个过程的侧重程度受到文化和教育的影响。西方人更注重对概念进行精确定义,以得到界限清晰的概念类别;东方人更注重剖析概念之间的关系。譬如,一个初到中国学习中文的美国人,可能特别想弄清每一个概念的精确定义。当他向一个中国人请教"阳刚"与"阴柔"这两个概念的确切含义时,他得到的更可能是关于"阳刚"和"阴柔"之间关系的描述。有研究发现,中国儿童在3岁时能够掌握概念之间的关系,美国儿童在5岁时才能掌握。对概念形成的两个过程的不同侧重,使得人们对许多概念的理解都不同。

这种差异在日常生活中的表现就是文化冲突。要减少文化冲突,创立共同的或类似的文化基础是非常必要的。在企业中,企业文化有助于员工建立协调一致的概念,从而减少文化冲突。概念形成的文化差异,在本质上是逻辑使用的差异。通常,西方人比东方人更重视逻辑推理,但是否使用逻辑也受到教育程度的影响。同时,推理模式也受到教育程度的影响。鲁利亚(Luria)的研究显示,未接受教育的个体无法完成演绎推理任务。

二、原型与健康冒险行为

Rosch的原型理论认为,原型是人们对一类事物所形成的记忆模式。原型理论不仅促进了人们对思维过程和规律的认识,也对人格、临床医疗和社会态度等领域产生了较大影响。吸烟、酗酒等健康冒险行为对青少年的成长造成巨大危害,引起社会高度重视。调查表明,健康教育虽然在很大程度上提高了青少年对健康知识的了解程度,但是健康冒险行为并未同等程度下降,二者之间并不存在逻辑关系。究竟是什么原因使得青少年了解了健康冒险行为的后果,还要选择健康冒险活动呢? Maier和Ball的研究表明,人们可以通过大量观察形成人格类型的原型,譬如"性格外向的人""吸烟的人"和"酗酒的人"等。Gibson和Grad进一步提出了冒险行为原型模型(prototype model of risk behavior),认为人的冒险行为会受到冒险行为原型的影响。

Brandon等对463名美国青少年进行的研究证实这一假说。实验中,主试请被试用1分钟的时间来回想同龄人中经常喝酒的人,并提醒被试只需想想"典型的酗酒的青少年",不必顾忌具体是谁。随后主试给被试一组形容词,要求被试对每一个形容词能够描述这个原型的程度进行等级评定。根据实验结果,Brandon等认为,被试通常将这些原型看作"自信而独立的""无吸引力的"和"不成熟的"。如果被试对原型的评定等级在第一个因素上很高,在后两个因素上很低,那么这个被试的酗酒原型是积极的。他们的研究结果表明,被试的酗酒原型越积极,饮酒量越大。此外,被试的同龄人饮酒者越多,那么他饮酒的可能性越大;与父母关系较差的青少年更可能与酗酒的同龄人来往。Brandon认为,这几项研究结果之间具备内在联系,原型在一定程度上是产生这些结果的根本原因。一方面,认为自己与原型相似的想法可能影响人的行为,与同龄酗酒群体交往会形成积极的酗酒原型,而与父母疏远的关系则会导致青少年与同龄酗酒群体交往;另一方面,原型和行为也可能互为因果。终日酗酒的人更可能形成积极的酗酒原型,因此酗酒者所选择的同伴也可能是酗酒者。终日酗酒自然会令父母伤心,最终导致与父母关系疏远。从上述研究可见,当各种社会机构试图减少青少年健康冒险行为时,如果尝试从原型途径上采取一系列干预措施,可能会取得一定成效。

本章要点小结

1. 概念是人脑对客观事物的本质的反映,是用一定的词语来记载和表示的。

2. 特征表说认为,概念由两个因素构成的:(1)概念的定义性特征,即一类个体具有的共同的有关属性;(2)定义性特征之间的关系,即整合这些特征的规则。

3. 原型说认为概念主要是以原型,即它的最佳实例表征出来的。

4. 概念掌握是个体获得客观事物或现象共同的本质特征的过程。一个人在掌握某个概念时,并不一定需要自己去寻找或发现概念的本质,而经常是通过学习前人已经抽象与概括出来的概念描述,即通过概念同化来掌握概念的。

5. 类属学习是指把新概念纳入自己的认知结构的适当位置,并使它们相互作用、建立联系的过程。

6. 并列结合学习是指新概念或新刺激信息不能纳入原有的认知结构中，也不能概括原有的若干特殊概念，只和原有认知结构中的整个内容进行一般联系的过程。

7. 总括学习是指在若干已有从属概念的基础上再学习一个上位概念。

8. 推理分为演绎推理和归纳推理。演绎推理是从一般到特殊的推理方法。归纳推理则是从特殊到一般的推理方法。

9. 命题检验也称条件推理。研究者通过研究条件推理来判断人类推理是否具有逻辑性。

关键术语表

概念规则

特征学习

规则学习

原型

范畴成员代表性

三段论推理

条件推理

肯定后件

肯定前件

否定后件

否定前件

概率推理

本章复习题

一、选择题

1.“只有认识错误，才能改正错误。”以下哪项没有准确表达上述判断的含义（　　）

A. 除非认识错误，否则不能改正错误。

B. 如果不认识错误，那么不能改正错误。

C. 如果改正错误，说明已经认识了错误。

D. 认识错误，是改正错误必不可少的条件。

E. 只要认识了错误，就一定能改正错误。

2. 思维的三大特性包括（　　）

A. 直接性　　　　B. 概括性

C.间接性　　D.问题性

E.指导性

3.思维的心智操作包括(　　)

A.分析与综合　　B.抽取和综合

C.比较和分类　　D.抽象、概括和具体化

4.特征表说认为概念的构成因素有(　　)

A.定义性特征　　B.原型

C.特征规则　　D.语词

5.哪些说法是正确的(　　)

A.三阶段推理属于归纳推理

B.三阶段论属于演绎推理

C.肯定前件是“如果A,那么B”,并且如果给定A,那么就能有效推出B。

D.否定后件是“如果A,那么B”,当B为假时A不一定为假。

二、简答题

第一节

1.简述概念掌握的几种模式。

2.简述特征表说和原型说的基本观点。

第二节

1.简述三阶段论。

2.简述命题推理。

第七章

思维:问题解决

在本章开始之前,我们先尝试解决以下问题:

1.昨天因为大学毕业之后的就业去向问题,你与父母发生争执,请问你打算如何解决这个问题?

2.一位身形肥胖的父亲和两个年轻的儿子必须在森林里跨过一条湍急且很深的河流。他们找到了一艘废弃的船,但是如果超载就会沉没。父子三人都会划船,父亲重200磅,每个儿子重100磅,这艘船最多只能载重200磅。父亲和孩子应该如何过河?

3.图7-1是著名的九点连线问题(nine-dot problem)。笔不能离开纸面,请问如何用四条直线首尾相连地将9个点连接起来?

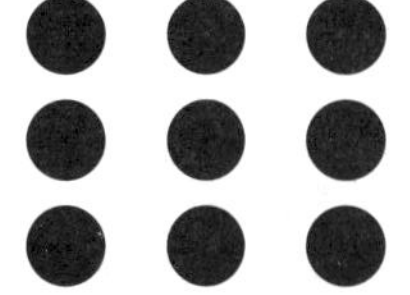

图7-1　九点连线问题

问题解决活动存在于人类社会的每一个角落,是科学、法律、教育、商业、医学、工业、文学等多个领域的共同话题。

第一节　问题解决概述

一、问题和问题解决

（一）问题

问题是指个体不能运用已有知识或经验直接获得答案，而必须进行推断才能获得答案的情境。正如前面提出的在就业去向上与父母发生分歧，你会如何解决这个问题？个体要解决这个问题，不仅需要知晓父母的思想观念，而且需要收集能说服父母的信息，最终通过沟通来达到目的。个体直接通过已有知识就能获得答案的情境，并不是认知心理学意义上的问题。譬如，你问妈妈："您吃饭了吗？"这虽然是一个带有问号的问题，但妈妈只需要回忆便可回答，因此并不是认知心理学所研究的问题。

问题作为一种情境，由三部分组成：

（1）当前状态，即行为发生之前的条件和状态，譬如你想到外省就业，而父母要求你留在本市就业的分歧。

（2）从当前状态向目标状态转化所需要的一系列操作。当前状态到目标状态之间的阻碍因素，需要个体通过思维活动加以克服和解决。譬如，让父母了解就业的形势、市内和市外发展环境的差异以及交通因素等。

（3）目标状态。行为所要实现的目标或达到的结果。就业分歧问题的目标是父母同意自己的选择或者自己做出妥协。

（二）问题解决

所谓问题解决，就是人在面临问题情境时，为了处理该情境所进行的认知加工。

纽维尔等（Newell, Shaw & Simon, 1958）认为，问题解决是对问题空间（problem space）的搜索过程。个体在解决问题的时候，总是需要先理解要解决的问题是什么，形成一定的表征，即构成问题空间。问题空间是指对要达到的目标的全部认知，包括初始状态、各阶段的中间状态、认知操作（算子）和目标状态。

图7-2展现了一个问题空间。图中的圆代表问题解决的中间状态，连线代表对问题的认知操作。在很多情况下，问题解决不是一条直线，而是有多种方案。问题解决者的任务在于从各种路径中找到能达到目标的路径，并且运用最优方案达到目标。

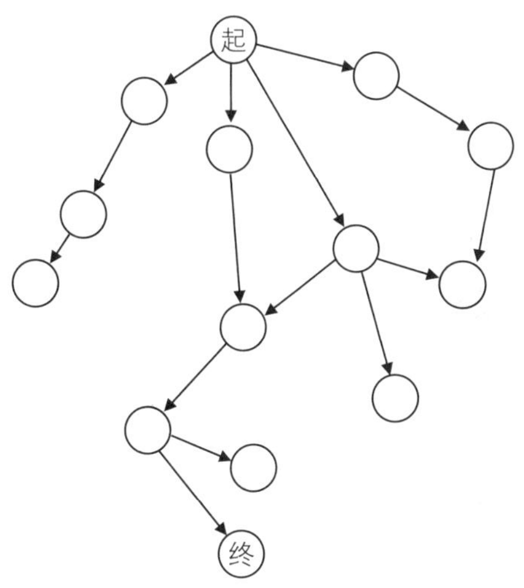

图7-2 问题空间

问题解决包含三个基本因素：

（1）目标指向性，即行动明确地指向某个目标，必须达到规定的终结状态。如开篇第二个问题，目标为父子三人全部过河。

（2）操作序列或子目标分解。个体将最终目标分解为阶段目标或子任务，譬如父子过河问题，要让父亲和孩子分开过河。

（3）运用算子。算子是指将某一问题状态转换为另一问题状态的认知操作。在父子过河问题中，该问题的算子是先让两个儿子过河，然后儿子A返回，再由父亲单独划船到对岸，接下来儿子B返回河岸接儿子A，最后两人一起过河。

（三）算子的习得

习得新算子并加以运用，是问题解决中最重要的部分。个体可以通过很多途径获得解决问题的方法，如发现、顿悟、观察或他人告知等。

1.发现

桑代克（Thorndike）是最早经由动物实验建构学习定律的人，他通过迷笼实验提出，问题解决是尝试-错误（trial and error）的过程（图7-3）。桑代克将饥饿的猫关在迷笼内，并给猫设置了可以通过不同动作逃离迷笼获得食物的方法。猫可能偶然通过某个动作打开了锁，经过多次尝试后，猫发现了开锁规律并且迅速逃出笼子。研究者认为，猫是真正习得了新的算子。人类在解决问题时，同样会运用“发现”并进行推理，譬如医生发现一种新的疫苗；你的同学摆弄新买的手机以了解它的功能；年幼的孩子通过讨好妈妈获得新玩具；等等。

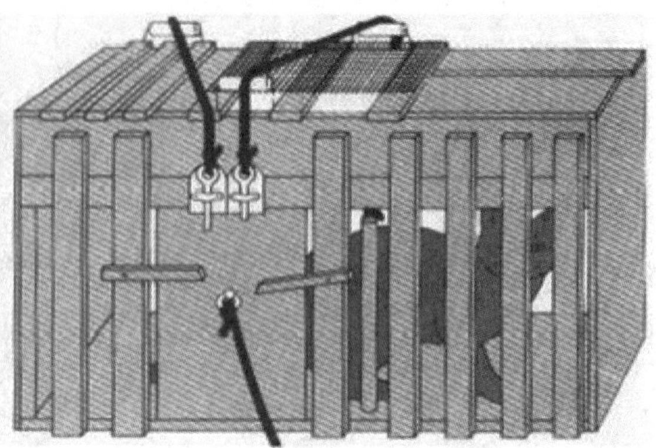

图7-3　桑代克的“迷笼”实验

2. 顿悟

格式塔心理学提出了学习的顿悟说，认为算子的习得是通过突然的灵感闪现而实现的。问题解决的关键点在于了解问题空间的各种关系，而对这些关系的理解往往是突然产生的，问题解决过程是一种顿悟。

苛勒(Kohler)做了证实这一观点的实验。他对一只叫坦萨尔的黑猩猩的思维进行了长达7年的研究(图7-4)。苛勒把黑猩猩置于放有箱子的笼内，笼顶悬挂食物(香蕉)。他设置两种难度的问题情境：简单问题情境只需要黑猩猩运用一个箱子便可够到香蕉；复杂问题情境则需要黑猩猩将两个箱子叠起来，方可够到香蕉。在复杂问题情境实验中，一开始黑猩猩看到笼顶的香蕉，并没有想到利用箱子；后来，黑猩猩使用了一个箱子，但仍然够不着；最后，黑猩猩将两个箱子叠放，迅速取得香蕉。3天后，苛勒稍微改变实验情境，但黑猩猩仍能用旧经验解决新问题。

认知心理学家认为，顿悟主要表现为以一种全新的思维方向对问题形成新的表征或算子，从而更有利于解决问题。尽管顿悟似乎是突发奇想，但是有效的顿悟都是建立在大量思考探索上的，没有辛勤的工作，顿悟不可能产生。想想坐在苹果树下的牛顿，若没有对科学孜孜不倦的探索，他就不会从苹果落下的细节中发现万有引力定律。相比那些常规性的问题解决方法，顿悟是人类通往创造的一扇重要大门。

图7-4　黑猩猩坦萨尔对问题的顿悟实验

3.观察或他人告知

在习得算子的方法中,观察或他人告知是最有效的。“依葫芦画瓢”或者“有样学样”就是观察和学习的结果。无论是观察还是他人告知,对于抽象的问题,有具体实例总是更容易理解。里德和波尔斯塔德(Reed & Bolstad,1991)曾开展过这样一项实验,他们让三组被试尝试解决以下问题:

a组被试学习一个方程:任务 = 时间1×比率1 +时间2×比率2

b组被试则给予一个具体示例:一个新手完成一项工作需要7小时,而专家完成同一件工作需要5小时。现在让新手和专家一起工作,新手比专家多工作2小时,请问专家工作多长时间?

c组被试则既给了指导语又给出示例,之后他们让被试尝试解决同类问题,发现a组仅能解决13%,b组可以解决28%,c组则能解决40%。因此,指导越形象,对问题的解决越有益。

二、问题的种类

(一)人工问题

认知心理学研究的问题大都带有人工性质,可以说,人工问题是认知心理学家研究人类问题解决模式的重要方式。格里诺(Greeno)将人工问题分为归纳结构问题(problem of inducing structure)、转换问题(problem of transformation)和排列问题(problem of arrangement)。

1.归纳结构问题

归纳结构问题经常以这样的形式呈现:“A:B = C:?”。譬如:类比“拍”与“皮球”,那么在“乒乓球”前面应该写什么呢?问题解决者在这一过程中需要对问题进行认知编码,通过比较找出异同点,再进行评价。

2.转换问题

转换问题就是给出一个起始状态,由问题解决者使用算子将起始状态转换为目标状态。典型问题是“河内塔”问题。如图7-5所示,问题解决者需要把所有圆盘从1号木棒上移到3号木棒上,移动规则为:1次只能移动1个圆盘;不管怎么移动,小的圆盘必须放在大的圆盘上面,所移动次数越少越好。

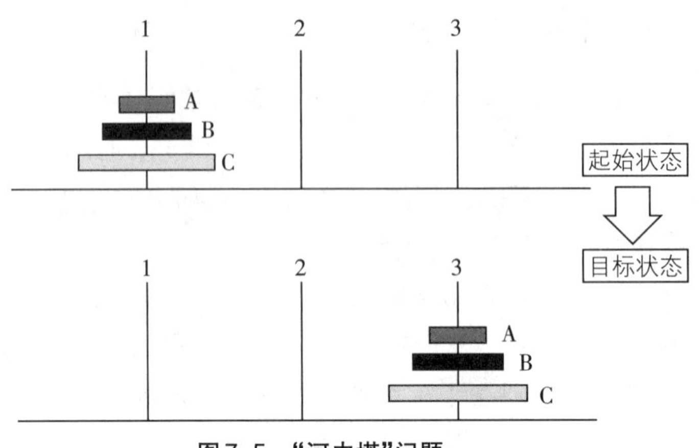

图7-5 “河内塔”问题

河内塔问题可以扩展为多个圆盘。问题解决者要总结出经验:在奇数次移动最小盘,在偶数次移动其他盘。卡拉特(karat,1982)认为,要完成转换问题,需要个体执行系统(负责在短时记忆中搜索可以进行的移动)、设想系统(考虑当前步骤实施后的下一步)和评估系统(对当前步骤的有效性进行检验)的合作。

3.排列问题

这类问题要求问题解决者将已知的题面按照一定关系重新进行排序。问题解决者需要考察多种组合的可能性,直到找出答案。其中一种是密码算题,典型例子如图7-6中的计算。该题的初始状态如下:题目中的10个字母代表数字0—9,已知D=5,请问其他字母分别是哪些数字?运用加法法则,让该等式成立。

图7-6 密码算题

典型的排列问题还包括字谜,请看以下的几个字谜:

二人同工(猜一字)。

四面不透风,一人在当中,若是猜囚字,其实没猜中(猜一字)。

请将“PYOLGSCHOY”以较快的速度重新排序,使其具有意义。

问题解决者需要对以上的结构进行分解、综合后才能作答。不难猜出,第一个谜语的谜底为“巫”,第二个谜底为“因”,第三个单词对于学心理学的学生都不困难,排列出来正好是英文的“心理学”。

(二)良好定义问题和不良定义问题

根据问题解决的类型和内容的定义是否清晰,我们可以把问题分为良好定义问题和不良定义问题。这种分类方式有助于我们理解个体如何解决问题。

1. 良好定义问题

起始状态清晰且有明确的解决目标的问题称为良好定义问题,又称结构良好问题。我们在学校学习的数学、物理、地理等学科的问题,都属于良好定义问题,比如等边三角形的面积计算问题。对于此类问题,问题解决者只要掌握了公式或规律都可以轻松地进行解答。

有的问题看似毫无规律,方向不明,却有一定的规律可循。例如一个著名的位移问题——传教士和野人过河的问题(图7-7)。该问题表征如下:

3个传教士和3个野人要过河,河里只有1条船,每次船上只能坐2个人,且划船的人必须上岸。如果在任何一边的岸上,野人数量大于传教士,传教士就会有危险。他们将怎样过河?

这个问题包括如下的算子:

(1)起始状态:在河的同一边,有3个传教士和3个野人,他们都要过河,大家都会划船;现在只有1条船,1次只能载2人,任何时候野人多于传教士,传教士就会有危险;

(2)目标状态:用船把3个传教士和3个野人都送过河,而又不会发生危险;

(3)中间状态:传教士和野人搭配渡河。

在继续阅读前尝试解决该问题,你的难点在什么地方?最终解决方案是如何形成的?

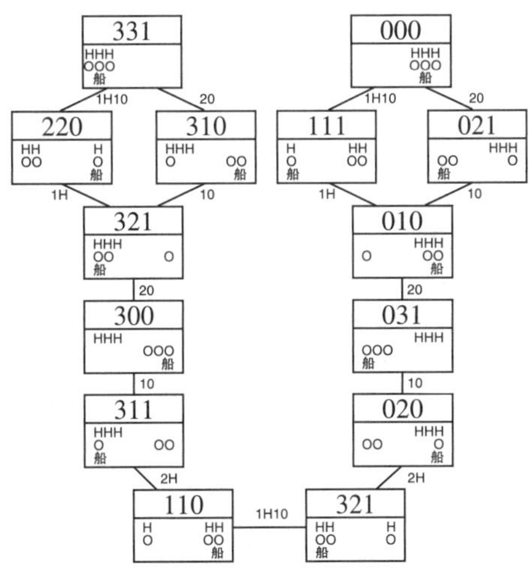

图7-7　过河问题的解答

图7-7展示了这个问题的解决方案，关键点在于第6步：让1个野人和传教士同时回到河岸。格里诺（Greeno）认为，在这个问题的解决过程中，可能出现的障碍有三类：

（1）非法移动，包括一次性移动超过2个人，或者某一边野人数量大于传教士；（2）无意义的退回，即退回到问题解决之前的状态；（3）没有认识到下一步移动的意义。

2.不良定义问题

不良定义问题又称结构不良问题，指问题的初始状态、目标状态以及认知操作都不清楚，或没有明确说明，使问题具有不确定性。相对于那些有着明确表征的问题，不良定义问题解答难度更大。例如下面的双绳问题。

一个人站在房间的中央，里面有一把钳子，一个玻璃罐，一把椅子和几张纸。从房间两侧各垂下一根绳子，如图7-8所示。问题解决者的目标是把两条绳子拴在一起，但是两根绳子都不够长，抓住任何一根的同时都无法抓住另外一根。

图7-8　双绳问题

相对于良好定义问题，不良定义问题缺乏明显的初始状态和目标状态，个体难以形成明确的表征和现成的解决方案，从而更难以解答。解决这类问题可能需要个体使用顿悟、类比等方法，即个体以一种新的方式看待它，重新构建新的表征。

三、问题解决的阶段

布朗斯福特等认为，问题解决过程包括问题的确定、问题的表征、算子的形成、信息的整合、资源的分配、监控和评价七个步骤，如图7-9所示。

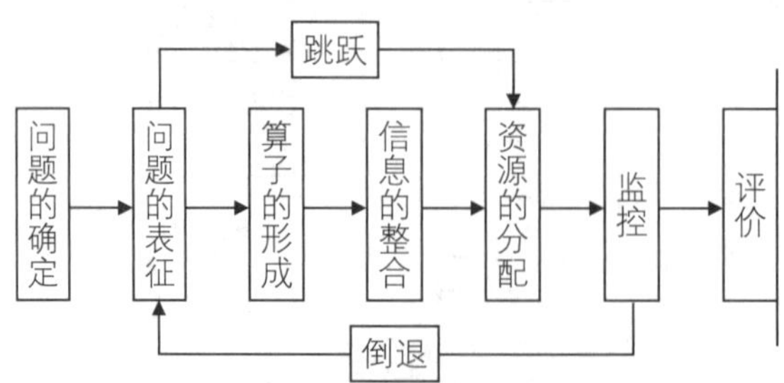

图7-9　问题解决的一般过程

1.问题的确定

明确问题是认清问题的关键。问题解决的第一步在于个体能够发现问题情境并且希望去解决它。比如,个体的问题是要完成一份创新实验报告,首先就得确定报告的主题,分析到底面对的是什么问题。任何问题都包括要求和条件两个方面:要求是问题解决要达到的目标;条件是问题解决过程中所能利用的因素和必须接受的限制。问题分析就是在要求和条件之间找出联系,把握问题的实质,确定解决问题的方向。这一步非常重要。

2.问题的表征

当个体发现一个问题后,需要对问题进行恰当的表征。问题的表征是关系到问题能否顺利解答的关键步骤,尤其是在很多结构不明或复杂问题中,表征影响到问题解决接下来的步骤,并决定问题能否被顺利地解决。完成创新实验报告时,个体充分理解"创新"的含义并对实验的主题进行恰当的定义和表征后,就能明确整体实验思路。

3.算子的形成

问题被表征后,问题解决者就需要拟定一个认知策略来解决问题。由于问题解决者的思维存在差异,对同一问题形成的算子也会不同。个体可能会运用发散性思维来收集材料,再用整合性思维对材料进行筛选整合。在完成实验报告的过程中也可能包括分析和综合,采用团体作业或个体创作等方式。

4.信息的整合

对信息的整合发生在算子形成后。问题解决者使用一定的策略,让所收集到的信息变得有序。例如,完成创新实验报告时,将问题表征为一个时间推进表,对审视阶段性目标是有益的。同时,个体还可以确定完成每个子项目的人员,以保障任务能够被分解和完成。整合信息的目标是在所有的算子中寻找到一条解决问题的最优途径。

5.资源的分配

完成以上四个步骤,大多数问题都能够被解决。但认知心理学领域的问题解决,不仅在于研究问题能否被解决,还要探讨如何利用更少的资源去解决问题。个体拥有的资源包括空间、时间、人脉、金钱等。我们遇到的很多问题,都是由于缺少足够资源,所以问题解决者必须清楚,哪些问题值得我们投入更多的资源。优秀的问题解决者会怎么做呢?研究表明,那些能很好地处理问题的人(如企业家、专家学者、学习成绩优秀者等)会将更多的资源尤其是时间资源放在问题的计划和整体规划上。而一些学习成绩不佳的人往往花费大量时间去处理细节问题。关注总体和长期规划会让个体事半功倍。一个擅长问题解决的人会先确定解决一个问题值得用多长时间，然后努力在既定的时间内完成。在问题解决的过程中，还会根据实际情况及时调整。例如，在进行创新实验的过程中，若个体将资源放在项目选择、可行性论证、计划制定和子目标的达成上，比胡乱地确定项目、疲于应付突发情况更加得心应手。

生活中的心理学

经济学中的二八法则在问题解决中的体现

在问题解决的过程中，我们按照事情的紧急和重要程度将问题分为四个象限。很多人都认为，最重要的是那些紧急的事情，其实不然。比如，小王和小张同时参加工作，小张每天都在处理突发事件，而小王制定出自己的五年发展计划和规划表，每天花一点时间来实现该计划。五年以后他们生活的情况会一样吗？答案是显而易见的。小张的生活会显得忙于应付，而小王则目标性更强，生活也更有条理。图7-10展示了高效率的时间分配方案，按照经济学中的法则，一个高效率的人会将80%的资源用在长期规划和总体发展上，对于大学生来说可能比较困难，但至少我们应该有50%~60%的资源用于重点规划那些指向未来发展的事情上，比如你需要获得什么样的职业等。

图7-10 高效率的时间管理图

6.监控

有效的问题解决还包括对问题的目标状态进行监控。监控不只是针对问题的最终目标状态，也针对每个子目标的实现。为了达到最终的目标，你不得不时时回头反思：现在正处于问题解决的哪个步骤？阶段性目标是否已经达成？是不是离目标又近了？不断对过程进行审视和评估，有助于我们保持问题解决不偏离既定的轨迹，同时对已有的失误进行及时调整和修正，对可能出现的障碍进行预判。

7.评价

在解决完一个问题后,个体需要通过评估了解问题解决的程度,检视得出的结论是否正确。在此过程中,个体可能会发现新的策略或资源,从而引起关键性的变化或质的改变,甚至发现新的问题,并投入到新的问题解决过程中。

人们在解决问题的时候,需要关注每一个步骤,一旦发现不利情况,就需要调整策略。以上这七个步骤不一定按照顺序出现,而是根据问题解决者的认知,有时候出现重复,有时候又跳过某些步骤。总之,人类的问题解决策略是灵活的,并不是死板的。

第二节 问题表征

一、问题表征及其意义

解决问题的首要任务是建立问题表征(problem representation)。问题表征是指问题解决者识别和理解问题的过程。问题表征是影响问题解决的关键性因素,如果问题得不到适宜的表征,就难以解决或无法解决。问题表征依赖于人的知识经验,也受到注意、记忆和思维等心理过程的制约。表征直接影响着问题解决者接下来所考虑的一系列合法、适当的步骤。如果一个问题得到了正确的表征,可以说它已解决了一半。下面的例子体现了表征的重要性。

(1)有一个人用600元买了一匹马,又以700元卖了出去,然后他又用800元买回来,再以900元卖出去。问:他赚了多少钱?

(2)有一个人用600元买了一匹白马,又以700元卖了出去,然后他用800元买了一匹黑马,再以900元卖出去,请问他赚了多少钱?

当用第一种方式表征的时候,问题解决者往往会将两次交易混淆,认为个体只赚了100元;而当问题将"马"的表征变为"白马"和"黑马"的时候,个体可以明确地区分这是两次不同的交易,从而回答出正确的金额200元。

证明表征重要性的经典实验叫作残缺棋盘问题。假设有张棋盘(图7-11),上面有64个黑色或白色的方格,还有32张多米诺骨牌,每张骨牌在棋盘上占2个方格,这样可以用32张骨牌摆满整个棋盘。现在,假设把这张棋盘一条斜对角线上的2个方格去掉,如图7-11。现在有62个方格,能否用31张骨牌摆满这62个方格呢?如果可以,你是怎么做到的?如果不可以,请问为什么?

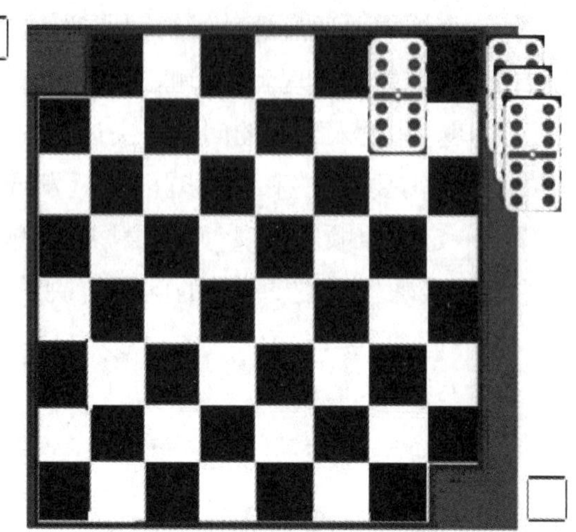

图7-11 残缺棋盘问题

残缺棋盘问题属于不良定义问题,所以很多人不知如何作答。这一问题的答案是多米诺骨牌不能把棋盘遮盖住,因为无论怎么安放,每张多米诺骨牌都只能覆盖1个黑色的和1个白色的方块,所以31个多米诺骨牌就只能覆盖31个白色方块和31个黑色方块,而不是任意62个方块。当棋盘上缺损的是2个白色方块时,没有任何方法可以覆盖整个棋盘。

但是,当研究者把该题目表征为:有张棋盘,板上有64个黑色或白色的方格,还有32张多米诺骨牌,每张骨牌只能盖住1个白格子和1个黑格子。这样的表征方式促使问题解决者去计算黑白格子的数量,因为去掉的是2个白格子,那么问题解决者马上可以发现,既然剩下的是32个黑格子和30个白格子,显然无法用31张骨牌全部盖住图中的棋盘。

西蒙认为,表征是问题解决者自己主动构建的过程,因此,表征的形成依赖于个体的知识经验、注意、记忆等。问题之所以难以求解,是因为个体习惯于按常规方式表征的问题,若换一个角度来表征同一个问题,问题就迎刃而解了。

可多夫斯基、海耶斯和西蒙(Kotovsky, Hayes & Simon)开展了表征与问题解决的难度相关性研究。他们认为,规则学习的难度、规则运用的难度、问题解决者的实际生活经验与问题规则的相似程度都会影响问题解决。

二、问题表征的方式

问题表征的方式即呈现问题的方式。一般来讲,问题呈现得越明显、越简洁,有关的逻辑关系就越容易被展现,问题就越容易解决;反之,问题呈现得越复杂,问题就越不容易得到解决。

解决问题的策略,一般通过问题行为图、树形图和形象图等方式表征。

(一)问题行为图

问题行为图将问题解决过程分解为许多操作和认识状态,清楚地揭示了问题空间和搜索过程。问题行为图由两个部分组成:一是知识状态,即人在某一具体时刻所知道的关于该问题的全部信息;二是操作,即每次改变知识状态的手段。以图7-6所展示的问题为例,“DONALD+GERALD=ROBERT”中,每个字母代表0至9的一个数字。现已知字母D=5,要求找出每一个字母所代表的数字。

纽维尔根据一位被试的部分口语记录,制作了一个问题行为图。被试是这样回答的:

英文有10个不同的字母,并且其中每个字母代表1个数字。

所以我来看2个D,D代表的数字是5,因此可以确定T为0。所以,我想从这里开始。我先写1个5,T为0。

我还有另外的T吗?没有。但我有另一个D,这说明我在左侧还有1个5。

再来看,我有2个A和2个L,它们各在某个地方,还有3个R。2个L等于1个R,所以我需要进1,这意味着R肯定为奇数,因为2个L或任何两个数相对必然得出偶数。而1是奇数,所以R可能是1,3,但不是5,7或9。

现在考虑G,由于R可能是奇数,而D是5,G肯定为偶数。

我再来看问题的左侧,那里有D+G,还可能加上另一个数,要是E+O必须进1的话。

也许这道题的最好方法就是不断尝试。我不知道是否还有其他简单的办法……

可以看到,被试最初的陈述只是确认他对规则的理解。该被试对问题的回答思路呈现在图7-12的问题行为图里。

另外一个很好的例子是八字谜题。这个问题(如图7-13和图7-14)由一个3×3的九宫格组成,方框内有数字。九宫格中有一格是空的,使数字能够移动,目标在于使九宫格内的数字由某种格式变成另一种格式。

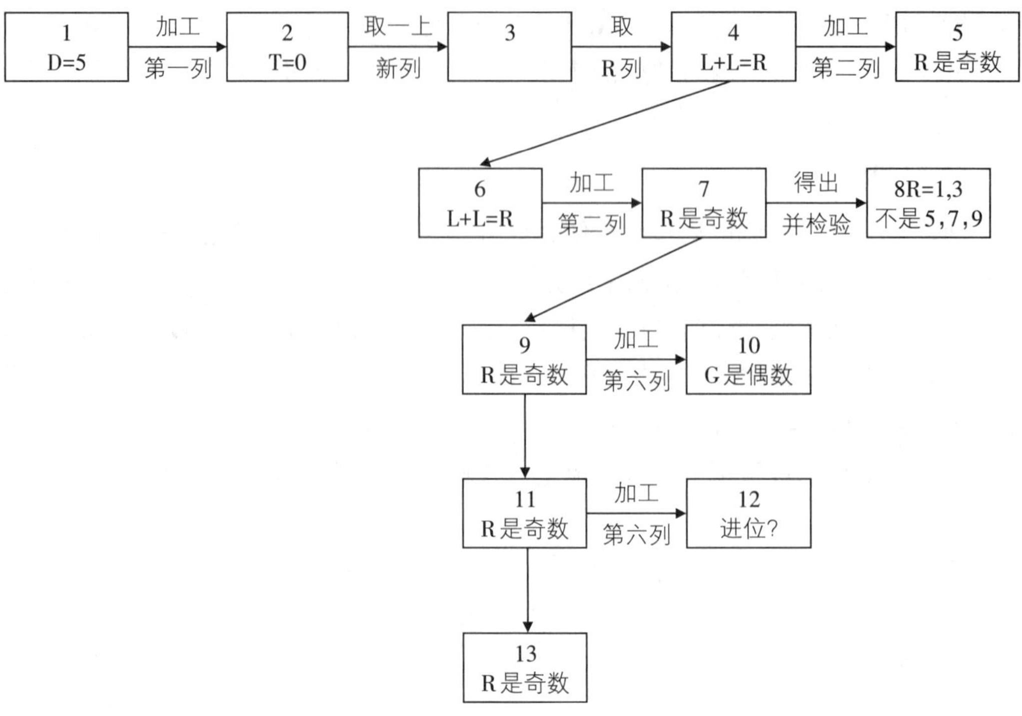

图7-12　问题行为图(局部)

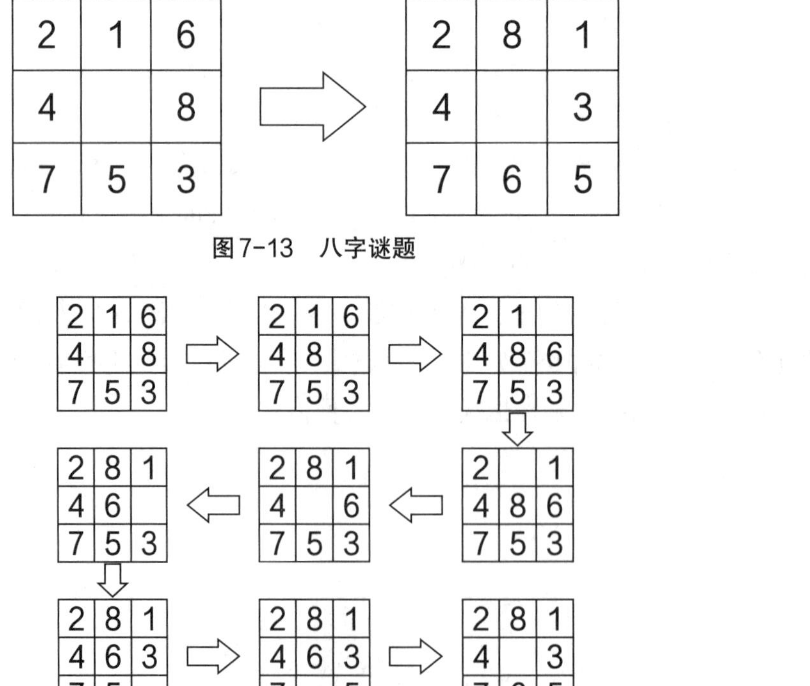

图7-13　八字谜题

图7-14　八字谜题最简便的问题行为图

(二)树形图

问题表征还可以用树形图来呈现(如图7-15)。树形图指明了在所有可能的方向上进行搜索时所产生的各种中间状态,直至目标状态,故又称搜索树。顾名思义,它就像一棵根部向上倒着的树。最上面部分是问题的初始状态,从这里出发,下面的部分表征了所有可能的算子。通过绘制树形图,问题解决者可能找到最短的一条解决路径。问题行为图是从人解决问题的实际行为中得到的,它是心理空间。树形图是基于逻辑分析或算法而得到的,它是一种逻辑空间或算法空间。这两种空间相互联系,在一定的时候,逻辑空间可以转化为心理空间。

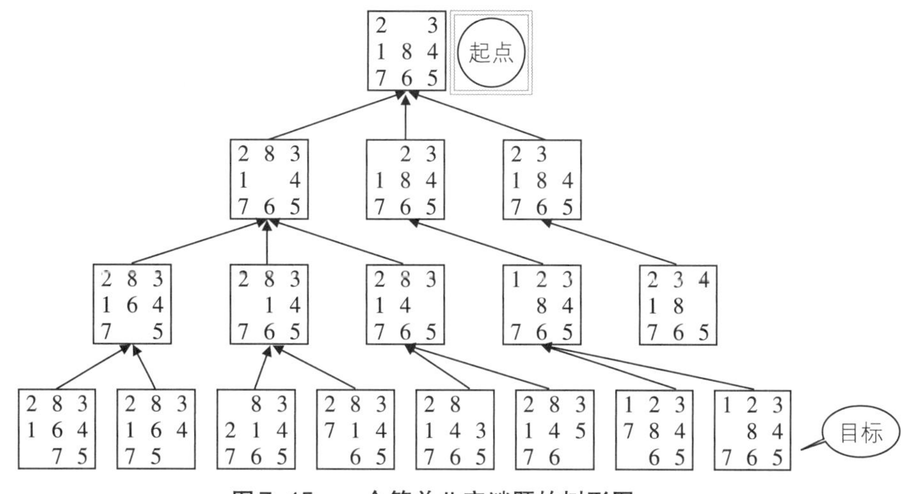

图7-15 一个简单八字谜题的树形图

(三)形象图

形象图又称形象编码,使用列表、绘图等方式来表征问题。有时候,形象图更加直观。例如施瓦茨(Schwartz)提出的这个问题:

请根据以下信息,确定设得兰犬的主人有几个孩子。

有5个职务,分别是:职员、CEO、律师、教师和医生。

有5个妇女,分别是:凯西、黛比、朱迪、琳达和索尼娅。

每个妇女的孩子数目不同,分别为:0,1,2,3,4。

凯西的狗是爱尔兰犬。

教师没有孩子。

拉布拉多犬的主人是医生。

琳达没有设得兰犬。

索尼娅是名律师。

设得兰犬的主人家里不是3个孩子。

金毛犬的主人有4个孩子。

朱迪有1个孩子。

CEO养金毛犬。

黛比的狗是伯尔尼山犬。

凯西是职员。

对条件进行分解是一件很困难的事情,比较简单的做法是用列表来表征这个问题(表7-1),答案就一目了然了。

表7-1 施瓦茨问题的列表

人名	凯西	黛比	朱迪	琳达	索尼娅
职位	职员	教师	医生	CEO	律师
孩子数量	3	0	1	4	2
狗	爱尔兰犬	伯尔尼山犬	拉布拉多犬	金毛犬	设得兰犬

用图示法来表征问题也是很常见的。例如,要求被试解答这个问题:

有个青年爬山,他早晨8点出发,时快时慢,直到晚上8点才到达山顶。第二天早晨8点,他从山顶沿上山的道路下山,速度是上山的2倍。请问,山路上是否存在这样一个点:青年恰好在同一时刻经过这一点?

这道题让很多问题解决者感到困惑,但是当问题表征变成2个人同时出发,1个上山1个下山的时候,他们总要在某个点相遇。实验者要求被试绘出路径图(如图7-16),问题就迎刃而解了。因为被试可以看出两条曲线总有一个交会点,这就证明了青年可以在同一时刻经过某一点。

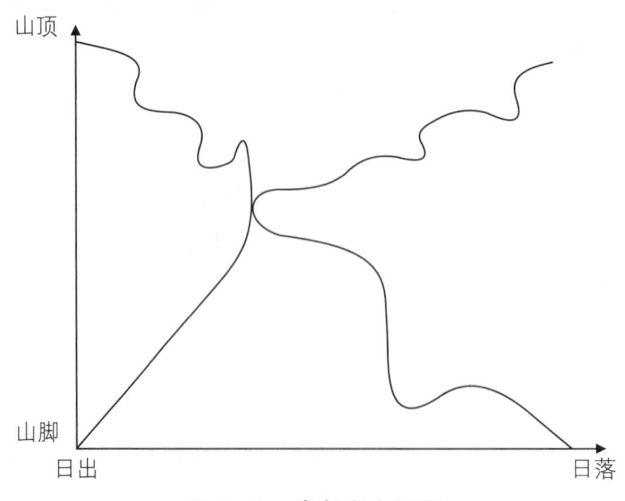

图7-16 青年爬山问题

总的来说,问题的呈现方式越符合人们的经验或知觉习惯,人们就越易于知觉问题情境,解决问题也就越容易。那些表征不明的问题,采用列表或绘图的方式更容易解决。

三、影响问题表征的因素

(一)心理定式

解答问题的时候,人们会受到已有经验的影响,倾向于使用固定的模型或采用相同的方法(算子)表征问题。这种问题解决的偏向性思维方式被称为心理定式。

问题解决者一旦产生了某种心理定式,他们会执着地使用某种策略,而这种策略可能对解决当前问题是无效的。陆钦斯(Luchins)进行了一个"水壶问题"实验,要求被试利用三个不同容量的水壶A、B、C量出一定分量的水(以"杯"为计量单位)。要特别注意的是:每次给的水壶容量都不一样。以表7-2的问题1为例,研究者需要100杯水,A水壶可以盛21杯水,B水壶可以盛127杯水,C水壶可以盛3杯水。正确的解答是被试需要使用B水壶装满水,再将A水壶倒满,并2次倒满C水壶,这时候B水壶里的水就是100杯水的量。

表7-2 用不同容量的水壶量水问题

题号	已知容量(杯)			所要量的水(杯)
	A水壶	B水壶	C水壶	目标
1	21	127	3	100
2	14	163	25	99
3	18	43	10	5
4	9	42	6	21
5	20	59	4	31
6	23	49	3	20
7	15	39	3	18
8	28	76	3	25

事实上,上表中的问题除了第8题外,其他都可以用"B-A-2C"这个公式解决。研究者把被试分为实验组和控制组,将公式告知了实验组,并让他们做表中的8个问题。题7最简单的方法是直接使用"A+C",题6和题8最简单的做法是"A-C"。在给

过公式的被试中，83%的人采用“B-A-2C”的公式来解决题6和题7。有趣的是，哪怕第8题如此简单，依然有64%的人无法解答。相对于实验组，控制组的被试没有学习公式，只需要回答题5至题8，只有5%的被试无法回答第8题。

心理定式的另一个著名实验是九点连线问题。在给出几分钟的情况下，仅有5%的被试可以解决这一问题。图7-17呈现了该问题的答案，不能解决的原因在于很多被试把9个点看作了一个正方形，并试图在正方形内部画线。换句话说，被试习惯把9个点看作一个整体，这种思维限制了其解决问题的思路。

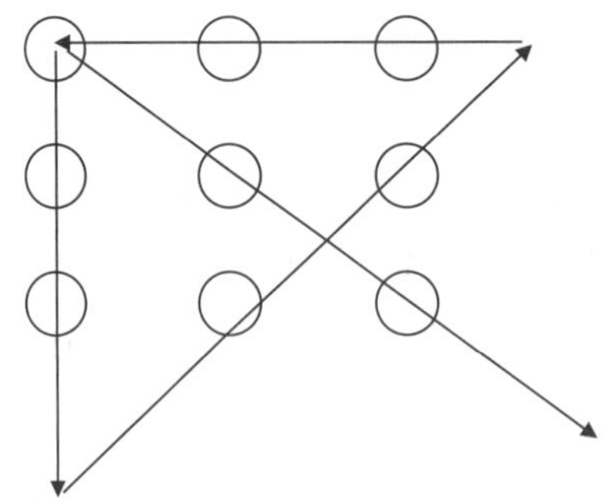

图7-17　九点连线问题的答案

生活中的心理学

心理定式的趣事

在一次博士研讨会上，有学者向大家介绍他的科研成果，但幻灯片在屏幕上的位置太低了，于是大家就帮他想办法。一位教授问大家：“谁有一本书或其他东西？”有个人说他有一本书。那位教授又对大家说：“不行啊，这本书太厚了，这样幻灯片的位置就会太高了。有没有薄一点儿的？”于是大家又赶紧找薄一点儿的书。教授喊道：“我简直不敢相信！”然后他走到幻灯机前，拿起那本书，从中间翻开，垫在幻灯机下面。随后他看了看所有的人，开玩笑说：“难以置信，这一屋子的博士中居然没人会翻书！”

（二）功能固着

功能固着是心理定式的另外一种表现形式，即人们对某种物体的传统功能产生定式或固着，看不到其新颖性，不能把它作为工具来帮助我们解决问题。前文提到的双绳问题，只有39%的被试能够顺利地解答。原因在于很多被试对问题提供的工具产生了功能固着，唯一有效的方法是把钳子绑在其中一条绳子上，让它像钟摆一样来回摆动，然后被试拉着另外一条绳子站到房间中间去。

另一个有名的实验是邓克尔的蜡烛实验,如图7-18。在室内有1张桌子,3根蜡烛,一些火柴,几枚图钉。被试的任务是把蜡烛放到对面的木门上,且与木门平行,与桌面垂直。完成这一任务的关键在于将盒子变成烛台,问题就迎刃而解了。被试只需将蜡烛与火柴盒粘在一起,将盒子用图钉钉在木门上。

实验者把被试分为两个组。

1组:火柴装在火柴盒里。

2组:火柴和火柴盒分开放置,火柴盒里不放任何东西。

可见,两个组的唯一区别是,火柴盒里是否装了东西。

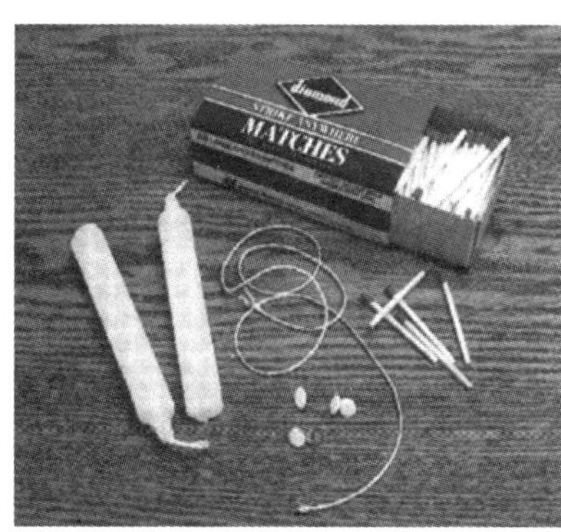

图7-18 邓克尔的蜡烛实验

两组结果截然不同,2组正确解决问题的被试高达82%;1组仅有40%的被试在规定时间内解决了问题。大多数被试不能解决问题的原因,在于他们想不到用装火柴的盒子作为蜡烛的支撑物,因为在实验中盒子是作为容器出现的。这个实验说明,功能固着是解决问题的一个障碍。

生活中的心理学

打破心理定式——头脑风暴法

头脑风暴法的发明者是美国学者阿历克斯·奥斯本,他于1938年首次提出头脑风暴法。一群人围绕一个特定的领域提出新观点,由于没有了拘束,人们就能够更自由地思考,进入思想的新区域,从而产生很多的新观点和方法。当参加者有了新观点和想法时,就大声说出来。众人综合提出的所有观点之后建立新观点。

头脑风暴法极易执行,具有很强的实用价值。每一个人的思维都能得到最大限度的开拓,能有效激发灵感。个体在最短的时间内可以批量产生灵感,会有大量意想不到的收获;集体可以提高工作效率,能够更快、更高效地解决问题。图7-19展示了一个关于"砖头的用途"的头脑风暴法的讨论结果。

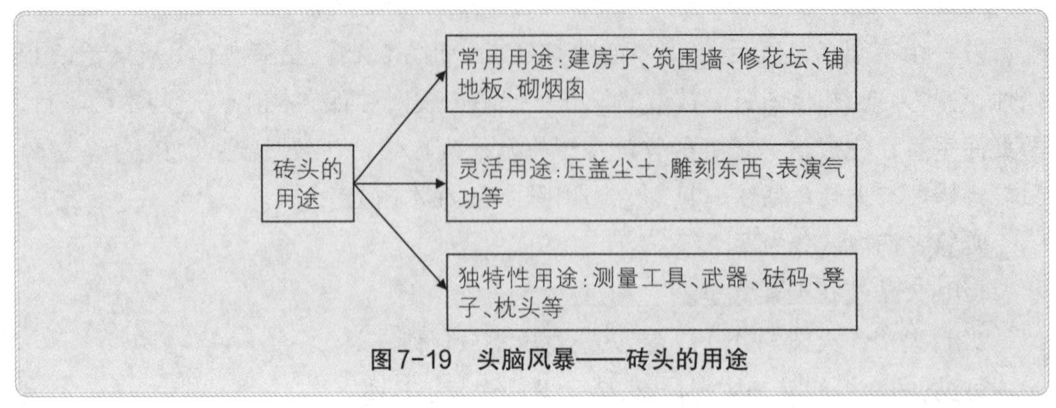

图7-19　头脑风暴——砖头的用途

（三）酝酿效应

酝酿效应又称直觉思维，是指反复探索一个问题而毫无结果时，把问题暂时搁置几小时、几天甚至几个星期，由于某种机遇，新思想、新现象突然浮现了出来，百思不得其解的问题一下子找到解决办法。日常生活中，个体常常会对一件事情束手无策，这时思维就进入了酝酿阶段。茅塞顿开的时候，就会有“柳暗花明又一村”的感悟。个体需要等待有价值的想法自然酝酿成熟并产生，因此，酝酿效应类似于顿悟。

认知心理学认为，酝酿效应的产生可能有这样几种机制：

第一，人们忘记了不恰当的问题表征，或者放弃了不适合的解决问题的算子。

第二，人们之所以在休息的时候突然找到答案，是因为消除了前期的心理紧张，放松了情绪，进入具有创造性和发散性的思维状态。

第三，随着时间的流逝，最近的记忆和已有记忆进行整合，在这个过程中酝酿效应和打破心理定式联系在一起。

爱因斯坦在青年时期就对物理学中的基本问题感到好奇，尤其是光速问题。他思考这个问题长达7年之久。当他考虑到时间概念时，忽然觉得萦绕在头脑里的问题可能解决了。他只用了5周时间，就完成了世界闻名的相对论的研究报告。相对论的研究报告虽然在几周内写出，可是从开始想到这个问题，直到全部理论完成，经过了7年的准备工作。

（四）人格特征

Barron发现某些人格和动机对于问题解决有所帮助，强调了人格的重要性，并认为以下人格特征有助于个体创造性地解决问题：

（1）较高的独立性和批判性；

（2）强烈的好奇心和浓厚的兴趣；

(3)积极的心理承受能力,勇于面对错误和失败以及良好的自我调整能力;
(4)不保守的价值观,愿意冒险等;
(5)敏锐的注意力;
(6)勇气和智慧。

第三节　问题解决的策略

任何问题想要得到解决,都必须借助一定的策略。策略是问题解决的决定性因素之一。人在解决问题的过程中,不是只使用某一固定策略,而是利用不同的策略完成不同任务。有效的策略可以帮助问题解决者利用各种信息,提高搜索的效率。

搜索是个体推理和问题解决不可缺少的环节,主要目的是为问题解决选取合适的算子。搜索策略总体来说可分为两种:随机搜索策略和启发策略。

一、随机搜索策略

随机搜索策略又叫算法,指在问题空间内随机地搜索所有可能解决问题的方法,直到找到有效的方法为止。随机搜索要求系统根据事先确定好的某种固定排序(依次或随机)调用规则,只要有规则的存在,个体按照规则操作就一定能解决问题。前面提到的树形图就是随机搜索策略的一种体现。

二、启发策略

启发策略(heuristics)又称经验策略,是个体根据自己已有的知识经验,在问题空间内进行粗略搜索来解决问题的策略。与随机搜索策略相比,启发策略在问题空间内进行较少的搜索,更为经济。

启发策略不一定能保证问题得到解决,但对于很多问题,启发策略可以使其呈现得更清晰。不少人在解决复杂问题的时候,不可能逐一搜索所有的可能性,所以主要采用启发策略。手段-目的分析、类比策略和逆向搜索都属于启发策略。

(一)手段-目的分析

纽维尔和西蒙观察到,当问题解决者面对一个不熟悉的问题时,就会采用手段-

目的分析策略。手段–目的分析的核心，是发现当前状态与目标状态的差别，将需要达到的目标状态分成若干子目标，通过实现这些子目标而最终达到总目标。

手段–目的分析包括5个主要步骤：

（1）确定目标；

（2）审视现状与目标之间的差距；

（3）寻找缩短差距的方法（算子）；

（4）建立接近总目标的子目标；

（5）通过操作，实现从子目标向总目标的过渡。

解决问题过程中的每一次操作，都有一个"限定–行为"的组合，即一种包含了识别过程和动作过程的组合。每当识别到所需要的条件时，就会激起某种动作；当几组条件同时得到满足时，就需要选择一种最佳的行为。

当前状态和目标状态之间可能存在多种差异，发现其中最重要的差异是关键。在手段–目的分析过程中，记忆的参与是必要的。实现了一个子目标时，又会产生其他子目标。在记忆中保持这些子目标及其联系，也是非常重要的。

比如你到了书店，要找一本书，你不知道它在书店的哪个位置，这时候你会怎么办？

如果使用随机搜索策略的话，你就得去翻看书店的每本书，直到找到这本书为止；或者搜索了一遍，你发现这个书店没有这本书。无论结果怎样，你都能确定书店是否有这本书。但是，个体往往会采用启发策略，包括询问店员、按照类目查找、查询书店的电脑服务器等方式。这些策略都能帮助你缩小与目标状态的距离，但是，即使你没有找到这本书，你也不能确定这个书店没有这本书，因为有可能书放错了，或者编号出了问题。

前面提到的"河内塔"问题、"野人与传教士过河"问题，都能使用手段–目的分析方法。图7–20提供了"河内塔"问题的解决思路，要将所有的盘移到另一根柱子上，且大盘不能放在小盘上，所以被试的子目标首先是把最大盘移到目标柱上，再移次大盘，一步步缩短与目标的距离。

在"野人与传教士过河"问题中，被试会尽可能让到达对岸的人多起来，所以会在第6步出现问题。因为这一步需要更多的人回到起点。若被试不能接受这种与目标相悖的情况，就不能完成该题。

在问题解决策略中，还有一种与手段–目的分析相似的方法，叫作爬山法或者差异降低法。两者的区别在于对问题空间的认知程度不同：爬山法限于条件，只能走一步算一步；而手段–目的分析则可以直接设计需要的方式。

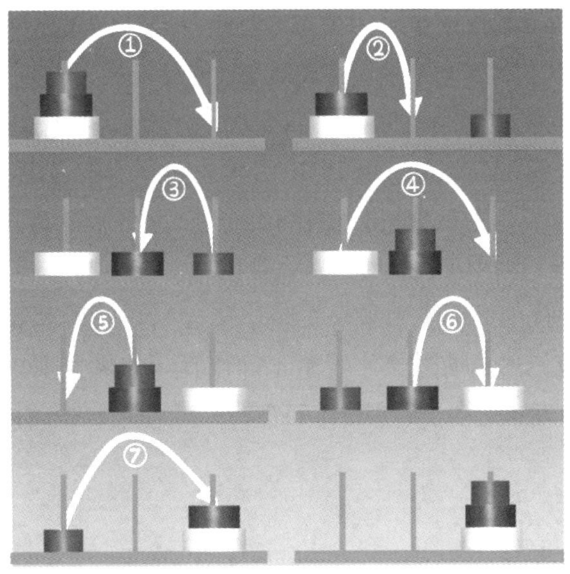

图7-20 “河内塔”问题的解决思路

(二)类比策略

类比是问题解决者提取解决问题的算子,并把它们运用到问题解决中的过程。例如,鲁班小时候被一种齿状的草割伤了手,由此发明了锯子,这里使用的方法就是类比。又如之前解决残缺棋盘的问题,实验者可以给被试讲述一个故事:

村子里有64个人,正好是32个男人和32个女人,可以组成32对夫妻,如果有2名男性离开了村庄,他们还能组成31对夫妻吗?

很显然,当缺少了2名男性,32名女性无法和30名男性组成31对夫妻.若在残缺棋盘问题的回答过程中,实验者先向被试呈现这个故事,被试就能类比到残缺棋盘问题上,回答的正确率也会提高。

吉克和霍利约克采用邓克尔的“射线治疗”问题来研究类比策略。实验材料是这样的:

假如你是医生,有一个胃癌患者。这个病人不能动手术,但如果不摧毁肿瘤,病人会死掉。有一种射线可用来摧毁肿瘤,如果用高强度射线辐射肿瘤,肿瘤虽会被摧毁,但也会使周围的健康组织受到损伤。强度较低的射线对健康组织无害,但不能摧毁肿瘤。用什么方式能使射线摧毁肿瘤,同时又避免伤害健康组织呢?

因为该问题表征不清,很少有人能解答这个问题。吉克和霍利约克给一部分被试提供了如下的故事:

有一位将军要攻打一座城池。城池坐落在国家的中央,从城池向外有很多条辐射状道路,所有道路都埋有地雷,大批军队通过的话会引爆地雷,只有小队人马可以安全通行。投入全部兵力直接进攻是不可能的。因此,将军把队伍分散开来。当将军发号施令时,这些分散的队伍从不同的方向进攻城池。用这种方式,将军顺利地攻破了城池。

尽管两个问题的表征完全不同,但结果却非常接近。当把这个故事作为“射线治疗”问题的参照模型后,大部分被试都想出了射线治疗的聚合方案,就是从身体外多个不同点向肿瘤直接发射射线,让射线最终聚合在一点。

不过,类比的发生也取决于被试如何表征问题。吉克和霍利约克发现,当要求被试识记上面的故事(让他们感觉更像一个记忆测验),再呈现“射线治疗”问题让被试解决,仅有30%的被试可以通过类比策略正确作答。如果呈现故事并告诉被试可以采用“分散-联合”的方案进行治疗,则有75%的被试可以解答“射线治疗”问题。

(三)逆向搜索

顾名思义,逆向搜索就是从目标向起始状态进行推理。在解决问题时,问题解决者首先分析目标,以确定最后一个步骤是什么,再分析最后一步的前一步,依此类推。

逆向搜索也要考虑实现目标需要哪些算子,但需要考虑的途径较少,因而能更快地解决问题。比如下面这个问题:

一个重庆人需要乘坐下午4点的火车去北京,那么应该几点从重庆的解放碑出发呢?

解决这一问题,个体可以从目标出发,计算所乘坐的交通工具以及每种交通工具花费的时间,最后选择出发时间。

不同的启发策略适用于不同的情况。如果起始状态与目标状态之间有较多的途径,一般用手段-目的分析法;较少,则用逆向搜索。

生活中的心理学

集体解决问题的重要性

虽然本章都在探讨个体如何解决问题,但是不得不提起中国的一句老话:“众人拾柴火焰高。”集体作业往往会对问题解决起到意想不到的作用,包括提供更多的解决方法、分担压力和发挥不同人员的长处。团体内的相互协作和互相帮助,是使问题得以迅速解决的积极因素;互不信任、人际关系紧张则会妨碍问题的解决。

人际关系也是影响问题解决的因素之一。人处在复杂的社会中,解决问题不仅受个人心理因素的影响,也会受到人际关系的影响。比如,在解决问题的时候,也会出现从众现象。

第四节　实践中的问题解决

人往往是在不断地产生问题和解决问题的过程中得以发展的。问题解决领域的研究成果,对日常生活的诸多领域有着深刻的启示。这些成果的合理运用,能在一定程度上提高人们的问题解决能力,给人们的生活带来便利。

一、复杂问题解决

生活和生产领域都不乏棘手的问题。复杂问题缺少明确的表征,往往是它无法解决的关键原因。问题的表征不仅受到问题信息的影响,也会受到问题解决者知识水平的影响。

复杂问题大多属于定义模糊的问题,对问题的初始状态和目标状态等缺乏具体的说明。表征不完整或形成错误的表征将导致不完整的甚至错误的问题空间。在这种问题空间中进行搜索,是不可能正确解决问题的。

在解决定义模糊的复杂问题时,人们可以利用转换问题的方法,将问题表征为几个定义相对清晰的子问题。人们对与问题有关的知识掌握得越多,就越能表征出可以解决的子问题。另外,还可以尝试使用下列过程解决复杂问题。第一,现状(初始状态)分析。为了获得解决方法,需要对问题的现状以非常完整、精细的形式作进一步的说明。这是一个非常重要的思路,其作用是让人对问题的初始状态获得更为精细的理解。第二,分析原因(障碍)和寻找消除方法。这也是一个非常重要的思路,可以为确定具体的操作方法提供线索,以便制订合理的方案。

二、问题解决的技巧

问题解决的技巧,是认知心理学关于问题解决的研究成果的体现。在日常生活中,如果人们尝试使用下面的方法,就有可能提高自己问题解决的能力。

(1)真正理解问题。问题解决中,最大的挑战是能否有效地表征问题。解决这种挑战的一种有效方法就是确保自己真正理解问题。

(2)记住问题。问题解决中可能出现的一个困难是不能准确地记住问题。例如,人们忽视了问题的重点,而关注一些无关的因素,因此产生错误的答案或解决方案。所以,在问题解决的过程中,要定期检查自己对问题的记忆。

(3)识别可选假设。问题解决往往需要人们提出假设。尽量识别出比较合理的假设并将其归类,而不能仅仅集中在一两个假设上。可以选择一些比较容易的或简单的假设,如果这些假设被否定了,就转向更为复杂的假设。要对所有合理假设进行评价,避免过早下结论。

(4)获取应对策略。在问题情境中遭遇困难、失败和挫折时,人们往往求解心切,会盲目地反复使用旧有的原则。这种僵化、固着的策略是问题解决的大碍。在这种情况下,我们可以根据问题的要求,以其他模式来制订新的解决方案,并对新的选择保持开放的态度。

(5)评价最后的假设。一旦决定接受某个假设,就要评价这个假设。我们可以从执行的角度来对这个假设进行评价。

(6)暂时放下问题。如果感觉自己卡在问题之中,那么可以把问题暂时放在一边。当回过头再看问题的时候,可能会有新的方式来表征问题,或者有新的策略来解决问题。这是酝酿过程的作用。

三、产品设计研究

在产品设计领域,词语、形象和形状等视觉材料,无论是组合在一起还是单独呈现,都代表着设计师对外部世界的理解,是设计师阐释和再现设计理念的常见方式。设计语言表征了其思想和知识,激发了设计师的创新性和分析性思维。

通常,在产品设计这类非常规性活动中,设计师会利用适合于任务的知识来调整自己的设计,因此,设计是一种适应性专长。在一项设计工作中,产品设计领域的专家通常具有丰富的知识,并且具有创造性、分析性能力,能够分析和应用这些知识。

已有的一些研究考察了设计师所用的策略,各种策略之间的关系,以及策略和领域性知识之间的相互作用,总结了产品设计领域的新手和专家之间的差异。

一些研究发现,设计师所使用的形象或视觉画面,往往能够传达其使用的策略和知识表征。设计师通常会使用两种策略:有限目标策略(goal-limited strategies, GLS)和总体策略(general strategies,GS)。前者是指按照设计标准的各个组块完成目标任务的策略;后者是指将GLS进行整合以得到满意产品的策略。设计师通常会使用两类知识:具体领域知识(domain-special knowledge,DSK)和经验性知识(experiential knowledge,EK)。前者是指有利于完成设计的知识,后者是与个人经历有关的知识。

在一项研究中,研究者考察了新手设计师、熟手设计师和专家设计师的工作。新手是指一年级的大学生,熟手是二年级或三年级的学生,专家是已经毕业并有3-10年的产品设计工作经验的研究生。

新手完成的是珠宝设计任务。在设计之初,新手使用的是一些零散的表层表征,即一些基于珠宝常识的表征,而不是基于设计标准的表征。这是一种有限目标策略,全部设计构图中有707处与有限目标策略有关。新手使用的假设相当多，而且设计标准通常以小组块的形式出现。新手在设计的后期阶段才开始使用总体策略。另外，新手的任务是逐步完成的，经过了多次修改，这表明新手使用的是试误过程，即不知道哪一种程序可以完成任务。

熟手完成的是榨汁机的设计任务。在设计中，二年级学生有371处设计与有限目标策略有关，三年级学生有409处。可见，熟手较少使用有限目标策略，开始使用总体策略和具体领域知识，表明其表征能力的提高。此外，目标限制更多地显示在一些组块之中，这表明熟手具有更好的知识组织能力，能够将几个设计标准整合为一个中等的或更大的组块。

专家完成的是出租车设计任务。设计师寻找各种可能性来组织车内空间，这也是有限目标策略，因为它和具体任务有关。方案中共有377处体现了有限目标策略。专家并未做广泛的搜索就完成了解决方案。这表明有限目标策略的内容有所增加，设计标准被整合成一个大的复杂的组块，也表明专家具有从自己的经验中获得的领域知识。设计者的经验促成了有限目标策略的减少。有限目标策略和具体领域知识的交互影响，证明专家掌握了如何有效使用具体领域知识的技能。

研究结果表明，专家和新手的差别在于他们组织知识和使用信息的方式不同。专家能够描述更多的与任务有关的表征，使用有限目标策略下的大组块；新手通常将产品设计的要求分解成有限目标策略下的离散的小组块。专家能够使用各种信息以便圆满达成目标。一些研究者认为，设计专长的发展在于重视具体领域知识，并能对具体领域知识、有限目标策略和总体性策略之间的相互作用进行掌控。

生活中的心理学

专家的创造力

英国细菌学家弗莱明研究各种葡萄球菌的变种时，在实验桌上曾留置了一部分培养皿，以备不时之需。由于时时打开盖子，培养液不免被空气中的微生物污染。

1928年的一天，弗莱明一边与同事谈话，一边观察培养皿中的细菌。忽然，弗莱明惊奇地叫了起来："这真是件怪事。"原来他发现，在培养皿边沿生长了一种霉菌。这种霉菌周围的葡萄球菌不仅没有生长，而且离它较远的葡萄球菌也被它溶解，变成了一滴滴露水的样子。

对于这个奇特的现象，弗莱明进行了仔细的研究。他终于发现这些培养液里含有一种化合物，于是紧紧抓住不放，最后从中分离出一种能抑制细菌生长的抗生素——青霉素。弗莱明也因此获得1945年的诺贝尔生理学或医学奖。

本章要点小结

1.问题解决就是人在面临问题情境时,为了处理该情境所进行的认知加工。问题解决包含三个基本因素:目标指向性;操作序列或子目标分解;运用算子。

2.习得新算子并加以运用是问题解决过程中最重要的部分。个体可以通过很多途径获得解决问题的办法,如发现、顿悟、观察或他人告知。

3.问题表征是指问题解决者识别和理解问题的过程。问题表征是影响问题解决的关键性因素,如果问题得不到适宜的表征,那么就难以解决或无法解决。问题表征依赖于人的知识经验,也受到注意、记忆和思维等心理过程的制约。

4.问题表征的方式即呈现问题的方式。一般来讲,问题呈现得越明显,越简洁,有关的逻辑关系就越容易被展现,问题就越容易解决;反之,问题呈现得越复杂,问题就越不容易得到解决。

5.启发策略也可称为经验规则,是个体根据自己已有的知识经验,在问题空间内进行粗略搜索来解决问题的策略。启发策略并不能完全保证问题解决的成功,但是运用这种方法来解决问题比较省时、省力,而且效率较高。

6.逆向搜索策略是指问题解决者首先分析目标,以确定最后一个步骤是什么,再分析最后一步的前一步,以此类推。

7.设计师通常会使用两种策略:有限目标策略和总体策略。前者是指按照设计标准的各个组块完成目标任务的策略;后者是指将有限目标策略加以整合以得到满意产品的策略。

8.设计师通常会使用两类知识:具体领域知识和经验性知识。前者是指有利于完成设计的知识,后者是与个人经历有关的知识。

关键术语表

问题解决
问题空间
算子
尝试 - 错误
顿悟
结构问题
转换问题
排列问题
河内塔问题
良好定义问题

不良定义问题
问题表征
心理定式
功能固着
酝酿效应
算法
启发策略
手段-目的分析

本章复习题

一、选择题

1.问题情境的组成部分包括(　　)。
A.当前状态
B.中间状态
C.一系列操作
D.目标状态

2.下列对应正确的是(　　)。
A.桑代克—试误说
B.华生—顿悟说
C.苛勒—观察说
D.西蒙—完形说

3.影响问题表征的因素有(　　)。
A.心理定式
B.功能固着
C.人格特征
D.酝酿效应

4.“河内塔”问题属于(　　)。
A.逆向搜索
B.爬山法
C.手段-目的分析
D.随机搜索策略

5.启发策略包括(　　)。
A.手段-目的分析

B.类比策略

C.逆向搜索

D.随机搜索策略

6.问题解决的技巧有(　　)。

A.理解问题

B.记住问题

C.暂时放下问题

D.识别可选假设

二、简答题

第一节

1.什么是问题解决?

2.从表征的清晰程度可以将问题分为哪些类型?

3.简述问题解决的七个阶段。

第二节

1.简述问题表征有哪些呈现方式。

2.影响问题表征的因素有哪些?

第三节

1.简述问题解决的策略。

2.什么是手段-目的分析?这种解决问题的方式包括哪些步骤?

第四节

1.简述怎样更好地解决复杂问题。

2.简述问题解决的技巧。

第八章 创造性

在本章开始之前，我们先尝试回答以下问题：

1. 英语字母表的第一个字母是A，最后一个字母是什么？

2. 一个卖西瓜的老人，在一间破房子里避雨，房子眼看就要倒塌了，老人却浑然不知。这一情景正好被一个聋哑人看到，他想了一个绝妙的方法，老人立刻跑了出去。你觉得他想了一个什么方法呢？

3. 请尽可能说出塑料薄膜的用途。

以上三个问题涉及本章的核心内容——创造性及创造性思维。我们将主要探讨什么是创造性、创造性的认知加工以及创造性在生活中的应用。

第一节　创造性概述

一、什么是创造性

（一）创造性

由于创造性本身的复杂性，加上不同研究者采用的研究方法、研究目的、判断标准、研究侧重点等存在差异，对于创造性的定义一直是众说纷纭，没有定论。

早期研究将创造性视为一种人格特质或一种认知能力，往往强调创造性的某一个侧面。目前，研究者普遍认同创造性是一种复杂的心理现象，仅仅依靠某种单一的概念框架难以获得准确而全面的解释，因而将创造性视为认知、人格和社会层面交互作用的整合体。林崇德（2000）认为，创造性是根据一定目的，运用一切已知的信息，产生出某种新颖、独特、有社会意义或个人价值的产品的智力品质。

譬如本章开篇的第一个问题："英语字母表的第一个字母是A，最后一个字母是什么？"对于这个问题，你可能脱口而出"是Z"。会不会还有其他答案呢？例如，"字母表"这个词的英文拼写是alphabet，第一个字母是A，而最后一个字母是T。如果我们把这个问题当作一个双关谜语，答案就是"T"。

创造不是墨守成规，而是推陈出新。鲁迅说得好，路就是从没路的地方践踏出来的，从只有荆棘的地方开辟出来的。创造性是人类智慧的集中表现，核心是创造性思维，而创造性思维又受到人格因素和社会环境的影响。

生活中的心理学

名人的故事——展开"幻想"的翅膀

安德烈·海姆与康斯坦丁·诺沃肖洛夫首次成功制备单层石墨烯并表征了它的物理性质。二人因此分享了2010年诺贝尔物理学奖。

海姆教授在研究石墨时，经过深入的文献调研后，想要看看倘若制成了仅有一层的石墨薄膜，会不会出现奇迹。石墨的晶体结构为：层与层间相邻碳原子之间以范德华力（分子间作用力）相连，因此片层之间容易滑动，石墨晶体容易裂成鳞状薄片。于是，他就把1块厚度几毫米、直径3厘米的人造石墨和1台高级抛光机给了学生姜达，让他去把这块石墨磨到最薄。

几个月的打磨之后，姜达终于将石墨磨到了自己的极限水平，满意地交给海姆。然而，海姆拿着显微镜看完之后，非常不满意："这也太厚了吧，足足有10微米！"这时，一位同事刚好在收拾已经扔到垃圾桶里的胶带。海姆灵光一现，立马捡起一片胶带，用显微镜观察，发现胶带上的石墨竟然比姜达用抛光机磨了几个月的都薄！于是，海姆教授每天拿着石墨，用胶带粘了又撕，撕了又粘。然后，仅有一个原子厚度的石墨烯就横空出世了！

可见，适当的幻想不仅能引导我们发现新的事物，还能激发我们做出新的努力，去进行创造性活动。幻想是创造性活动的准备阶段，今天你还在幻想中，明天就可能在创造性的构思中。

（二）创造心理学

创造心理学是从心理学角度研究人在创造活动中的心理现象及其规律的科学。创造心理学的主要任务是揭示创造活动的心理过程和内在机制，为激发创造潜能、培养创造型人才提供依据。

系统研究创造心理学的先驱当推英国的高尔顿（F.Galton）。他在1863—1868年对英国的首相、将军、文学家和科学家等977人的家谱进行调查，并于1869年出版了《遗传的天才》。这本书的出版，标志着采用科学方法研究创造性的开始。到20世纪50年代，创造性研究开始突飞猛进，取得了许多突破性的成果。美国心理学会前主席吉尔福特（J.P.Guilford）（图8-1）在美国心理学年会上发表了题为"创造性"的著名演讲。他的演讲大大推动了创造性研究的发展。在他发表讲话后的十年中，每年有数百种与此相关的出版物问世，且后来几乎以几何级数增加。因此，吉尔福特被尊称为"创造性之父"。吉尔福特1967年编制了发散思维测验，托兰斯（E.P.Torrance）1974年编制了创造性思维测验。此后还出现了创造性人格测验等一大批测评工具。

图8-1　吉尔福特（1897—1987）

二、创造性的研究取向

创造性的研究取向涉及创造过程、产品、个体和环境等多个方面，从不同的角度揭示创造性的本质，探索创造性的理论机制和实际应用。

(一)创造性研究的认知心理学取向

在创造性方面,认知心理学的研究对象主要是创造性思维,研究取向是了解支撑创造性思维的心理表征与过程。创造性思维是创造性活动的核心,能够产生具有个人意义或社会价值的新颖而独特的思维成果。

创造性思维具有一般思维的特点,也具有自身的独特性,例如它的流畅性、变通性。一些基本的认知加工过程,比如注意选择、知识的提取与利用、问题表征与策略的使用等,普遍存在于创造活动中。研究者发现,人们可以监控自己解决常规问题的过程,但是对解决创造性问题的过程,尤其是顿悟出现的过程常常不能监控。知识经验有利于常规问题的解决,但是往往会阻碍创造性问题的解决。创造性思维包括多种形式,例如创造性想象(联想)、顿悟、直觉、酝酿效应、言语创造等。这些思维形式构成了创造性研究的主要内容。

(二)创造性研究的神经生物学取向

创造性认知研究是创造性神经机制研究的基础,创造性神经机制的研究又可以澄清创造的认知机制,推动创造性认知研究。随着认知神经科学的快速发展,许多借助新兴技术手段来探索创造性神经机制的研究涌现出来。总的看来,创造性神经机制的研究主要从结构性脑成像和功能性脑成像两个方面展开,前者主要探讨高创造者脑结构(包括脑体积、白质和灰质等)和创造性之间的关系,后者主要从任务模式和个体差异模式两个方面讨论创造性任务和常规任务,以及高创造性个体与一般个体的脑功能差异。

研究表明,创造性虽然离不开全脑机能的协同活动,但它并非定位于全脑。脑的体积与创造性有明显的正相关,尤其是额叶等脑前部结构的相关较为明确。创造性主要定位于额叶、扣带回及颞顶联合皮层等区域。

(三)创造性研究的人格心理学取向

创造性研究的人格心理学取向主要集中在创造性人格领域。所谓创造性人格,是指高创造性个体在创造行为中所表现出来的典型的个性品质。创造性人格研究主要从心理测量法、传记法和历史测量法三个方面入手。心理测量法是通过相关的量表了解创造性人格的特征,常见的量表有高夫(Gough)编制的“创造性人格量表–形容词核验表”(creative personality scale,CPS)、卡特纳–托兰斯(Khatena–Torrance)编制的“创造性知觉问卷”(creative perception inventory,CPI)等。传记法是搜索和研究与创造性人物有关的传记资料,分析其人格特征、创新特点和成长规律。历史测量法则从创造性人物的文化因素、社会因素、经济因素和政治因素四个背景去揭示创造性人格特征的形成、发展和变化规律,这种研究方法的开创者是高尔顿。总结众多研究文献,研究者发现创造性高的个体的人格特征有:对模糊的容忍、愿意克服障碍、愿意不断发展自己的观点、有适度的冒险精神、活动受内在动机的驱动、好奇心、独立性、对复杂和新颖事物感兴趣、敏锐的知觉意识等。

(四)创造性研究的系统观取向

随着研究的深入,人们逐渐发现,有关创造性的许多问题和现象不是只用认知过程和人格特征就可以解释的。20世纪80年代以来,系统取向逐渐成为创造性研究领域的主流。持有系统观的学者认为,单纯的内在心理机制不足以诠释创造性过程,必须将创造性置于外部环境中来看待,创造性是个体内部因素与外部环境因素相互作用的结果。

影响较大的是斯滕伯格(Sternberg)和罗伯特(Lubart)于1991年提出的创造性投资理论。他们认为,创造性是个体将自己的智力、知识、思维风格、人格、动机等心理资源投到被大多数人视为不合时宜的甚至愚蠢的,但有极大发展潜力的、新颖的、有价值的想法上去,并努力向社会推销自己的主意,在得到社会普遍认可后急流勇退,把填补细节的工作留给别人去做,及时转向新的研究领域。创造性是智力、知识、思维风格、人格、动机与环境因素交互作用的结果,每个人都有,只是拥有的程度不一样而已。这为充分发掘个体和社会的创造性潜能提供了理论依据。

第二节　创造性的认知加工

一、创造性认知理论

为了弄清楚创造性认知过程究竟是怎样进行的,研究者进行了大量研究,并形成了很多关于创造性认知的理论。其中著名的有吉尔福特的创造性理论、芬克等提出的生存-探索模型等。

(一)吉尔福特的创造性理论

吉尔福特认为,创造性是智力的一部分,因此,找到智力结构就可以找到创造性的结构。智力是多种能力或心理机能构成的有机整体,这些能力或心理机能可以对各种内容以不同的方式进行加工。智力活动是通过"输入(信息内容)→心理操作→输出(信息产品)"这样一个信息加工流程来完成的,因而可以从操作、内容与成果三个维度来构建智力结构。1967年,他提出了智力三维结构模型,见图8-2。

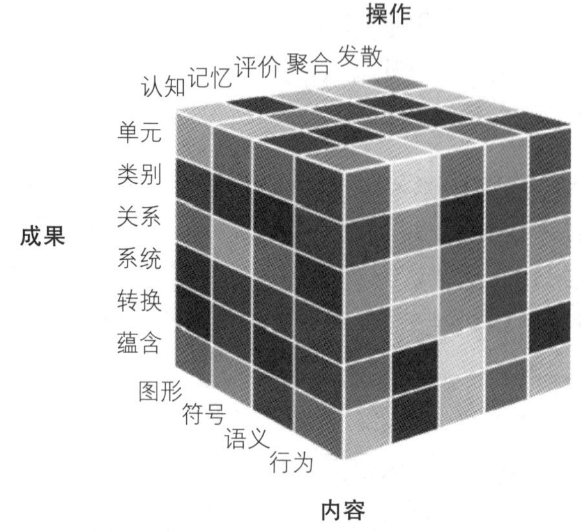

图8-2 吉尔福特的智力三维结构模型

智力结构理论认为,人的智力是由操作(思维方法,可分为认知、记忆、评价、聚合和发散)、内容(思维对象,可分为图形、符号、语义和行为)和产品(把某种操作应用于某种内容的产物,可分为单元、类别、关系、系统、转换和蕴含)三个维度交互作用而构成的。

从该模型来看,人类具有120种能力。所有的能力中,与创造性有密切关系的有两类:一类与操作维度上的发散思维有关,另一类与产品维度上的转换与蕴含有关。发散思维与单元、类别及关系等组合的结果表现为流程性;发散与转换之间的交互作用是独特性的源泉;发散与蕴含之间的交互作用表现为精致性。

(二)生成-探索模型

芬克等提出了创造性的生成-探索模型(图8-3),归纳了创造性活动中的认知过程。该模型指出,创造性活动就是对心理表征的提炼和重建的过程。创造性活动主要有两个过程:生成过程和探索过程。生成过程以不完全的形式建构最初的心理表征,经过生成过程,人们建构了一种叫作前发明结构的心理表征。这种表征并不是最终的产品或方案,通常只是一粒思想的种子,一粒有希望产生创造性结果的种子。探索过程是针对任务的创造性要求,对生成过程中形成的表征进行提炼加工和反复修改。在探索阶段,人们以有意义的方式来解释前发明结构,通过对生成过程中所建构的心理表征做出各种解释、修改和评判,获得创造性的发现,包括在前发明结构中寻求新颖的属性、结构的隐喻和潜在功能,从不同角度评价结构、解析结构以作为可能的解决方案等。

生成阶段和探索阶段都会受到最终产品的限制,如资源上的约束可能限制生成的结构类型,实用上的约束则会限制允许的解释类型。

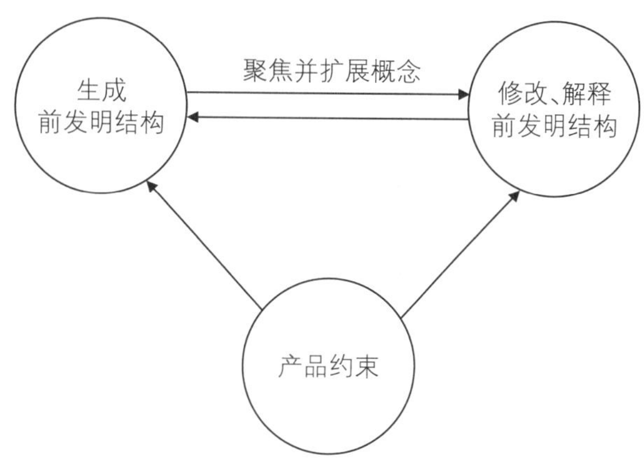

图8-3 生成-探索模型的基本结构

二、创造性思维的过程

看到本章开篇第二个问题的时候,你也许会觉得是老人看得懂聋哑人的手语,或者是聋哑人使劲把老人推出去。你思考了良久,还是觉得方法不够奇妙,突然灵光一现:聋哑人是抱着老人的西瓜往外跑!聋哑人抱走西瓜,老人肯定立刻追出去。这个方法岂不是更好吗?

1928年,英国心理学家沃拉斯(Wallas)提出了创造性思维四阶段论。他认为,新思想的形成或创造涉及四个阶段:准备阶段、酝酿阶段、明朗阶段、验证阶段。

(一)准备阶段

在新思想形成前,人们从各个方面收集、思考和理解有关资料。这个阶段,最重要的是明确目的,有的放矢地收集前人对类似问题的经验,扩大知识面,积极归类,准备寻找新问题的突破口。如马克思写《资本论》时做了大量的准备工作,参考了1500多本书,做了不计其数的笔记。如果一个伟大的想法是旧成分的新组合,那么最重要的一步就是尽可能地收集与主题相关的材料。准备阶段在新思想形成过程中是时间较长的阶段。

（二）酝酿阶段

在准备阶段积累的知识经验基础上，人们深入思考问题，但往往得不到结果。这个阶段，不少人将问题暂时搁置。这个阶段思路好像中断了，实际上仍在潜意识中断断续续地进行。从沃拉斯开始，许多学者都对酝酿阶段进行了强调，即在独处时间让思想自由驰骋，让想法融合，最后从其他活动中获得启发。

（三）明朗阶段

经过酝酿阶段后，具有创造性的新思想开始呈现。这是边缘意识的结果，是暗示的启发，是联想的顶点，是灵感（inspiration）。灵感可能产生于意识清晰状态，也可能产生于梦境。比如，凯库勒（Kekule）提出的苯环结构，正源自梦中见到的一条首尾相接的蛇。

（四）验证阶段

验证阶段是对新思想或创造发明进行检验、补充和修正，使之趋于完善的时期。验证阶段与准备阶段的相同之处在于意识状态，思想者采用伦理的、数学推理的或实验等方式对明朗阶段获得的新思想和创造发明的价值进行评价。这个过程可能花费的时间最多，工作也最辛苦。这就是为什么爱迪生说，创造力是1%的灵感加上99%的汗水。

沃拉斯强调，以上四个阶段是彼此交叉的，经过多次反复才能实现创意的完成。

生活中的心理学

凯库勒的难题

凯库勒的难题发生在有机化学形成的初期。当时的疑问之一，是构成苯的碳原子是如何合在一起的。凯库勒经过许多次试验和设想，仍然得不到正确的答案。有一天，他在实验室工作得实在太累了，就坐在椅子上睡着了。下面是他对这次经历的描述：

“我把椅子转向壁炉，然后开始打盹。许多原子再次出现在我的眼前。这次更小的原子群继续出现在背景中。我的大脑因这种视觉而变得更为敏锐起来，可以区别各种形态的大结构。长的有时更为密切地结合在一起，都像蛇一样盘绕地运动着。瞧！那是什么？在我眼前，其中一条蛇咬住自己的尾巴，可笑地旋转着。这时，我就醒过来了。”

凯库勒利用睡眠中大脑持续思考的力量,为发现苯的环状结构找到了决定性的线索。

三、有关认知成分在创造性思维中的作用

(一)注意与创造性思维

一些研究表明,创造性高的人表现出“明察秋毫”的能力,即能够利用细微信息和阈下刺激发现和解决问题。门德尔松(Mendelsohn)认为,个体注意焦点方面的差异是导致创造性差异的原因之一。分散注意的能力越强,就越可能进行跳跃式组合。为了得到一个有创造性的想法,一个人必须在注意的范围内将各种元素组合起来。进一步说,如果一个人只能同时注意两件事情,则只能产生一种组合;如果一个人能同时注意到四件事情,就有可能产生六种组合。

此外,有研究表明,创造性高的个体有时也不能很好地屏蔽不相关信息的影响。罗林斯(Rawlings,1985)的研究发现,个体创造性的高低与其在双听任务中的错误率显著相关。这表明,创造性高的人的注意过滤器没有起到足够的作用,导致其在注意任务中犯更多的错误。有研究者认为,注意分散可能是由认知抑制的削弱导致的。认知抑制削弱的结果是允许更多的信息进入当前的注意范围。对看似不相关信息的认知抑制的削弱,会产生一个更具创造性的问题解决方法。

(二)记忆与创造性思维

工作记忆对于言语、想象、推理、创造性问题解决等复杂的认知加工具有重要的作用。探究工作记忆的作用时,常采用双任务范式。例如,要求被试解决一个推理问题,同时进行发音抑制,检验语音回路在推理中的作用;或者同时进行视觉检测任务,检验视觉空间模板在推理中的作用;或者同时产生随机数字,检验中央执行系统在推理中的作用。拉夫里奇(Lavric)在一项研究中检验了语音回路在顿悟问题与常规问题解决中的作用,顿悟问题采用“蜡烛问题”,常规问题采用“Wason选择任务”。实验要求其中一批被试完成上述任务的同时,记住音调数目。实验发现,尽管同时执行的音调计数任务降低了常规问题解决的正确率,但对顿悟问题解决的正确率没有产生影响。出现此结果,可能是因为“蜡烛问题”为视觉类顿悟问题,不需要语音回路的参与。

有研究发现,除了暂时储存信息的短时工作记忆(short-term working memory),还存在另外一种机制,即基于长时记忆的、操作者可以熟练使用的长时工作记忆(long-term working memory)。基于长时工作记忆理论,专家之所以有超常的记忆表现,可能是因为他们获得了这样的能力:可以快速有效地储存加工过程中的产物,并使之成为长时记忆的提取结构。通过这样的方式,专家可以用长时记忆作为临时的记忆缓冲器,扩充了工作记忆的容量,从而促进复杂的创造性认知活动。

(三)认知灵活性与创造性思维

认知灵活性(cognitive flexibility)是指个体在变化的环境中,调节思维、转换注意以适应新环境的能力。

早期研究者主要关注思维定式。它是由一定的心理活动形成的准备状态,会影响后续同类心理活动。思维定式对于人们进行创造性活动既有积极的促进作用,也有消极的干扰作用。思维定式是一种按常规处理问题的思维方式,可以省去许多摸索、试探的步骤,有助于思维活动迅速、敏捷而有效地进行,提高思维效率。在日常生活中,思维定式可以帮助人们解决90%以上的问题。在问题解决活动中,总有一些问题或者解决方法、解决图式与先前所解决的问题存在相似之处。问题解决者根据面临的问题,联想起已经解决的类似问题,将新旧问题的特征进行比较,抓住它们的共同特征,将已有的知识经验与当前问题情境建立联系,把新问题转化成一个已解决的熟悉问题,从而为新问题的解决做好积极的心理准备。这样,人们在问题解决过程中就可以减轻工作记忆的负荷,以集中精力处理新的问题。不同的事物之间既有相似性又有差异性,定式所强调的是事物间的相似性和不变性。当问题发生变化时,原有的知识、方法、路径或解决策略不仅无助于问题解决,还会对问题解决造成阻碍。

认知灵活性在创造性活动中表现为:个体在变化的环境中不断调整自己的思维,克服优势思维,以适应新情境。扎别林娜和罗宾逊(Zabelina & Robinson)采用创造性成就问卷测量了个体的创造性成就,用颜色Stroop任务的冲突效应作为个体灵活性指标。结果发现,个体所表现出的创造性越高,认知灵活性也就越高。

四、知识与创造性的关系

知识与创造性之间的首要问题,是知识在创造性中的地位问题,即知识是否有利于创造性的发展。目前对这一问题主要有以下两种观点。

(一)张力观

知识与创造性应保持适度的张力。一方面,知识是创造性的基础;另一方面,丰富的知识经验又会使人囿于常规,妨碍创造性的发挥。个体往往在拥有中等程度知识水平时,在一个领域内创造性水平最高。知识和创造性呈现倒U形的关系。张力观一直占主导地位,也得到一些实验研究的支持。

卢钦斯的思维定式实验和邓克尔的功能固着实验,都说明过去的成功经验反而会限制思维的灵活性,使人陷入惯性思维中。当问题的性质发生改变后,个体不能迅速适应这种改变。威利(Wiley)在实验中使用与棒球有关的远距离联想测验词汇,将被试分为两组:一组被试有丰富的棒球知识,另一组被试对棒球运动较陌生。结果发现,有关棒球的知识使被试出现了思维定式,当测验题的答案在棒球知识范围之外时,前一组被试很难解决这些问题。

(二)地基观

知识与创造性的地基观认为,熟悉某一领域、掌握该领域的知识是产生创造性的基础和前提。知识和创造性之间的关系如同地基与大楼的关系,知识越丰富,创造性就越高。海耶斯(Hayes)对音乐、绘画、诗歌等领域的一些杰出人物进行实证研究后发现,职业生涯头10年是创作者的沉默期,第一部作品往往在这个时期问世;第11—25年是创作的黄金期,第一部著名作品才会问世;第26—49年是创作的稳定期,之后逐渐下降。即使是最显赫和最有天赋的人,在创作成名作之前都需要许多年的准备,海耶斯称这种现象为杰出创造性形成的"十年法则"。他指出,虽然不同领域所需的平均时间不同,不同人创作成名作需要不同的时间,但除了天赋、社会以及家庭因素外,在某一领域内的潜心钻研是获得创造性的必要条件。他还发现,在某一领域取得出色成就的人往往比一般人进行了更多的刻意练习,程度已经接近他们的极限。韦斯伯格(Weisberg)也得到了类似的研究结果,他发现新手从接触某一领域到第一个成果问世,需要投入大量的时间来掌握该领域的各种技能。个体在有所成就前,其专门练习需要达到最大量,而不是像张力观所认为的只需要达到中等水平就行了。

虽然张力观与地基观有明显的分歧,但是两者都承认知识在创造性中的作用,只不过强调的角度不同。前者强调了创造性的变革性和知识的保守性,后者则强调了创造性的相对性、可接受性以及知识的基础性、建设性。

第三节　创造性在生活中的应用

长期以来,众多研究者围绕创造性的理论体系进行了深入探索,能够帮助我们理解人类的创造活动得以产生的内在心理规律和本质。这是创造性研究在理论层面的意义。创造性研究还必须对下面的问题做出回答:如何在实践中提高不同群体的创造性?如何创设有利的环境,使个体和社会的创造潜能得到最大程度的发挥?如何对学生进行创造性培养和训练?这些都涉及创造性在生活中的应用,是创造性的实践意义。

一、促进创造性的基本要素和条件

创造性潜能与实际表现出来的创造性是不同的。创造性潜能的开发,有赖于特定的条件,包括个人方面的条件和环境方面的条件。已有研究表明,能力、兴趣、态度、动机、一般智力、知识、习惯、信仰、价值观和认知风格等都可以在激发创造性的过程中发挥作用。

(一)坚定的信念和意志

这是创造能力开发的人格条件。在促进创造能力形成与发展的过程中,树立关于创造能力发展的合理信念,培养学生的好奇心和求知欲,提高创造活动的自信心,是非常重要的。所以,创造性教育应当促进个体形成创造意识,树立创造目标。

(二)知识储备与知识组织

创造性工作需要多方面的知识和技能。首先是特定领域的知识。创造性的发挥只有在熟练掌握特定领域的知识后才能发生。顿悟也是在长期对一个问题进行思考的情况下才会发生,需要以专业知识的积累为基础。研究表明,创造性的发展和发挥符合“十年法则”,即要在某个领域做出创造性的成就,一般需要在这个领域进行十年左右的知识和技能的积累。其次,除了特定领域的知识外,还需要适当了解和掌握其他领域的知识。很多创造性高的人,往往对其他领域的知识也有比较多的了解,甚至形成一定程度的爱好。跨领域的知识可以突破特定领域的束缚。最后,对从事创造活动的人来说,掌握一定的创造技术和策略也很重要,包括思维技能、自我管理和调节技能等,这也是成功进行创造的重要条件。

(三)良好的创造环境

就环境要素而言,创造活动需要具备特定的专业领域环境,为个体提供积累知识、选择和发现机会的条件,既让个体认识和尊重特定领域的规则,又不抑制他们的创造性。无论个体在创造过程中成功还是失败,都对他们的努力给予激励。

二、创造性教学

创造性教学(creative teaching)是指在创造性理论的指导下,由教师引导学生开展创造性学习,有目的、有计划地培养学生创造性潜能的过程。

最早提到创造性教学的是由吉尔福特。他提出的基于智力结构的教学模式,是一种以解决问题为主要目标的创造性思维教学模式(见图8-4)。他认为,环境(教师的教)和个体(学生的学)的交互作用启动了教学过程,同时也启动了学生的思维活动。智力的五种操作方式在问题解决的不同阶段扮演着不同角色。记忆储存是其他所有认知活动的基础,输入的资料在进入认知阶段之前,要经过已有知识的过滤,即对问题的存在及其本质有最初的认识和了解。有的资料直接通过聚合思维选择解决方案;有的还需要通过发散思维和对记忆储存的检索,提出尽可能多的、各异的、新颖的解决办法,再对可能的解决办法进行辐合性的加工。在认知、发散和辐合过程中,要根据记忆对材料进行评鉴。这种教学模式更侧重创造性中的认知层面,尤其是创造性思维能力的培养。

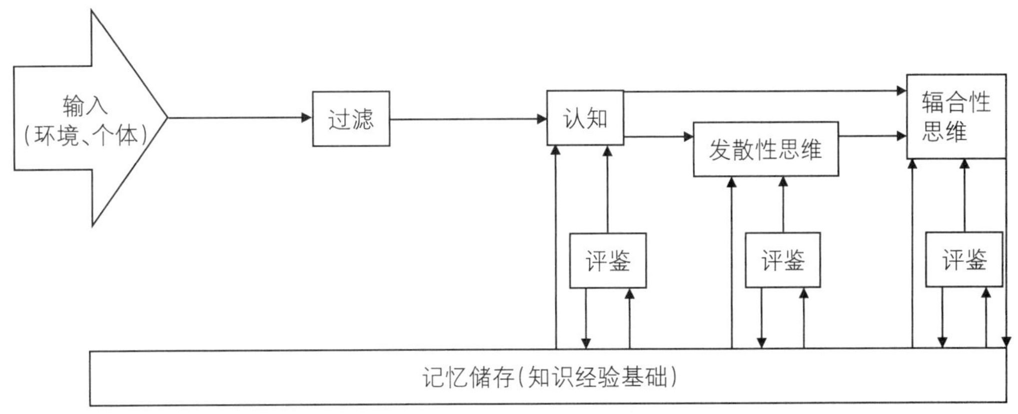

图8-4 吉尔福特的创造性思维教学模式

另一个比较著名的模式是奥斯本-帕内斯模式(见图8-5),由两个基本假设、六个阶段组成。一个假设是每个学生都有创造性,另一个假设是教师应该而且能够激发、培养学生的创造性。六个阶段分别为:(1)发现困境:让学生找出自己关心的问题,确定需要解决的目标;(2)发现信息:让学生根据问题找出与之有关的资料和信息;(3)发现问题:让学生根据搜索的资料和信息进一步明确自己要解决的问题;(4)发现构思:要求学生运用头脑风暴法等创造性思维,设想各种解决问题的构思;(5)发现答案:要求学生将解决构思转换为具体、可操作的解决方案,设定标准对各种构思进行挑选,找到可操作的方案;(6)接受答案:实施可操作方案。显然,这种教学模式更强调问题的发现和解决,整个教学过程都是围绕问题解决展开的,而且注重学生作为创造活动主体的地位和自主作用的发挥。

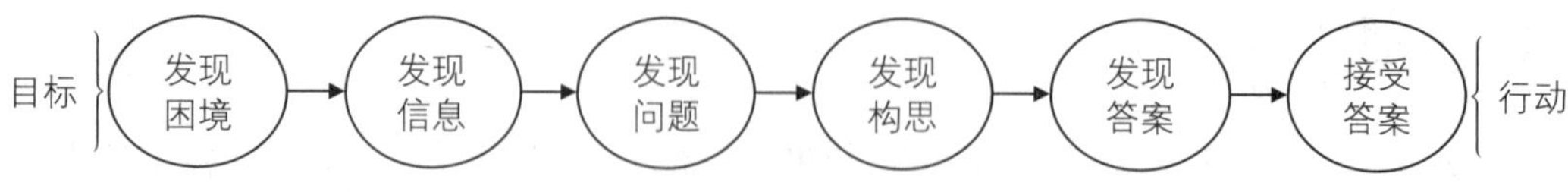

图8-5　奥斯本-帕内斯教学模式

开展创造性教学是大势所趋，应该贯穿于教育的各个方面，体现于教育的各个阶段。实施创造性教学应该遵循下列原则：(1)开放性原则：以动态、弹性、多元化的思想来创设教育环境、处理教育内容、运用教学方法、评价学习结果；(2)因材施教原则：尊重个体差异，培养和发展学生的独特个性；(3)主体性原则：尊重学生在一切教育活动中的主体地位，充分调动学生的主动性、积极性，鼓励他们积极探索、主动发现，在探索和发现中体验成功的快乐；(4)实践性原则：让学生将所学理论知识转化为改造世界的能力，这是创造性最高层次的体现。在创造性教学过程中，要注重通过现实情境或模拟现实等活动，激发学生的创新精神，锻炼学生发现问题、提出问题、解决问题的能力。

三、创造性训练

创造性训练(creative training)是指通过一系列的练习，培养和发展个人或团体的创造力的过程。创造性训练始于奥斯本的头脑风暴法，用于解决问题。与创造性教学相比，创造性训练的对象更宽泛，包括成年人。创造性训练的目的是激发思维和想象力，培养解决问题、创造新颖想法和发现新方法的能力。创造性训练的方法主要包括以下四个方面。

(一)创造性思维训练

通过启发式思考、跳出常规思维模式等方法，培养学员的创新能力和独立思考能力。可以使用各种创造性思维工具和技术，如头脑风暴法、自由联想法、列举法、多元思维、逆向思维等。

比如，对本章开篇第三个问题“塑料薄膜的用途”，可以采用头脑风暴法进行思考。塑料薄膜可以做保鲜膜、农作物覆盖物、防尘袋、鞋包填充物、防静电用品、餐桌布、用于护肤的工具、装食物的袋子等。头脑风暴法在不受任何限制的气氛中，鼓励小组成员积极思考，畅所欲言，相互启发，相互补充，引起共振效应，在短时间内提出大量的各异的想法，从而创造性地解决问题。

(二)可视化训练

借助视觉化工具和技术,如图表、图像、模型等,将思维和视觉结合起来,以图画的形式促进思维,通过观察、分析和模仿视觉元素,培养个体的创造性表达和设计能力。常用的可视化工具包括思维导图(如图8-6)、曼陀罗法、鱼骨图法等。

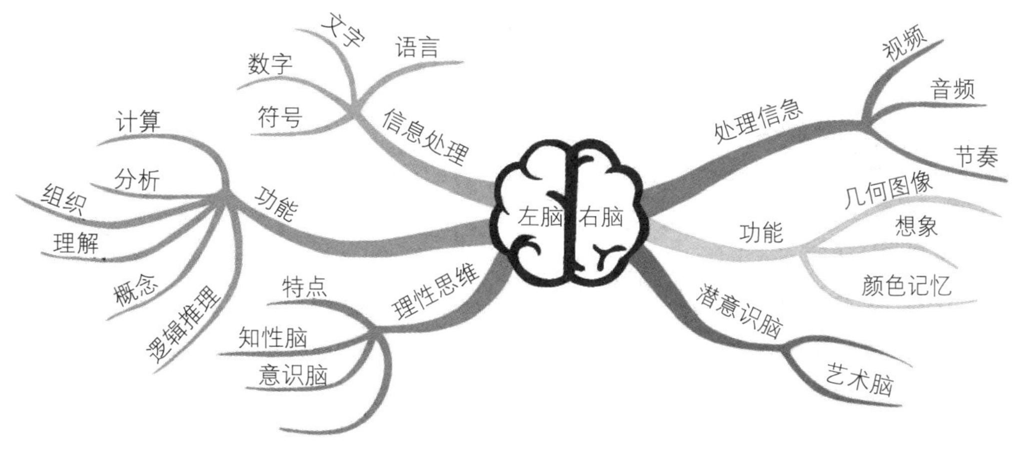

图8-6　大脑功能的思维导图

(三)多元感知训练

提供多样的感知刺激,如音乐、美术、文学、自然环境等,可以扩展感官体验和感知能力,帮助人们更好地捕捉和理解周围世界的细节和特点,从而产生新的创意和想法。多元感知训练还可以提高人们在创造过程中的感知与表达能力,更准确地将自己的创意和想法转化为具体的作品或实践。多元感知训练的运用在艺术设计、创意产业等领域较为常见,因为这些领域对感知和观察能力有较高的要求。同时,在创新型教育机构和企业中,也会采用多元感知训练来培养学生和员工的创造力和创新能力。

(四)团队合作创新训练

组织成员参与团队项目和活动,可以培养集体协作和创造力,提升团队合作效果。可以设计一些团队挑战或竞赛,让成员共同解决问题,比如合作游戏、挑战项目、产品原型制作等。在团队合作创新训练中,还可以使用思维导图等工具,帮助团队成员整理和表达创新想法,促进思维的沟通和协同。此外,团队建设训练也是非常重要的,提高团队成员之间的信任和合作能力能为创新合作打下基础。

创造性训练对于开发人们的创造性潜能具有积极作用,但是应当注意,仅仅依靠短期的训练来增强人们创造性是远远不够的。创造性本身是创造性认知、创造性人格、创造性动机等多个侧面的统一,创造性的发展也是一项系统工程,兼顾个体和多种环境条件的培训方案才可能产生令人满意的效果。

生活中的心理学

逆向思维的创意雨伞设计

雨伞至少有3500多年的历史,虽然在材质、款式上有变化,但是最根本的设计理念一直延续着,没有发生变化。其实雨伞也有不方便的地方,比如在进门前收伞,还要被雨淋,上车前收伞也要被雨淋。不仅如此,收起来的伞上面全是雨水,放哪里都是件麻烦事。

为了解决这些问题,61岁的詹安·卡西姆(Jenan Kazim)开始了他的设计——反向折叠伞(见图8-7)。这款雨伞打开与合拢的方向与传统雨伞完全相反。这款雨伞结构的设计和材料的选择尽显完美:独特的开合方式,让你即便在拥挤的人群中,也不用担心误伤他人;疏水布料和独特的花瓣式收束,使沾在伞面的雨水完全被收进伞中,无须担心伞的放置会沾湿重要物品或弄脏地板。上车时,人在车里伞在外,也可顺利收伞,降低了被雨淋的风险;下车时,车门只需开一点空隙,人未下车伞先开,同样降低了淋雨的风险。另外,玻璃纤维制成的辐条,能有效对抗强风,如果伞不幸被风吹到变形,只要轻松一按,就能马上恢复原状。

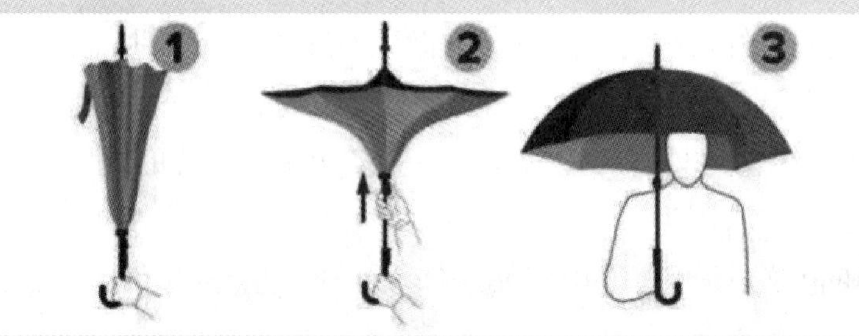

图8-7 创意雨伞设计示意图

逆向思维是创造发明的一种有效方法。面对需要创新的问题,当从正面难以突破时,如果能反过来思考,那就能够对该问题有较为深刻的认识和把握,并有可能获得与众不同的新想法、新发明。

本章要点小结

1. 创造心理学是从心理学角度研究人在创造活动中的心理现象及其规律的科学。创造心理学的主要任务是揭示创造活动的心理过程和内在机制,为激发创造潜能、培养创造型人才提供依据。

2.创造性思维是创造性活动的核心,能够产生具有个人意义或社会价值的新颖而独特的思维成果。

3.创造性认知研究是创造性神经机制研究的基础,反过来,创造性神经机制研究又可以澄清创造的认知机制,推动创造性的认知研究。

4.著名的创造性认知理论有吉尔福特提出的创造性理论和芬克等提出的生存-探索模型。

5.创造性思维包括准备阶段、酝酿阶段、明朗阶段和验证阶段。

6.张力观认为知识和创造性的关系是倒U形的关系;地基观认为知识和创造性之间的关系就好像地基与大楼的关系,知识越丰富,创造性就会越高。

7.创造性教学是指在创造性理论的指导下,由教师引导学生开展创造性学习,有目的、有计划地培养学生创造性潜能的过程。比较著名的创造性教学模式有吉尔福特的创造性思维教学模式和奥斯本-帕内斯模式。

8.创造性训练包括创造性思维训练、可视化训练、多元感知训练、团队合作创新训练。

关键术语表

创造性
智力三维结构模型
生成-探索模型
准备阶段
酝酿阶段
明朗阶段
验证阶段
认知灵活性
创造性教学
创造性训练

本章复习题

一、选择题

1.以下哪位心理学家是“创造性之父”(　　)

A.高尔顿　　B.吉尔福特

C.托兰斯　　D.沃拉斯

2.创造性思维的形式有(　　)

A.创造性想象　　B.顿悟问题解决

C.直觉　　D.言语创造

3.吉尔福特的“智力三维结构模型”主要是从哪三个维度对智力结构加以构建(　　)

A.操作　　B.内容

C.发散思维　　D.产品

4.芬克等提出的生成-探索模型认为创造性活动主要有两个过程,分别是(　　)

A.生成过程　　B.选择过程

C.解释过程　　D.探索过程

5.创造性思维的阶段有(　　)

A.准备阶段　　B.酝酿阶段

C.明朗阶段　　D.验证阶段

6.下面哪种说法是错误的(　　)

A.创造性高的个体有时也不能很好地屏蔽不相关信息的影响。

B.专家可用长时记忆作为临时的记忆缓冲器,在功能上扩充了工作记忆的容量,从而促进了复杂的创造性认知活动。

C.思维定式不利于人们的创造性活动。

D.关于知识与创造性的关系,有张力观和地基观两种观点。

7.促进创造性的要素和条件包括(　　)

A.坚定的信念　　B.坚强的意志力

C.知识储备　　D.良好的创造环境

二、简答题

第一节

1.什么是创造性?

2.简述创造性的认知研究取向。

第二节

1.简述创造性思维的过程。

2.简述注意、记忆及认知灵活性在创造性思维中的作用。

3.简述张力观和地基观的异同。

第三节

1.促进创造性的基本要素和条件是什么?

2.创造性教学的基本原则有哪些?

3.列举常见的创造性训练类型和方法。

第九章

语言

语言是一种根据一定规则组织起来的符号体系，它的外在形式是语音，内在含义是语义。语言是人类最重要的交际工具。动物的各种声音不能称为语言，这些声音以固定的方式组合，难以随机变化，只能用来表达情感或传递简单信息。唯有人类能将各种无意义的声音以各种方式组合，使其转化为有意义的语素，再将各种各样的语素结合成一段话，用不同的句子来表达。语言作为人与人之间沟通、交流信息和储备知识的重要工具，具有社会意义。人类借助语言进行思维，语言是思维的内部载体和物质外壳。本章将带领你走进语言的天地，感受语言的奇妙。

第一节　语言概述

语言不仅是人类社会结构必要的组成部分，而且是精神生活的基本要素。它使我们能够建立起复杂的社会结构，形成密切的社会关系。在思维过程中，我们总是在大脑中以无声的语言来辅助思考，因此，认知心理学家很早就关注语言研究了。

一、语言的结构

（一）语言的结构成分

当你与人交谈时，首先接收和察觉到的是说话者的声音。能区别意义的最小语音单位称为音素（phoneme），语言的最小意义单元称为词素（morphemes）。你必须用某种方式将这些声音连贯地组合在一起，确认语言中的意义。词语的组合方式称为词法（morphology）。词素能够单独成为一个有意义的词，例如汉语中的“人”；也能够与其他词素相结合，构成新的词汇表达其他意思，例如“人民”“人格”。但并不是所有词素都是词，英语中的后缀-ly就只是个词素。词语（word）是语言中能够独立应用的最小单位，是图形、语音、语义、构词法和句法的复合体。你需要识别词语并确定它们在句子（sentence）中起到的作用，这时就需要用到句法（syntax）或者结构。

仅仅是句法正确的句子还不足以支撑起一段好的谈话。对于听者而言，句子必须具有一定的意义。语义学（semantics）是语言学和心理语言学的一个交叉分支，主要研究语言的意义。此外，要使交谈顺畅进行，听者必须集中注意力并做出某些特定假设，且说话者的讲话方式必须使听者能够听懂。这些属于语言中语用学（prasmatics）的研究范围，它总结了人们对语言结构的研究。

虽然语言的不同部分可以单独探讨，但在实际生活中，它们必须是协同作用的（如图9-1）。

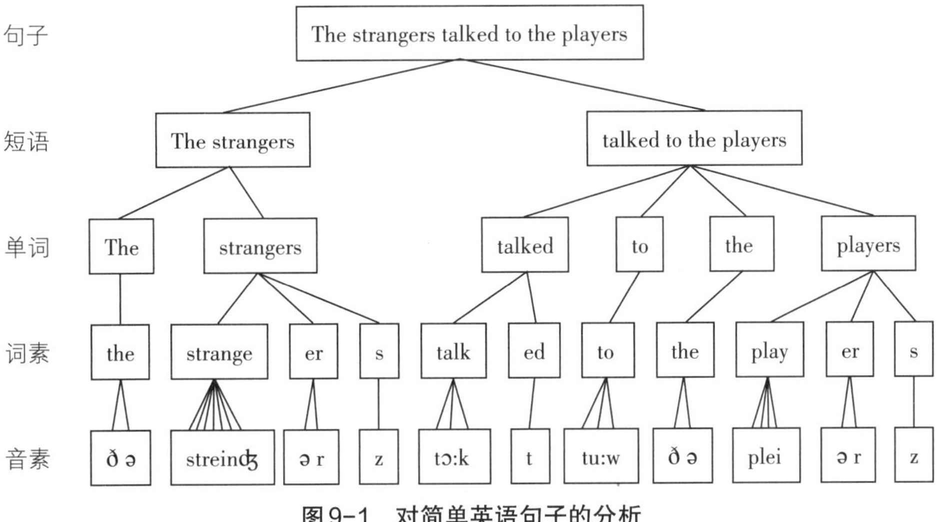

图9-1　对简单英语句子的分析

(二)心理词典

1.心理词典的概念

心理词典(mental lexicon)是认知心理学家研究人的语言认知时提出的一个新概念。它与书架上的词典不同,它没有固定的内容。在心理词典里,越常用的单词提取得越快。例如,单词"桌子"就比"蜗牛"更容易获取。在心理词典中,提取单词的加工过程会受邻近词效应的影响。一个单词的听觉邻近词包括与这个目标词只相差一个音素的所有其他单词。例如,单词hate的听觉邻近词有late,rate和eight。邻近词越多的单词识别起来也就越慢。

2.心理词典的组织形式

心理词典是以特异性信息网络的形式组织起来的。在这个网络中,语义相关的单词被连接起来,而且联系紧密。

有一种观点认为,心理词典中的表征是根据单词间的意义关系组织起来的,证据来自关于词汇(单词)判断任务的语义启动研究。在一个语义启动任务中,实验者给被试呈现一些单词对。单词对中的第一个刺激词是启动刺激,是一个真正存在的词;第二个刺激词是目标刺激,可能是一个真词,也可能是一个假词(如fisch)。如果目标刺激是一个真词,它可能与启动刺激在语义上相关,也可能不相关。被试的任务是尽可能既快又准确地判断这个目标词是否是一个真词。当目标刺激与启动刺激相关(如启动词是car,目标词是truck)时,被试的判断会更快,也更准确。当要求被试读出目标刺激时,研究者也得出了类似的结果。也就是说,对相关词的命名延迟要短于不相关词。

最初，人们认为这些启动效应只是缘于单词网络节点之间激活的自动扩散。但是，通过多年来对单词判断任务的研究，研究者已经很清楚，启动不仅仅来自这些内隐或自动化加工。如果增加启动刺激和目标刺激之间的时间间隔（如大于500毫秒），而且在刺激词中增加相关词的比例，就可能诱发启动效应。在听到启动刺激后，被试可能会期望一些目标词。因此，如果他们听到单词cat，就可能产生一个包含相关单词（如dog和mouse）的期望集。如果目标词与期望集中的一个单词匹配，那么对这个单词的反应就会更快；反之，反应就会减慢或被抑制。

语义记忆研究首先要解决的就是大脑中有多少个概念或语义系统的问题。一些研究者提出了单一的语义系统。这些系统或者基于词语、命题形式，或者基于单一的知觉形式。另一些研究者的观点是，不同类型的信息根据知觉和单词代码来储存。

可见，关于概念信息的表征机制研究仍然存在一些未确定因素。研究者提出了许多语义组织性结构（如特征表、图式、样例和连接主义网络等）。在一个非常有影响的模型中（Collins&Loftus，1975），单词意义在语义网络中得以表征出来。这个网络用概念节点表征单词，用直线表征单词之间的相互联系。图9-2展示了语义网络的例子。节点之间的连接强度和距离由单词之间的语义关系和关联关系决定。例如，表征单词car的节点与表征单词truck的节点之间有接近且强烈的连接。

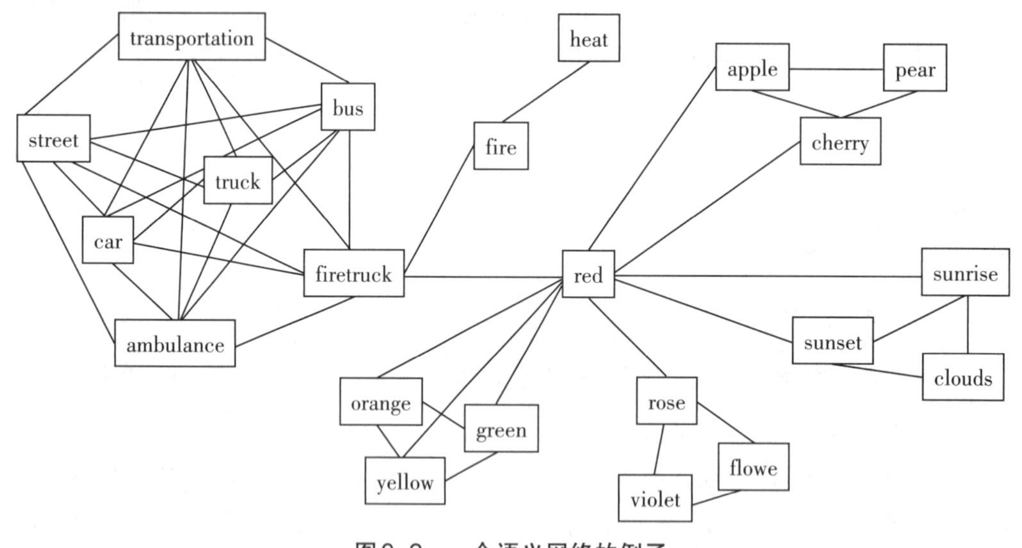

图9-2 一个语义网络的例子

这个模型假设，激活能从一个概念节点延伸到另外一个节点，越接近的节点越能从这种激活中获益。如果我们听到“car”，语义网络中表征单词“car”的节点就被激活。truck和bus等与car语义联系紧密的单词，由于在语义网络上邻近且联系良好，将获得可观的激活。而当我们听到“car”时，像rose这样的单词几乎不会获得任何激活。

尽管Collins和Loftus提出的这个模型非常有影响力,但单词意义的组织方式还是一个有争论的问题。研究者提出了许多其他的概念知识表征模型。有些模型提出,概念是由其语义特征或语义属性表征的。例如,单词"dog"具有一些语义特征,如"是有生命的""有四条腿""会叫"。这些特征在概念网络中被表征出来。这样的模型面临语义激活的问题:对一个人来说,要激活多少个特征才能辨认出一种事物呢?例如一张桌子可能是木制的,也可能是玻璃制的,但无论是木制还是玻璃制,我们都能认出它是桌子。这是否意味着我们要把"木制/玻璃制"这种特征贮存到桌子的概念中呢?

总之,如何表征单词的含义至今尚无定论。然而毋庸置疑的是,心理词典中单词的含义,对于个体理解言语、表达信息具有重要的意义。

二、语言的特征

(一)单元的语义性和任意性

语义性指的是语言符号(如词汇、句子等)与其所指代的对象或概念之间存在明确的意义关系。语言符号的意义是通过社会约定形成的,通常是基于文化、经验和共同理解的。例如,"树"这个词在大多数语言中都指代一种植物。这种指代关系不是偶然的,而是因为人们对这种植物形成了共识。任意性则是指语言符号与其所指代的对象或概念之间没有自然联系,而是基于社会约定。换句话说,同一种事物可以用不同的词来指代,而这些词的选择并没有固有的逻辑或自然原因。例如,英语中的"dog"和汉语中的"狗"都指代同一种动物,但它们之间并没有自然的联系。任意性体现在不同语言或方言之间的差异,以及同一概念在不同语境中的不同表达。语义性确保了语言的表达能力和信息传递的有效性,而任意性则赋予语言多样性和适应性。它们共同构成了人类语言的基本特征。

(二)时间和空间的转移性

人类语言的一个极其重要的特点就是它能够实现跨越时间与空间的交流。这一特性使得人类能够有效地表达和传递信息,分享经验与情感。人们普遍认为,事物是一切运动的主体,而关注事物则意味着关注它们的空间属性,因为事物在空间中存在,具有长、宽、高等维度,由此形成了面、体、量等特征。同时,事物的运动过程构成了时间的概念。因此,时间性是对事物行为或过程的反映和描述,强调事件发生的时刻及其持续性;而空间性则侧重于对事物本身的反映和描述,强调事物在空间中的位置及其相互关系。

例如,句子"我昨天做完作业了"体现了时间性,它明确描述了在昨日完成作业这一特定情境,并且暗示了过去的行为对于当前状态的影响。而句子"20个领导在主席台上"则体现了空间性,它对这一事件进行了空间上的描述。通过这种方式,语言不仅能够传达信息,还能够帮助我们更好地理解事件之间的因果关系及其空间分布。

(三)分立性和产生性

语言包含许多分立的单元。语言的分立性使得各个元素能够组合成无限数量的短语结构,这一组合能力使得人类语言与其他物种的交流系统截然不同。分立性使语言能够被细分为多个小单元,而产生性则允许这些小单元以多种方式组合,形成新的表达。当我们听到一门不熟悉的外语时,往往会感受到说话者的流利,每一句话似乎都是一串连续的声音。实际上,人类任何语言都由分立的词汇构成,这些词汇体现了语言的分立性。同时,语言的分立性也使得使用者能够灵活运用语言资源,创造出新的表达式和句子,即便是他们未曾听闻或使用过的句子。依据语法规则,使用者可以将不同的词汇和短语组合成新的句子,如"我今天去图书馆"和"我明天去商店",尽管这些句子由相同的基本成分构成,它们的意义却截然不同。语言的分立性与产生性共同构建了语言的独特性,前者确保了语言单位的清晰和有效使用,而后者赋予语言创造力与灵活性。

第二节　语言理解

语言理解(language comprehension)是个体借助视觉或听觉的语言材料,在头脑中建构意义的主动加工过程。语言理解是一种重要的心理活动,包含复杂的认知过程:首先要正确地感受和知觉语言,然后将语音、字形、语义与头脑中所表征的情境相结合,最后用推理等方式来理解语言表达的意思。由于人与人之间的知识经验不同,对同一种语言材料的理解差异很大。以输入通道为划分依据,语言理解可分为听觉输入的言语理解和视觉输入的阅读理解。

一、言语理解

言语理解(speech comprehension)是借助听觉输入的语言材料(语音)建构意义的过程。言语理解通常以言语知觉(speech perception)为基础,指的是我们对语音的识别过程。它受到三种因素的影响:词语的界线、音素和语境信息。

(一)词语的界线

当有人跟你说话时,你的耳朵会感觉到周围气压的变化。经过一系列处理,这些声波转化为对说话内容的理解。要做到这一点,很重要的一步是识别出话语中各个词语间的界线。这是阅读和言语知觉之间存在的巨大差异:在语言的书写系统中,单词之间都有明显的间隔;而在言语信号中,词语之间的界线并没有明确标记出来。

在没有停顿的情况下,我们是怎样发现词语间的界线的呢?在听到话语时,我们会无意识地根据自下而上和自上而下的信息做出熟练的推测。自下而上的信息包括语音信号直接带来的提示,比如说话者停下来思考时出现的一段沉默。自上而下的信息包括关于一般音素模式的知识,我们对母语(或其他熟练的语言)中的这类知识非常熟悉。如果有人用我们不熟悉的模式来说话,我们已有的经验就无法起作用。在我们听来,说外语的人似乎总是说得很快,一连串杂乱的语音,词和词之间没有明显的界线。相反,在听熟悉的语言时,我们并没有将语音信号知觉为一段连续的语流,这是因为我们的言语知觉系统能够很好地分出词语的界限,从而使我们产生这样的认识:词语的界限是以停顿的形式实实在在地存在于物理信号中的。

(二)音素

影响言语理解的另一个重要因素是识别语言信号中的音素。音素生成的方式存在巨大的可变性:每个人的嗓音不同,口音也存在或多或少的差别,并且发音的清晰程度取决于语速、说话者的心情以及其他因素。一个音素的发音还受到之前或之后的音素的影响。因此,每个音素的发音方式都不会被完全重复。

(三)语境信息

言语理解中的语境信息,主要来源于上下文或前言后语。还有一种语境信息来源于我们所看到的,而不是听到的。一些听力不好的人可能会说:“当我看着你的脸时,我能更清楚地听见你说话。”这说明,我们的理解有一部分来自视觉输入的信息。看到说话者的脸,为我们判断听到的是哪些音素提供了额外的信息,因为很多音素的发音都伴随着独特的唇形。如果你听到的语音和你看到的发音线索不一致,你就会感到困惑,就像在观看一部音画不同步的动画片一样。

二、阅读理解

阅读理解是在视觉输入的文字材料的基础上构建意义的过程。根据加工的水平,阅读理解可以分为词汇理解、句子理解和篇章理解。

(一)词汇理解

词汇理解指的是通过对词形的感知明确词汇意义的过程,也就是在识别词形的基础上,在心理词典中查找词条的过程。

一些研究发现,在词汇理解的过程中存在词长效应,即当词的使用频率相同时,字母、音位或音节数越多的词,其识别时间越长。在汉字中也发现了相似的效应,研究表明,汉字的笔画和部件数量越多,识别的时间就越长。

由字母组成的词中,对于词汇辨认有重要影响的是单词的首字母;而在汉字的词汇辨认中,不同部位的笔画和偏旁有着不同的含义,因此在心理词典中,汉字的含义是和部件的特定位置信息结合在一起的。

正字法规则也是词汇理解的一条重要规则,它是指文字的拼写要合乎标准。任何文字都有自己的拼写标准,符合拼写标准的字更有利于我们识别。在汉语中,以白、王、石三个部件为例,在二维平面上,这三个部件可以有20种以上的组合,但是只有一种组合是符合正字法规则的,并且能够很快地被我们识别出来,那就是“碧”。利用正字法规则识别词汇时,会对笔画、部件、字母和结合规则进行检验,这些都是在无意识中进行的,所以正字法规则属于一种内隐知识。

词汇的使用频率也会影响词汇理解。单词的使用频率高,它的觉察阈限就低,识别单词的时间就短;相反,单词的使用频率低,它的觉察阈限就高,识别的时间就长。这就是单词识别中的词频效应。在汉语研究中,研究者也发现了与英语类似的词频效应。

另一个影响词汇理解的因素是词汇习得年龄,它是指以口语或者书面语的形式接触到这个词汇并理解其意义的年龄。词汇习得年龄的表现形式为:与晚期习得的词汇相比,早期习得的词汇更具有加工优势。它也是影响汉语双字词识别的重要因素。此外,词汇习得年龄与频率是一种相加的关系,它们都能够独立地影响汉字双字词的加工过程。

近年来的研究发现,词的语义特征也会影响词汇理解。例如,低频具体词的识别比低频抽象词的识别容易;意义较多的词(多义词)比意义较少的词(单义词)更容易被识别。我国研究者使用汉语也发现了多义词的识别优势效应,即多义词(如包袱)比单义词(如手续)的识别时间短,错误率也较低,说明词的语义信息自上而下地影响了对词汇的识别;语义越丰富,这种影响就越大。

（二）句子理解

句子理解指的是在词汇理解的基础上，通过对组成句子的各成分的句法分析和语义分析，获得句子语义的过程。

人们日常听到、见到的句子类型，主要有肯定句、否定句、被动句、被动否定句等几种类型。研究者（陈永明等，1990）研究了汉语不同类型句子的理解过程。实验采用了句子-图画验证任务，首先呈现给被试一个句子，如“星号在加号上方”，这是一句真肯定句，然后给被试看一张图片，图片中有“*”和“+”两个符号，要求被试判断这两个符号之间的关系是否被前面的句子正确描述。结果表明，句子类型不同，被试的判断时间也不同，依次为：真肯定句<假肯定句<假否定句<真否定句。因此，句子的类型会影响人们对句子的理解。可能的原因是，不同类型的句子所包含的句法不同，语义复杂程度也不尽相同，导致复杂的句子需要更多的反应时间。

句法分析决定着人们怎样对句子的组成成分进行切分，它对句子的理解有着非常重要的作用。例如，句子“下雨天留客天留我不留”，既可以切分为“下雨天，留客天，留我不，留”，又可以切分为“下雨天留客，天留，我不留”。由于切分方式不同，句子的意义完全不同。词汇所包含的句法和语义信息都会参与到句子理解过程中。

在汉语中，句法分析和语义分析是相互影响的。具体来说，首先要进行句法分析，对句子进行句读的划分。每个句子都可能产生许多种划分方式，然后通过语义分析，快速选择一种最符合语义的划分方式。

（三）篇章理解

篇章理解是语言理解的最高水平。它是在理解词汇、句子的基础上，运用推理、整合等方式揭示篇章意义的过程。推理、语境、图式和策略都会影响篇章理解。

1. 推理

推理可以在篇章已有信息的基础上增加信息，或者在篇章的不同成分间建立联系，因此，它在篇章理解中具有非常重要的作用。

有这样一段话：“从石油危机以来，商业变得呆滞了。好像没有人再需要那些高级的东西了。突然，门开了，一个衣着讲究的人走进了展览室。约翰带着他真诚的、友好的表情朝这个人走去。”读完后，你很自然地会做一系列的推理：约翰是个商人，当时商业正处于不景气的状态，他可能在卖高级轿车，一个人想买轿车，约翰想做这笔买卖。

当遇到类似上面的话语要进行推理时，有助于进行推理的信息无论是储存在当前的工作记忆中，还是已经进入长时记忆，都会被激活并与当前的信息进行整合，从而帮助理解。当前信息和过去信息之间的时间距离(插入的项目数)不会影响推理的过程,而中间间隔的其他信息干扰则会对推理造成困扰。

2. 语境

语境能使读者头脑中已有的知识和当前话语的信息很好地整合起来,从而促进对文章的理解。语境既包括文字形式,也包括图画等其他形式。

有研究发现,单词单个出现时的识别阈值,与单词在句子或课文中出现时的阈值不一样,在句子或课文中的阈值明显更低,更容易激活。研究者呈现一些句子让被试读,并且快速呈现句子的最后一个单词(即目标词),要求被试尽快辨认目标词。这个实验的自变量为,目标词与整句是否有意义联系,以及目标词前面的单词数量。结果表明,当目标词与整句有意义联系时,被试识别目标词的时间随前面单词数量的增加而显著缩短;当目标词与整句没有意义联系时,被试识别目标词的时间随前面单词数量的增加而显著增加(如图9-3)。由此可知,语境的信息能够促进个体对单词的加工。

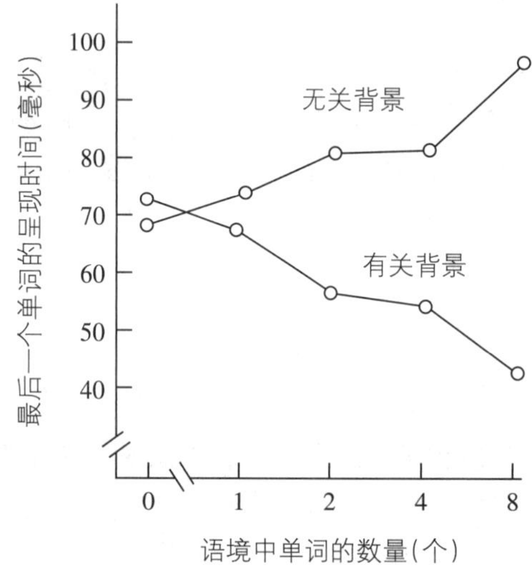

图9-3 单词数量对末尾单词呈现时间的影响

Bransford 和 Johnson 在一个实验中,让两组被试阅读同一篇文章,其中一组被试事先看了图画(如图9-4),而另一组没有看。文章的内容是:“如果气球炸裂了,那么声音便不能传进去。因为一切距离那层楼太远了。关闭的窗户也能阻止声音传进去。由于整个操作都依赖于稳定的电流,因此,电线断开也会引起问题。当然,小伙子可以喊叫,但人声的强度不足以传那么远。另外一个问题是乐器上的弦也可能断。如果断了,小伙子就不能伴奏了。显然,最好的情况是距离短。这样,潜在的问题就少一些。如果能面对面接触,则问题最少。”实验发现,在没有图画提供语境时,这段文字很难理解;相反,如果被试事先看了图画,有了语境的帮助,再理解文字就很容易了。

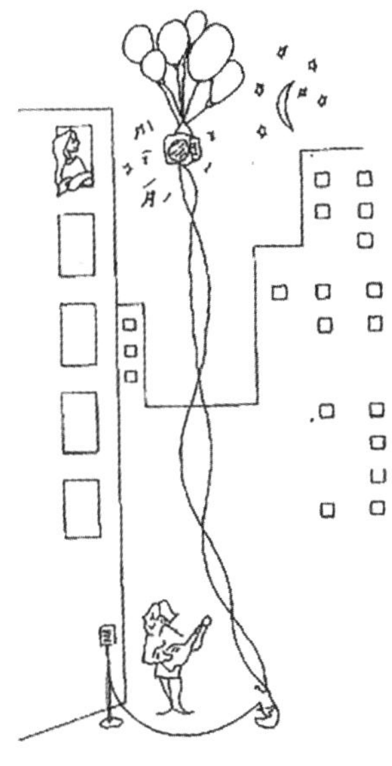

图9-4 实验使用的图画

3.图式和策略

图式是有组织的知识单元,它说明了一组信息在头脑中最一般的或可以预期的排列方式。一般的图式组织形式是故事图式,包括事件发生的背景、主题、情节和结局等内容。只有按照故事图式的形式将信息组织起来,人们在阅读时才会比较快速地理解;否则,人们对故事的理解就会比较困难。例如,在阅读故事时,告诉读者故事的主题、情节和结局,但不告知故事背景,那么读者可能无法理解主人公的所作所为。

对图式的有效使用可以看作阅读的一种策略。阅读策略不仅可以促进当前篇章的阅读,而且能够迁移到其他篇章的阅读理解中去。使用策略能明显地促进阅读文章的信息保持,无论前后阅读的文章内容是否有关,只要它们都适合使用同一种策略,这种策略就可以发生迁移。

总而言之,我们在进行语言理解的时候,不仅要正确感知篇章的物理信息,还要运用头脑中已有的认知结构和知识经验,将自上而下的加工与自下而上的加工有机结合起来,用已有的知识来建构新知识,用新知识来补充已有的认知结构,最后理解整个篇章。语言理解是一个积极的思维过程,需要多方面认知参与。

第三节　语言产生

语言是具有较高社会性的认知加工过程。在我们使用语言与他人沟通的时候，语言的社会性尤为明显。然而，心理学家更喜欢研究语言理解而不是语言产生。研究者忽视语言产生的一个主要原因是，他们通常不能操纵个体想说的或者写的内容。相较而言，他们却能够很容易地操纵个体听到的或者读到的文本。在这里，我们着重介绍两种形式的语言产生：口语和写作。

一、口语

大部分人每天都会花几个小时进行口语活动，如讲故事、聊天、吵架、打电话、自言自语等。即使在我们听朋友倾诉的时候，也会产生一些支持性的谈话，如“是的”“嗯”。说话是最复杂的认知和动作能力。

（一）产生词语

像许多认知加工一样，产生词语乍看起来好像没有什么，毕竟只是简单地张开嘴，然后一个词语就毫不费力地说出来了。但我们分析一下这个任务的不同维度，就会发现产生词语其实是一种非常了不起的能力。你需要仔细地选择每一个词，以使语法、语义和语音信息都正确。有的研究者认为，说话者可以同时提取这三种信息。根据这个观点，你在看到西瓜的时候，会同时提取“西瓜”这个词的语法、语义和语音特征。还有的研究者认为，我们是独立地获取不同的信息，但三种信息之间也有部分交叉。Miranda van Turennout 等寻找了一些说荷兰语的被试，要求他们对呈现的图片快速命名。研究者发现，被试在获取词语的语音特征前40毫秒，就已经获取了词语的语法特征。这项研究证据表明，我们能使用瞬间掌握的方法来获取不同的信息。

生活中的心理学

使用身体姿势——具身认知

我们产生单个词语的时候，要通过口腔和舌头的精细运动以及发音系统其他部分的协同活动。我们说话的时候，还常常伴随着身体姿势。姿势是用来交流的、可见的身体任何部位的动作。

相同的姿势在不同的文化中传达的可能是不同的意义。例如，将拇指和食指连成一个圆圈,另外三根手指张开,这个姿势在日本表示"钱",在法国表示"完美",而在马耳他却表示侮辱。

你的姿势也会影响到你如何思考。例如,手的自发动作有时候能够帮助你记住词语。在Frick-Horbury和Guttentag的研究中,研究者给被试阅读50个低频的、具体的英语名词的定义,然后要求每个被试对目标词进行识别。例如,定义"一种通过嘀嗒声来标记精确时间的像钟一样的仪器"是用来解释名词"节拍器"的。有一半的被试被告知要用双手握住一根杆,这样他们手的动作将被限制。这些被试的平均正确数是19个。相较而言,那些手部动作没有被限制的被试的平均正确数是24个。其他的研究也证实了这个发现。研究者们认为,在我们的语言系统无法提取一个词语的时候,姿势有时候会激活相关的信息来帮助我们提取词语。我们说话的时候经常会伴随一些姿势,尤其是在讨论更容易用动作而不是文字来描述的概念时。

具身认知强调,人们可以使用身体表达他们的知识。换句话说,我们的动作系统和口语加工方式之间有持续的连接,如在做出姿势的时候或者在表示某种动作的时候。此外,具身认知理论关注具体的身体动作,而不是抽象的语言意义。

(二)产生句子

每次在说出句子的时候,为了准备和产生这个句子,我们都需要克服记忆和注意的局限。口语产生需要经过一系列的阶段。在第一阶段,我们在心里准备要表达的主旨,或我们试图产生的信息的总体意思。换句话说,我们产生语言是以一种自上而下的方式开始的。在第二阶段,选择具体的词语之前,我们要设计句子的总体结构。一般来说,我们倾向于使用在前一个句子中用过的结构。在第三阶段,我们选择想用的词语,同时排除意义相似的其他词语。在第四阶段,我们通过发音将意图转换成口头语言。

在理想的情况下,说话者会迅速地从第一阶段进行到第四阶段。但是,我们在准备一个句子的时候,有时会遇到一个重要的问题,即一个大体的想法或者心理表象需要表达出来,这些想法和表象必须被转换成排列整齐的、在时间上相互连接的词语。

(三)产生语篇

在我们说话的时候,通常产生的是语篇(discourse)。有一类语篇被称为叙事或故事,即人们描述一系列实际发生或者虚构的事件。叙事中的事件是以与时间相关的序列来表达的,通常包含情绪。

讲故事的人经常有他们想传达的特定目标，但他们不会预先计划故事的结构。他们在选择词语的时候通常非常谨慎，以讨人喜欢的方式来呈现他们的动作。他们也会试图让故事更具有娱乐性。

叙事的形式不是统一的，这样可以让说话者有更多的时间作“长篇大论”。叙事通常包括6个部分：①故事梗概；②人物和场景总结；③使情节变得复杂的手段；④故事的观点；⑤故事冲突的解决；⑥叙事完成的最终标志，如“这就是我为什么决定要考驾照”。这些特征使故事内容一致，结构完整。

生活中的心理学

句法启动

先前听到的句子中的特殊句法结构更容易出现在稍后的会话内容中，这种现象叫作句法启动。句法启动可以引导会话中的个体协调彼此所述内容的句法形式，以此简化会话过程。

在 Holly Branigan 等（2000）的实验中，主试告知被试，实验的目的在于探讨人与人在看不到彼此的情况下是如何交流的，从而使被试认为自己在和屏幕后的另一名被试进行交流。实际上，屏幕后的人是主试。主试会用以下任一方式开始会话（如图9-5）：

The girl gave the book to the boy.（女孩给了男孩一本书。）

The girl gave the boy the book.（与上句语义相同，句法不同。）

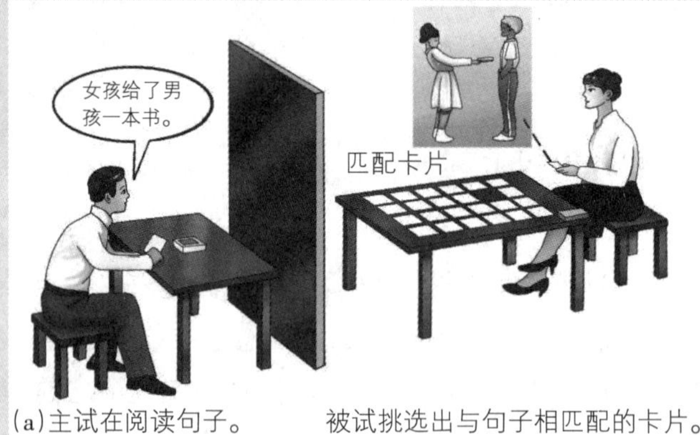

(a)主试在阅读句子。　　被试挑选出与句子相匹配的卡片。

(b)共同聆听。　　被试拿起反馈卡并叙述上面的内容。

图9-5　句法启动示意图

被试有两个任务：1. 从桌子上的卡片中找到与句子内容相匹配的卡片；2. 拿

起桌子左下角的对应卡片,并描述卡片上的内容。如果被试使用了与主试相同形式的句子,则认为句法启动发生了。

在大约78%的试次中,被试会选择使用与主试相同的句式。如果主试使用"The girl gave the boy the book",那么被试会使用"The father brought his daughter a present",而非"The father brought a present for his daughter"。实验结果说明,个体在会话中对他人的言语行为较为敏感,可以根据他人的言语行为调整自己的行为。这种句法协调降低了会话中言语产生的认知负担,因为照搬别人的句子形式比自己创造新的句子形式容易得多。

二、写作

写作包括三个阶段:计划、句子产生和修改。和口语产生的阶段一样,写作的三个阶段在时间上也常常重合。你可能在产生句子的同时计划写作的整体策略。写作任务的所有部分都很复杂,它们使注意的局限性问题显得更为突出。

(一)写作的认知成分

1.工作记忆

工作记忆是对当前加工的材料的简短和即时的记忆,在写作中起到中心作用。工作记忆也负责协调正在进行的心理活动。

以一个研究为例。Ronald Kellogg等研究了写作加工过程中工作记忆的哪些成分是激活的。研究者们要求大学生完成的第一个任务是写出词语的定义,同时进行第二个任务。第二个任务有三种类型,每个类型针对工作记忆的一个特定成分。如果学生们在第二个任务中的某个特定类型反应变慢,研究者就会推断这个特定类型所考查的技能就是写作的一个重要成分。

工作记忆的一个重要成分叫作语音环路,它可以短时间储存一定数量的语音。为了观察写作过程中语音环路是否被激活,研究者使用了一个特定的第二任务,即要求学生记住一个口语音节。结果显示,学生们在写作的时候,需要更长的时间才能记住这些音节。

工作记忆的另一个成分叫作视觉空间画板,它负责加工视觉的和空间的信息。为了考查写作过程中视觉空间画板的视觉部分是否被激活,第二任务要求学生记住项目的视觉形状。结果显示,学生在写具体名词的时候,需要花更长的时间才能记住项目的视觉形状。但是,他们在写抽象名词的时候,对视觉形状的记忆没有延迟。正如我们预料的那样，视觉信息的加工受到影响，是因为我们在试图定义具体词语的时候，可能会创建词语的心理表象。相对而言，我们在试图界定抽象名词的时候，视觉信息的参与很少。

为了验证视觉空间画板的空间部分，第二任务要求学生们在写词语定义的时候记住特定的空间位置。在这种情况下，学生们的反应时不会受到写作任务的影响，所以，写作不需要我们注重空间信息。

Baddeley提出的工作记忆模型中，最重要的一个成分是中央执行功能。它负责整合来自语音环路、视觉空间画板和情景缓冲器的信息。中央执行功能同时也负责注意分配、计划和协调其他的认知行为。

写作是一个很复杂的任务，所以中央执行功能在写作加工的每个阶段都是激活的。例如，它负责整合写作的计划阶段，在产生句子的时候也很重要。另外，中央执行功能还监控修改过程。中央执行功能的容量有限，因此，许多人报告说，正式的写作是很有压力的任务。

2. 长时记忆

长时记忆在写作过程中也很重要。影响长时记忆的因素包括：写作者的语义记忆、关于要写的主题的专业知识、通用图式和关于在特定任务中使用的写作风格的知识。

（二）写作的阶段

1. 计划

大部分人在开始写作时，会先有一个加工过程，这个加工过程称为写作构思。相较于其他很多相对自动化的语言任务，写作构思具有一定难度和策略性。在这个阶段，人们产生的观点质量参差不齐，好的写作者在写作构思期间会花更多的时间来作计划。

有些人更喜欢先列一个提纲。提纲可以避免注意过载，也有助于解决写作和说话中存在的线性化问题。你可能有过这样的经历：在开始写文章之前，很多相互关联的想法都需要放在最前面。提纲可以帮助你将这些观点的呈现顺序整理好。

2. 产生句子

在产生句子的过程中，你会经历文思泉涌和犹豫不决的不同阶段。想一想，你在写作文的时候经历过停滞和流畅写作的阶段吗？

人们在写作的时候也会犯错，不管是用键盘输入还是用笔书写。但是，写作的错误通常只限于单词的拼写错误。

3.修改

写作是一个具有认知挑战性的任务。我们不可能在同一时间产生新的句子并对其做出修改。在写作的修改阶段,你应该注重结构和内容的一致性,这样才能使文章的每一部分都相互联系在一起。此外,你也需要考虑文章是否达成了写作任务的目标。

高效的作者往往会使用灵活的修改策略。如果发现文章没有达到既定的目标,他们会做根本性的修改。专业作者在进行修改的时候是非常熟练的。学生们可能不太会判断句子出现的问题在哪里,可能会说“这个句子只是听起来不对劲”,而专业作者可能会说“句子的主语和谓语搭配不当”。

最后需要注意的是校对。在你对自己的文章很熟悉的时候,经常会忽略文章中的错误,此时自上而下的加工取得了胜利。另外,你也可能难以发现文章中的拼写错误。如果等至少一天的时间再进行校对,就更有可能发现这些错误。

第四节　实践中的语言研究

一、第二语言学习与双语教学

双语教学在许多国家都受到重视。瑞士、新加坡等国家还实施了“三语”或“四语”教育。在此过程中出现的一些问题有着重要的实践意义,例如,外语学习有无最佳年龄、如何进行有效的双语教学等。

(一)第二语言学习的时间

第二语言学习一直是学校和家庭关心的问题,对此讨论得最多的是习得的关键期问题。

很多学者都认为,第二语言习得有一个关键期。相比其他时期,儿童时期学习语言更加容易,因为儿童的大脑还处于发育期,有较强的灵活性与可塑性,在这个时期学习语言会更加快速高效。青春期过后,对第二语言的掌握要比母语困难得多。但研究者对该问题进行了一系列的分析和讨论,尚未形成统一的看法。有的研究认为第二语言学习的最佳年龄阶段在小学;有的研究则认为与年龄大小无直接关系,可以从任何年龄开始学习。有一项研究对600名移民美国的意大利人进行了调查。他们在6—20岁之间到达美国,并在美国已居住了5—18年。研究结果发现,12岁之前到达美国的人,其口音更接近美国人,在美国居住的时间长短对口音的影响并不大。

也有人认为第二语言习得不存在关键期。有研究发现:青春期前和青春期后对第二语言某些方面(如词汇理解和流利度)的习得效果一样。斯诺等进行了一项实验。被试是以英语为母语并把荷兰语作为第二语言的人,分成儿童组(3—11岁)、青少年组(12—17岁)和成人组(18岁以上)。在他们到达荷兰的1年里,每4个月测验1次,共测验3次。结果显示,在前4个月,青少年的荷兰语学得最好;第二次测验中,居第二位的是成人。这说明,在前8个月接触到荷兰语的时候,青少年和成人比儿童要学得快些。到第三个阶段,儿童在几个方面迅速赶上了,且在一些方面超过了成人(如发音、表述能力),但青少年的得分最高。可见,学习第二语言与年龄大小并无直接关系。

刘润清发现中国儿童学习英语的最佳年龄在9岁左右。研究认为,儿童这时的大脑还保留着早期的灵活性,认知发展已较成熟,并在使用所学语言时不会感到拘束。顾嘉祖的结论是学外语的关键期在小学,外语教学的重点应在中小学。陆效用对比了两个研究生班学生(A班42人,B班39人)的英语水平,结合他们在中小学及大学的英语课程开设情况,发现凡在研究生阶段英语成绩优秀的学生,基本上是从小学四、五年级开始学习的;从初中一年级开始学英语的学生,绝大多数人的英语水平都是中等或中等以下,优秀的比例很低。也有资料显示,从小学开始学英语的学生与初中开始学英语的学生相比,在总体的外语能力方面并无明显的优势。

王蓓蕾调查和分析了外语界知名学者、成功的外语学习者以及某大学德语强化班的学生,结果发现,在中国的语言环境下,外语学习成败的决定因素并不是学习外语的起始年龄,20—30岁开始学语言的人也能取得不错的效果,外语教学可以从任何年龄开始。

(二)双语教学

双语教学可分为广义的双语教学和狭义的双语教学。广义的双语教学是指在学校中使用两种语言的教学。狭义的双语教学是指在学校中使用第二语言或外语讲授数学、物理、化学、历史、地理等学科。关于双语教学涉及的心理语言学问题,本书主要从以下两方面进行讨论。

1.语言迁移

语言迁移是指一个人在母语学习环境中获得的知识会影响其第二语言习得或外语学习的现象。语言迁移一般分为正迁移(positive transfer)和负迁移(negative transfer),前者是指由于母语与第二语言或外语存在共同之处,双语学习者可以将母语的体系规则正确地运用于第二语言或外语;后者是指由于母语与第二语言或外语存在差异,双语学习者错误地将母语的规则运用于第二语言或外语。由于负迁移会对语言学习产生消极影响,因此研究者主要关注语音和语法的负迁移,并进行了大量的研究。结果显示,母语的语音系统对第二语言和外语都有很大影响,但对语法上的影响较小。就汉语和英语而言,除定语从句之外,句法的其他方面尚未发现明显的消极影响。只要有意识地进行学习,也能在一定程度上矫正母语的消极影响。关于正迁移的研究则较少。在现实生活中,年龄大的外语学习者初学阶段学习速度较快,这可能是受到母语知识的影响。另外,母语的学习技巧、读写能力、概念形成、学科知识、学习策略等也会随着外语交际能力的发展而迁移。

在双语教学中,应注意利用正迁移,减少和避免负迁移,以提高教学质量。因此,汉语拼音与英文字母的教学需要在不同的阶段进行。我国有些学校在一、二年级就进行双语教学,在汉语课教汉语拼音,在英语课或其他使用英语的课程中使用英文字母,这就出现了干扰。儿童容易混淆汉语拼音和英文字母的发音,且干扰在相当长的时间里很难消除。

2.输入假说

克拉申(Krashen)提出的输入假说(input hypothesis)对双语教学有很大的启发意义。他认为,人类获得语言的唯一方式是有足够的可理解的语言输入。可理解的语言输入是指学习者听到或读到的语言材料的难度应稍微高于学习者目前的语言学习状态。该假说还强调,语言使用能力(如口语)不是教出来的,而是随着时间的推移,接触大量可理解的语言材料后自然获得的,同时也会获得必要的语法。根据输入假说,理想的语言输入具备以下几个特点:(1)可理解性,外语课堂教学对初学者而言是非常有用的,因为在课堂上教师所提供的语言输入具有可理解性;(2)趣味性和关联性,输入的语言既要有趣又要有联系,以激发学习者的兴趣;(3)非语法程序安排,单按语法程序安排教学是不够的,语言习得的关键是要有足够的可理解的语言材料的输入;(4)足够的输入量,为保证足够的输入量,需要广泛地阅读和运用。

结合教学实际,双语教学模式包括三个阶段。一是渗透阶段,这是双语教学的初级阶段,主要结合学生掌握英语的实际,为他们提供一些接触英语的机会,如用英语板书课本中的标题、关键词以及专业术语。对于课堂组织用语、导言、结束语、学生熟悉的内容、专业性不强的知识也可以用英语讲,并在课堂上鼓励学生用英语提问、回答,以逐渐适应双语教学的模式。二是整合阶段,这是双语教学的中级阶段。教师根据学生掌握语言知识的情况,在课堂上逐渐增加英语的讲授内容,将汉语和英语整合起来,交替使用、不分主次,让学生学会用英语来表达内容。三是思维阶段,这是双语教学的高级阶段。这一阶段的双语教学以英语教学为主,汉语为辅,目的是让学生学会用英语思考并解答问题,形成英语思维模式,并能在英语环境中学习、工作和生活。教师要根据学生的反馈及时调整这三个阶段,确保学生对语言输入的理解。

二、阅读障碍

阅读障碍(reading disorder,RD)是儿童学习障碍的主要类型之一,可分为获得性阅读障碍(acquired reading disorder)和发展性阅读障碍(development reading disorder)。前者是指由于后天脑损伤或疾病引起的阅读困难,后者是指个体在智力、动机、生活环境和教育条件等方面与其他个体没有差异,也没有明显的视力、听力、神经系统障碍,但阅读水平明显落后于同龄儿童应有的水平,处于阅读困难的状态中。由于发展性阅读障碍更多地受到个体内外因素的影响,有可塑性,所以引起了许多研究者的关注。心理学家试图找出发展性阅读障碍的成因,以设计训练方法对发展性阅读障碍儿童进行有效的干预。发展性阅读障碍分为表音文字和表义文字两种,关于表音文字的研究较为成熟,尤其是英语发展性阅读障碍;而关于表义文字的研究起步较晚。我国汉语发展性阅读障碍的研究尚处于初级阶段。

(一)英语发展性阅读障碍的训练

针对英语发展性阅读障碍的成因,研究者设计了相应的训练程序,并对每种训练程序的效果进行了大量的研究。下面介绍两种分别针对语音障碍和听觉时间加工缺陷设计的训练程序。

1.语音障碍的训练程序

语音障碍的训练程序主要是根据语音障碍的理论假设来设计的,通过训练阅读障碍者的语音意识改善其阅读状况。在英语阅读障碍矫正的研究中,语音训练程序的研究最多,有效性也得到了广泛的证实。下面主要介绍布莱兹曼(Blachman,2003)的五步训练法。

五步训练法是由美国心理学家布莱兹曼设计的,它由五个部分组成:(1)音形联结。训练者告知儿童给定的名称、发音及典型的单词,让儿童建立起音形联结。例如教儿童学习字母E,读音为/i/,而在单词bed的学习中,e的发音是/e/。(2)音素分解与合成,让儿童玩字母卡片和拼字游戏,主要训练他们的音素分析和联合的能力。例如将dog变成day,再变成dad。(3)同步阅读,让儿童对前面学过的单词进行同步阅读,增强阅读的流畅性。(4)口头故事阅读,对前面学到的语音技能进行口头阅读应用。

(5)听写符合拼读规则的单词,让儿童听写发音和拼写都很规则的单词,掌握英语中的六种基本音节。根据训练的实际情况,由单音节逐渐向多音节过渡。训练材料中的文章要能体现训练的难度变化,一些是较易理解的文章,其单词大部分符合标准的拼读规则;另一些是较难的文章,大部分单词没有规则性。其中"单词听写"部分可根据儿童的训练情况做适当的调整,可以变为慢速拼读、正字法训练或增加一些游戏进行强化。上述训练采用一对一的方式,每天练习50分钟左右。根据儿童阅读障碍的严重程度来决定持续时间,一般应达到8个月。每次训练中,五个步骤所占的比重随儿童训练成绩的提高进行相应的调整。开始时,基础部分占比较高,然后逐渐转向语音技能和理解流畅性训练。从相关的研究可知,语音障碍训练程序能提高阅读障碍者的阅读能力,且认知神经研究也提供了相应的证据。

2.听觉时间加工缺陷的训练程序

该训练程序是根据听觉时间加工缺陷理论设计的,主要训练阅读障碍儿童在语音时间上的感知能力,通过人为地延长语音的持续时间,增加语音间的时间间隔来实现。根据训练情况,逐渐减少语音的持续时间和语音间的时间间隔,直至儿童能分辨和识别自然语言的语速。其中最典型的阅读程序是FFW(fast forward)训练程序。FFW训练程序主要针对4—14岁的儿童,由三套子程序组成:FFW-语言(FFW Language),分初级与中高级版;FFW-读写(FFW Language-to-reading);FFW-阅读(FFW Reading)。其中FFW-语言是基础训练,重点放在儿童的听觉时间加工能力和口语能力的发展上。它主要关注四个内容:语音意识、听力理解、语言结构和持续集中注意的能力。FFW-读写主要训练儿童把口语与书面语连接起来,并能将口语中获得的技能运用到书面语上。它集中训练的是发音-字母识别能力、词汇解码能力、词汇量。在训练儿童听力理解和单词识别的同时,还要训练他们的句法和语法规则意识。FFW-阅读主要是训练阅读技能,包括单词辨认、词汇解码、拼写、词汇和短文理解等。

对阅读障碍儿童的治疗,一般使用FFW-语言来训练他们的听觉和基本的语音能力,进而改善其阅读障碍。该训练程序由两部分组成,包括七个类似于游戏的交互式训练。

第一部分训练主要集中在声音辨别、排序与辨认方面,分为三个子程序:(1)Circus Sequence程序,主要训练儿童的声音区分和辨别能力。儿童在计算机前戴上耳机,听两个非语言声音,然后辨别。(2)Old McDonald's Flying Farm程序,目的是增强儿童对声音的听觉时间加工能力。方法是让儿童听一个音节,并不断重复,在某个时间将该音节变化为另一个与它相对的音节(如da变成fa)。儿童的任务是在听到音节发生变化时就指出来,其中变化前音节的重复次数随训练难度的提高而增加。(3)Phoneme Identification程序,主要训练儿童的音素辨认能力。方法是让儿童先听一个目标音节，然后在两个或两个以上的音节中找出与目标音素相同或相匹配的音素。

第二部分训练主要集中在单词识别和语言理解上，分为四个子程序：(1)Phonic Match程序，主要训练儿童对音节和单词的匹配能力。方法是先让儿童听一个目标音节或目标词，然后让儿童在2×2(随着难度的增加可变成3×3、4×4)的格子里挑选一个与目标词相同的音节或单词。(2)Phonic Words程序，主要训练儿童对单词的辨别和意义理解能力。方法是让儿童从两幅图片中挑选一幅与听到的目标单词相匹配的图片。(3)Language Comprehension Builder程序，主要训练儿童的语言理解能力。方法是让儿童听一个句子，然后在2—4幅图片中挑选一幅与句子意义相匹配的图，句子的难度和复杂程度逐渐提高。(4)Block Commander程序，要求儿童执行一定的任务，例如按要求把大小不同、颜色不同的图形连接起来。任务的复杂程度随训练水平的提高而增加。一些研究表明，FFW训练程序对阅读障碍有显著的矫正效果。

(二)汉语发展性阅读障碍的训练

目前，关于汉语发展性阅读障碍的系统训练研究尚处在探索阶段，下面主要介绍一些相关的研究。

Ho和Ma针对阅读障碍儿童在汉字阅读过程中不能对声旁线索进行有效利用的问题，设计了相应的训练程序。训练分五个步骤：第一步，训练儿童识别汉字的结构，知道汉字是由一些基本的笔画组成的，并能识别不同汉字中的相同笔画。第二步，了解大多数汉字是由声旁和形旁组成的形声字，其中声旁提示汉字的语音信息，形旁提示其语义信息。第三步，让儿童学习利用声旁猜测不熟悉的规则形声字的读音。在规则形声字中，声旁和整字的读音完全相同。第四步，学习半规则形声字的读音。这种形声字的声旁和整字的韵读音相同，声调不同。第五步，学习不规则形声字的读音。这种形声字的声旁和整字的韵读音完全不同，如“真”和“填”。儿童学习了规则程度不同的形声字后，逐渐学会区分哪些形声字的声旁可以提示整字的读音，哪些形声字的声旁不能。在训练过程中，每一部分都包括一个较短的教学指导、小组活动、个体的课堂作业、20—30分钟的计算机练习和一些家庭练习等内容。

研究者采用上述程序对15名阅读障碍儿童进行了为期5天的语音技能训练，控制组不进行任何训练。结果显示，训练组儿童能够利用形声字的声旁所提供的语音信息猜测整字的读音，汉字阅读技能得到了提高；控制组的儿童则没有。

郝献忠和田玉红也设计了训练程序，主要针对小学3—5年级语文成绩落后的学生。训练内容分为认知-行为干预、音素操作训练和阅读技能训练。认知-行为干预主要针对学生的低自信和没有学习兴趣进行。首先以心理咨询为主，采用接纳、理解、支持和鼓励的方式，改善学生不良的自我认知，增强其自信心，激发其学习动机。

然后根据发展性阅读障碍儿童的认知特点，进行针对性训练。音素操作训练是借鉴布莱兹曼的五步训练法，并结合汉语特点设计的训练程序。汉字中有很多的同音字和形近字，发展性阅读障碍儿童在阅读和书写时经常出错。该训练程序根据偏旁部首设计了识别同音字的训练和利用卡片拼词游戏辨别形近字的训练。最后，加入同步阅读和组词造句的训练，以增强阅读的流畅性。阅读技能训练主要在于提高阅读理解能力，训练项目主要有注意力集中训练、记忆能力训练、临摹训练、拼图训练、手眼协调训练、听力理解训练、文章缩写训练和故事续写训练。

研究者选用29名汉语发展性阅读障碍的被试，严格遵循上面的程序，对这些被试进行了为期7周的训练，每天2次，1次90—120分钟。结果显示，经训练后，学生的语文成绩、作文分数和阅读正确率均有显著的提升，汉语发展性阅读障碍儿童的阅读和写作水平得到了提高。

上述研究也存在缺陷，研究者并没有对训练效果进行跟踪评估，因此，我们无法知道训练的稳定性和迁移情况。同时，不同的阅读障碍类型有着不同的特点，采用同一种训练方法效果可能不佳，需要针对不同阅读障碍设计不同的训练程序，所以训练方法的针对性有待详尽的分析。今后，需要结合汉语的特点和汉语发展性阅读障碍的特点，同时借鉴西方已有的研究成果，进一步探讨相关的训练方法。

本章要点小结

1. 心理词典是认知心理学家研究人的语言认知时提出的一个新概念。与书架上的词典不同，它没有固定的内容。在心理词典里，越常用的单词提取得越快。

2. 言语理解是借助听觉输入的语言材料（语音）建构意义的过程。言语理解通常以言语知觉为基础，指的是我们对语音的识别过程。它受到三种因素的影响：词语的界线、音素和语境信息。

3. 阅读理解是在视觉输入的文字材料的基础上构建意义的过程。根据加工的水平，阅读理解可以分为词汇理解、句子理解和篇章理解。

4. 写作包括三个阶段：计划、句子产生和修改。和口语产生的阶段一样，写作的三个阶段在时间上也常常重合。

5. 双语教学可分为广义的双语教学和狭义的双语教学。广义的双语教学是指在学校中使用两种语言的教学。狭义的双语教学是指在学校中使用第二语言或外语讲授数学、物理、化学、历史、地理等学科。

6. 阅读障碍是儿童学习障碍的主要类型之一，可分为获得性阅读障碍和发展性阅读障碍。

关键术语表

心理词典

语音知觉

言语理解

言语知觉

句子理解

篇章理解

具身认知

阅读障碍

本章复习题

一、选择题

1.能区别意义的最小语音单位是(　　)。

A.音素　　B.词素　　C.单词　　D.短语

2.下列说法正确的是(　　)。

A.心理词典是以特异性信息网络的形式组织起来的

B.心理词典中的表征是根据单词间的意义关系组织起来的

C.语义匹配发生在获取心理词典表征之后

D.心理词典中的概念翻译了个体的思想和意图

3.语言的特征包括(　　)。

A.单元的语义性和任意性

B.时间和空间的转移性

C.单词的意义性和指代性

D.分立性和产生性

4.句子理解时,随着句子类型不同,被试判断时间大小为(　　)。

A.假肯定句 < 真肯定句 < 假否定句 < 真否定句

B.真肯定句 < 假肯定句 < 假否定句 < 真否定句

C.真肯定句 < 假肯定句 < 真否定句 < 假否定句

D.真肯定句 < 假否定句 < 假肯定句 < 真否定句

5.影响篇章理解的因素包括(　　)。

A.推理　　B.语境

C.图式　　D.策略

二、简答题

第一节

1. 什么是语言？它在人类生活中有什么重要作用？

2. 简述人类语言与动物交流系统的区别。

第二节

1. 什么是言语理解？它受哪些因素影响？

2. 简述图式在语言理解中的作用。

第三节

1. 什么是具身认知？

2. 简述写作的阶段。

第四节

1. 理想的语言输入具备哪些特点？

2. 简述语音障碍的五步训练法。

第十章

认知神经科学

目前，我们正处于认知神经科学飞速发展的时期。本章将介绍认知神经科学的发展历史、神经基础、研究方法以及认知神经科学在实践中的应用。通过深入了解大脑和心智之间的关系，人们可以更好地理解人类思维的奥秘。让我们携手踏上一段探索认知神经科学的旅程，揭开人类认知的神秘面纱，认识人类智慧的本质，更好理解人类智慧的真谛。

第一节　认知神经科学概述

一、认知神经科学的诞生

认知神经科学诞生于20世纪70年代后期，是一门由认知科学和神经科学交叉结合而产生的新兴学科。认知神经科学在宏观和微观领域都取得突破性进展，深刻影响了传统心理学的研究范式。宏观层次研究包括对脑损伤病人进行神经心理学临床研究和对正常人进行脑功能成像研究；微观层次研究采用分子生物学的方法，对不同机能进化水平的动物进行分子、细胞、神经环路等多层次的神经生物学研究。

认知神经科学以认知科学理论和神经心理学、神经科学及计算机模型的实验证据为基础，横跨多个领域，如生理心理学、神经科学、认知心理学和神经心理学，旨在阐明认知活动的脑机制，即人类大脑如何调用各层次的组件，包括分子、细胞、脑组织区和全脑去实现各种认知活动。认知神经科学的特点是强调多学科、多层次、多水平的交叉，主张将多学科、多层次及多水平的知识融合在一起，以探索人类和动物如何通过分子、突触、神经元等微观层面以及脑区、全脑等宏观层面处理信息，从而实现客体感知、表象形成、语言表达、信息记忆以及推理决策。认知神经科学发展潜力巨大，推动科学技术发展并实现重大跨越。

不同于心理学研究中普遍参照行为指标，认知神经科学使用更为客观的脑成像技术作为研究依据，主要包含时间分辨率较高的脑电图和脑磁图，以及空间分辨率较高的正电子发射断层扫描技术和功能性磁共振成像技术。

通过认知神经科学的深入研究，人们能够更深入地洞察人类思维，更好地把握自身行为，从而更好地应对日常挑战，并为社会发展做出积极贡献。

二、认知神经科学的发展

过去二十年，认知神经科学的发展让人们对大脑和认知有了新的理解，但人们尚不清楚大脑在具有生态意义的环境下是如何运作的。以往的研究受限于实验范式和研究设计，难以将互动考虑在内，仅能孤立地研究大脑。但人类作为社会性动物，相比于个体如何解释和加工信息，人们更应该关心人类如何形成共享的认知空间，从而在沟通行为中实现相互理解。多人交互同步技术可以同时对执行社会互动任务中的不同被试进行记录（多EEG、多fMRI或多NIRS同步记录），来测量人类在交流时大脑的神经活动，探讨认知和心理活动是如何实现相互联系的。库伦（Anna K. Kuhlen）指出，通过多人交互同步技术将大脑置于人际互动背景中，人们能够根据自己对互动对象的认识和理解，对沟通方式进行调整。这使得大脑交互研究成为可能，为解决某些无法解释的社交障碍奠定基础。

（一）历史渊源

认知神经科学的起源与颅相学关系紧密。19世纪早期，加尔（Gall）提出一种有趣的观点，即频繁使用某个脑区会导致该脑区在头骨上凸起，并据此将人脑划分为35个区域。这一观点为颅相学的兴起奠定了基础，进而引发了人们对颅相学的关注。颅相字是现代认知神经科学的先驱。

后来，认知神经科学受到全脑论、分布式脑区论以及特定脑区定位论的影响。法国的实验心理学家佛罗伦斯通过对兔子和鸽子的研究发现，即使某些脑区受到损伤，它们的行为也不会有显著改变。因此，他提出一种新的观点，即行为表现是由多个脑区共同决定的。

杰克森的分区理论给认知神经科学带来深远影响。他观察到癫痫患者在发作时肌肉紧张程度的相似性，由此推断可能与特定脑区活动有关。法国神经科学家布洛卡在1861年报告了一名病人，该病人能听懂语言但是无法流利表达，只能发出“Tan”的音。随后，他发现该病人的左脑额叶受损，并将这个区域命名为布洛卡区。另一位神经科学家卡尔·韦尼克研究了一位中风患者，该患者无法听取语言信息和阅读文字，却能够流利表达。他发现患者的左脑顶叶和颞叶交界处遭受了损伤，这个特定区域如今被称为韦尼克区。这两个病例为分区理论提供了重要支持。

科比尼安·布洛德曼在1909年通过应用组织染色法研究大脑的构造，得出一个重要的结论：大脑可以划分出52个独立的功能单元，即布洛德曼分区。

（二）兴起

20世纪50年代，里奥奇带领一批科学家（包括实验精神病学家布雷迪和赖瑟，行为内分泌学家汉布鲁格和梅森，神经解剖学家诺塔，神经生理学家加兰博斯和富尔特斯等）发起了跨学科的脑与行为研究。该小组成功融合了神经解剖、生理学方法和精神疾病行为方面的研究。1962年，“神经科学”这一词汇出现在施密特领导的麻省理工学院神经科学研究计划中。1968年，米勒、杰拉德和蒙卡斯尔联合发起了第一届认知神经科学大会，宣告建立一个全新的学术组织——神经科学学会，以推动神经科学的发展。1978年，期刊*Annual Review of Neuroscience*的出版，标志着神经科学被学术界公认为正式学科。20世纪70年代末，“认知神经科学”一词开始被广泛使用。

20世纪80年代，认知神经科学促进了精神活动和脑的生物学研究紧密结合。20世纪末期，人们对语言、记忆、学习以及注意运行的神经基础进行全面的探索。随后，认知神经科学结合实验心理学、神经心理学和神经科学等学科的研究方法，以及经颅磁刺激、功能性磁共振成像、脑电图和脑磁图等新兴技术开展研究。

（三）认知神经科学在我国的发展

近年来，我国政府大力推动认知神经科学的发展。学者们普遍表示，尽管国内在这个学科的深耕程度还不够，但在某些特定的课题上，国内的研究成果也处于全球重要地位。

1.视知觉拓扑结构和功能层次理论

陈霖等系统地发展了视知觉拓扑结构和功能层次理论。在陈霖看来，知觉组织的拓扑学研究以"一个核心思想和两个方面"为基础。其核心思想是，在探索知觉组织的拓扑结构时，必须从变换（transformation）与变换的稳定性两个视角出发，深入探讨其内在机制。两个方面是：第一方面在于探讨知觉系统的全球性性质，这种性质可以通过拓扑的概念得到表达；第二方面则在于拓扑知觉"优先"于局部知觉。"优先"有两个含义：第一，从宏观上看，拓扑结构的存在为我们对细节的认识提供了坚实的基础；第二，从实际应用出发，基于物理连通性的拓扑性质知觉先于局部几何性质的知觉。视知觉拓扑结构和功能层次理论提出了一种全面的知觉拓扑模型，它与神经生物学的观点相吻合，也与心理学行为实验的结果相符。这种模型引领神经生物学家们重新审视视觉系统的特征，强调物体特征在变化过程中的不变性，从而推动了新的研究方向的出现。

2.整合野

李朝义等提出整合野理论。在探索颜色、图像以及运动感受的复杂性时，我们会发现，我们只是感受了其中的一小块区域。传统的感受野理论已经无法满足我们的需求，因此需要更先进的方法来探索。相关研究表明，"整合野"的感受范围可以覆盖更大的区域，它可以有效地把大量的图像特征融入一个更大的空间，使得我们可以更好地分析、解读、预测、表达出更多的细节，从而更有效地完成复杂的图像信息处理。李朝义等的"三重结构"理论也带来了重大的突破，它不仅可以帮助我们更好地理解人类大脑如何感知周围的环境，还可以将其运用到神经网络、人工智能等多个研究领域。

3.注意过滤器可塑性

罗跃嘉、魏景汉等提出了注意过滤器可塑性的观点。通过应用事件相关电位和功能性磁共振成像技术，罗跃嘉、魏景汉等对人脑的视觉和听觉信息认知加工机制进行了深入探索，提出了一种全新的大脑运作机制的解释。他们揭示了知觉、注意、记忆、语言、思维、情绪等高级脑功能机制，并创造了“跨通路延迟反应”实验模式。

目前，他们正努力构建中国的情绪刺激材料体系，并利用脑成像技术来探索情感和认知之间的联系，以及社会行为的大脑机制。他们认为，注意范围的等级效应可以用“变焦镜”的比喻来更好地理解。当任务变得越来越复杂，刺激物的数量也会变得越来越多，这时候完成任务就需要有更多注意力的参与。但是，我们只能尽可能地利用有限的注意力来完成这些任务。当注意力范围超出了某个限制，则只能以降低注意范围内的注意密度为代价，从而导致反应准确性的降低。

生活中的心理学

整体信息和部分信息，大脑先处理哪个？

面对视觉刺激，大脑究竟是先对整体信息进行加工，还是先对部分信息进行加工？中国科学家钱嘉乐对此做了系统的研究，并于2010年正式提出“整体–部分理论”。

该理论认为，在视觉感知中，在整体信息和部分信息之间存在着相互作用和竞争的关系。大脑在处理视觉信息时，首先会进行整体加工，即将注意力集中在整体形状、结构或特征上。在整体加工过程中，大脑会形成一个整体的感知印象，而忽略或较少关注具体的细节信息。然而，当大脑被要求更加仔细地观察和分析细节时，部分加工机制被激活。在部分加工过程中，大脑会更加注重细节特征，对整体形状或结构的感知会相对减弱。

整体–部分理论强调了整体加工和部分加工之间的动态平衡和竞争关系。它指出，在特定情境下，整体加工和部分加工可以相互影响。该理论认为，大脑的加工策略会根据任务要求、刺激特征和个体差异等因素的不同而变化。该理论对于理解人类视觉认知的机制和注意资源分配具有重要意义，为解释人类在面对复杂视觉信息时的感知特点和注意力的调控方式提供了一个框架，也为视觉认知研究和实践领域提供了重要的参考。

三、认知神经科学的研究方法

20世纪晚期,新技术如经颅磁刺激、功能性磁共振成像、脑电图和脑磁图等成为认知神经科学研究的关键方法。当然,在不同的研究层面和需求下,也会使用其他脑成像技术,如正电子发射断层成像和单光子发射计算机断层成像。甚至动物医学领域使用的单细胞电位记录技术也在认知神经科学中得到应用。此外,微神经电图、脸部肌电图和眼球追踪等技术也在认知神经科学的不同领域中发挥着作用。这些技术的综合应用,为实验研究提供了一整套工具。

接下来,我们将结合国内研究现状和实际的科研需要介绍常用的研究方法和概念,但本书只做简单介绍,更多细节请参考其他专业书籍。

(一)事件相关电位

在认知神经科学里,大多数研究都在使用"事件相关电位"(enterprise resource planning,ERP)一词,而在早期,它被称为诱发电位。它反映了认知过程中大脑的神经电生理的变化。

基于对心理事件的跟踪,科学家将其与在时间上与刺激同步且与刺激事件相关的脑电信号匹配起来,观察到一系列可定义的电位信号,即所谓事件相关电位,从而为脑内信息的研究提供了毫秒级的时间分辨,形成了事件相关电位技术。

1.ERP相关概念

为了帮助初学者更好地理解ERP,我们首先要对与ERP相关的概念进行厘清:

(1)当一种特定的刺激被施加到机体上,无论是增强还是减弱,都会导致神经系统中的电位发生变化。这就是所谓的诱发电位。

(2)事件相关电位是一种特殊的诱发电位。当外界刺激被施加到感知系统或大脑某个部位,这些刺激可能会被暂时抑制,也可能会被改变。这种情况可能发生在脑部某个特定的区域,也可能是由于某种心理因素造成的。

2.ERP的发展

1929年,汉斯·伯格发布了一系列令人瞩目的实验成果,但是很多神经生理学家认为他的研究是不可信的。几年后,著名的生理学家艾利安(1934)、贾斯帕和卡米凯(1935)、吉布斯和伦诺克斯(1935)相继从不同的角度肯定了汉斯·伯格观察到的细节,使人们接受了ERP技术。

1935—1936年,波林和哈洛韦尔首次获得清醒人类感觉ERP的明确记录,但是由于当时的技术影响,大部分研究都集中在感觉领域。

1964年，格雷·沃尔特发现了一种新的认知ERP成分，即通过给定一个警告信号，然后在500—1000 ms内给出另一个刺激，在不受任何外部因素影响的情况下，ERP系统能够产生预期的感知反应。当被试接收到警告信号时，他们的额部电极会产生一个负电压。这个发现促使很多研究者开始进行认知ERP研究。

由于ERP技术具有血流动力学所缺乏的高时间分辨率，大多数认知神经科学家都把ERP技术当作正电子发射断层成像和功能性磁共振成像的一个重要补充，使其发展更加兴旺。

3.ERP神经元的电活动

研究发现，在神经元内部存在两种关键的电信号状态。第一种被称为动作电位，它是神经元从树突接收了信息后，传播至轴突末端。另一种被称为突触后电位，它指的是神经递质与突触后膜上的特殊受体发生接触后产生的电压变化。

若将电极置于脑组织，可记录这两种电位形式。通过插入微小电极，能相对轻松地分离出单一神经元的动作电位，但对于单一神经元的突触后电位则难以实现。在这种方法下，测量通常偏向捕获动作电位，而非突触后电位。唯有同时记录多个神经元，才有可能测量综合的突触后电位和动作电位。

大多数情况下，表面电极很难准确地检测出它们的存在。动作电位生成的时候，其电流在细胞轴突上的某点快速进出，与此同时，其电位也会沿着轴突传递，到达神经末端。在不同的轴突上，多个神经元的电流会相互抵消，导致电极产生的信号变弱。想从大量神经元记录动作电位，只有采用高敏感、高阻抗的电极才行，这样就可以获取突触后电位。

4.ERP电位提取技术

动作电位通常持续约1毫秒；突触后电位则能延续几十甚至几百毫秒，但其主要在树突和细胞体生成，基本上是瞬时出现，不会像动作电位那样以固定速率沿着轴突传播。

ERP一般淹没于脑电之中，数值为2至10微伏，是人体内部的重要信号。它可以反映人体内部的生物信号，并且可以被用来检测人体内部的生物信号。在人类的大脑中，如果神经元的排列顺序保持一致，就可以产生开放电场；反之则为封闭电场。当电场形成之后，大脑内部的传导介质——偶极子便会促进电流传导并达到表面，从而实现容积传导。这种传导中，躯体上任意电位的传导都依赖于偶极子的位置和方向，以及躯体的阻抗和形状，尤其是前额叶皮层的ERP。

随着ERP技术的发展，用磁场记录代替电位记录可以在很大程度上避免高阻抗颅骨所引起的电位污染。偶极子通过容积导体进行扩散，引发ERP现象，而电活动本身带来的最短路径倾向直接导致ERP的侧面扩散，由此带来了ERP的较远电位变化。后续研究通过模糊算法减少相互的污染，更好地实现了ERP来源的真实定位。

ERP研究不仅要考虑到神经元的排列，还要考虑到ERP信号的采样点之间的相互作用，包括近场、远场以及它们之间的关系。例如，初级体感诱发电位通常被放置在大脑的最前面，在这种情况下，ERP的数据收集更加准确。随着距离的增加，脑部的电位会显著降低，使得获取脑部电波的范围变得更加有限。因此，在进行脑部功能的数据收集时，必须兼顾近场源和远场源。

5.ERP影响因素

整体而言，ERP受到以下因素的影响：

物理因素：首先要考虑的是刺激出现的频率。靶刺激出现的频率越低，ERP波幅就越大；如果靶刺激的出现频率增加，波幅则会减小。其次，需要考虑刺激之间的时间间隔。刺激之间的间隔越长，ERP波幅越大。最后，刺激所涉及的感觉通道也会影响到ERP的表现，听觉、视觉以及体感感觉通道都能引发ERP，然而它们的潜伏期和波幅各不相同。

心理因素：在执行电位检测时，被试的情绪和专注度对测量结果有直接影响，包括他们的觉醒状态、注意力程度等因素。

生理因素：生理因素对波幅和潜伏期的影响是显著的。随着年龄的增长，潜伏期会变得更长，而波幅则会变得更小。儿童和青少年波幅会更高。此外，ERP的各种组成部分也会在头皮上分布。

6.ERP的主要成分

近四十年的探索已经揭示出一些具有代表性的ERP成分，与心理学研究密切相关的主要包括CNV、P300、MMN和N400等。在这里重点介绍P3（P300）成分——P3家族。

P3成分最早由萨顿发现（Sutton，1965）。按照ERP的成分划分方法和潜伏期的差异，10ms内为早成分，10—50ms为中成分，50—500ms为晚成分，500ms以后则称为慢波。P3属于晚成分。目前针对P3的研究非常多，有数以千计的P3实验公开发表，但是很多学者依然认为P3的研究不够彻底。很多研究都是围绕各种操作对于P3振幅与潜伏期的影响，但是P3波到底反映了什么样的神经过程或认知过程，还需要进行大量的探索。

斯奎尔斯等对P3波做了区分，识别出额区最大的P3a成分和顶区最大的P3b成分（Squires & Hillyard et al.，1975），这两个成分通常被音调频率或者强度上发生变化的咔嗒声诱发，而且往往是意外出现的。其中，P3b成分仅仅出现在刺激变化和任务相关时。由于任务态的多变性，以及刺激常量的复杂性，很多研究者将其称为P300

成分,但是就其起因而言,这是学者的误读。

P3波在目前的研究中涉及较多,虽然很多实验者未能完全掌握其含义,但可以根据振幅和潜伏期对其相关因素进行研究。例如,P3波的标志性特点是对靶概率的敏感性。邓肯·约翰逊在实验中发现,靶概率越低,P3振幅就越大。后续的研究也发现,在整个实验中,不但整体概率重要,局部概率也很重要。1977年,库塔斯等设计了一个任务:在一系列姓名中检测男性姓名,并在检测到的时候按下任务键,每个姓名只出现一次(Kutas & McCarthy et al., 1977)。在这个任务中,P3波的振幅大小就依赖于这个系列中男女姓名的比例。

Oddball范式被认为是最经典的实验范式。它的核心思想是:给予两种出现概率不同的刺激信号时,会产生两种不同的ERP反应。在实验中,两种出现概率不同的刺激按照随机的次序排列,要求被试关注突发的小概率刺激(Odd)并及时做出响应。当被试接触到较低概率的刺激,P3的波形会显著提升,特别是在Pz点附近,它的潜伏期会显著延长。当被试接受较低的心理压力时,P3的波形会显著提升,从而提升应对能力。根据麦卡锡和其他学者的看法,P3的波幅体现了大脑处理信息的能力。因此,P3有望被用于深入探索大脑的各种神经元。

近年来,高精度神经信号处理技术揭示了P3波形的脑源不止一个。这使得P3不再被视为单一成分,而是与多种认知加工相关。此外,P3的定义也发生了变化,许多具有不同潜伏期的波形被归类为P3家族的一部分,统称为晚正复合体。

ERP技术最显著的优势体现在它的快速时间响应性方面。它可以反映大量内源性事件的信息,这些信息可以帮助我们更好地理解大脑的运行机制,比如注意力、视觉、听觉和工作记忆。P3成分是最早被发现的内源性脑电成分,它反映出人们在完成某项特定的神经活动后,是否获取了预先设定的信号,以及是否完成该活动。它的潜伏期与活动的复杂程度成正比。虽然P3在诊断和治疗认知障碍中被广泛应用,但最近的研究显示,它的作用机制涉及多种认知处理。

正是基于P3的不断探索,人类对脑功能研究的需要在不断提升,于是就有一种新的技术被投入实践之中,这便是功能性磁共振成像。

(二)功能性磁共振成像

由于ERP的空间分辨率不足,功能性磁共振成像(fMRI)作为一种新兴的神经影像学技术出现在现代认知心理学的研究过程中,其原理是利用磁振成像来测量神经元活动所引发的血液动力的改变。fMRI技术因具备无损伤、无放射污染的特点被普遍使用,自20世纪90年代以来,已经成为神经系统功能测量的重要工具。目前,fMRI技术已经被广泛应用于对人类和动物的大脑和神经系统的检测。

1.fMRI的定义

fMRI是脑功能成像技术中发展最为迅速的新技术，主要包括功能活动MRI、脑灌注MRI和脑扩散MRI。人体血液中的血红蛋白是抗磁性物质，脱氧血红蛋白是顺磁性物质。当大脑受到视觉刺激或产生运动感知、认知活动时，相应区域的大脑皮层的血供流量、流速及脱氧程度就会产生变化，从而使该区域的磁化率发生改变。利用对磁化率敏感的快速、高分辨梯度的回波磁共振成像，可以检测并显示这种变化的空间分布及其动态过程，识别功能区域，建立刺激与响应之间的联系，以研究脑功能的发生机制。

fMRI是一种确定血氧含量是否增加的技术。它的基本原理是：当人接收外界信息时，大脑皮层特定区域对这些信息会做出相应的反应。相应皮层区域的神经元和神经胶质细胞的生物化学过程迅速增强，在激活的脑区消耗大量的能量。这样就会导致大脑局部血管血流增加，形成脑区磁场的不均匀性（也称梯度）。这种微观磁场梯度变化会使磁共振信号增强，增强的程度与血液磁化（血氧浓度）率有关。因此功能性磁共振成像又叫血氧水平相关成像。

2.fMRI实验设计

fMRI的实验设计主要分为两类：组块设计和事件相关设计。组块设计采用块状刺激方式，将相同类型的刺激分组重复呈现，常用于功能性定位；而事件相关设计则具有随机性，适合行为事件研究。

平面回波成像、梯度回波脉冲序列和螺旋成像技术都是fMRI扫描序列中较为常见的成像技术。其中梯度回波脉冲序列速度较慢，容易受到运动干扰产生伪影，主要适用于简单运动研究的单一刺激情境。平面回波成像技术是当前广泛使用且速度较快的fMRI成像方法之一，适用于多功能区成像研究，特别是多刺激和复杂运动条件下。然而，由于需要快速切换梯度磁场，该技术可能引发较大的噪声。此外，灌注加权成像和弥散张量成像是fMRI技术的两种变体。

灌注加权成像常常显示出较为有限的敏感性和解剖范围，对大尺度区域的磁场效应不甚敏感。在高磁场条件下，弥散张量成像具有一定的应用潜力。这项技术可以减少血流信号的影响，增加对血管外现象的感知能力，进而提升对神经活动的敏感性。

（三）经颅磁刺激

一系列成像技术推动了认知神经科学的发展，但是依然存在局限性，对于因果关系的探索仍是主要的难题：探测脑区功能的激活，并不能说明在执行该任务的时候，该区域的脑功能扮演着关键作用。但是,如果通过反向逻辑抑制指定脑区的动作,在行为表现上出现不调或者功能性丧失,就可以判断该脑区在动作完成中具有关键作用。经颅磁刺激技术应运而生,它通过放置在头部的线圈发射强有力的磁脉冲,导致脑表面的指定区域出现瞬间电流,以较高的时间精度和良好的空间精度来干扰脑的加工机制。其原理如图10-1所示。

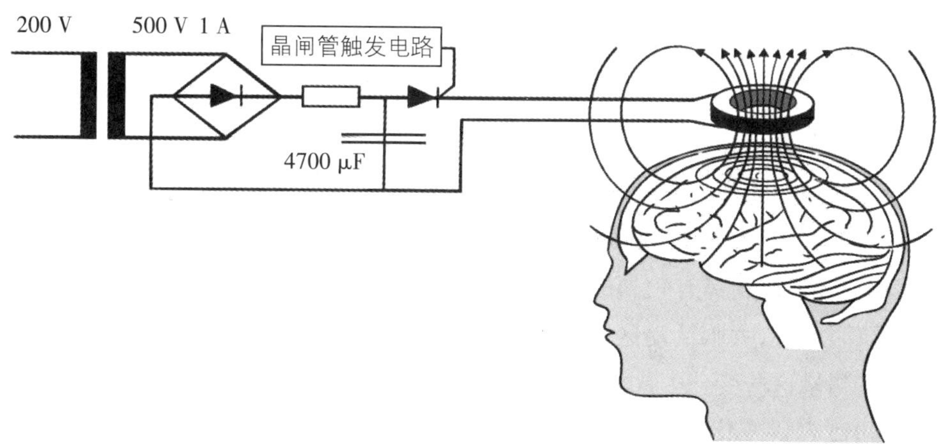

图10-1 经颅磁刺激技术原理示意图

经颅磁刺激(transcranial magnetic stimulation,TMS)技术可被视为一种短期且可逆的虚拟性损毁方式。这一技术最早由Barker等提出。英国Magstim公司于1985年推出了世界上首台经颅磁刺激仪,为该技术的应用开辟了道路。经颅磁刺激仪以其无痛、非侵入性的物理特性,实现了人类长期以来的愿望——通过虚拟性损毁来探索大脑功能和高级认知功能。随着计算机技术的不断进步,连续可调重复经颅磁刺激(rTMS)技术应运而生,在临床精神病学、神经疾病学以及康复领域获得越来越多的认可。使用电容器储存足够的电荷后,我们可以通过感应线圈来瞬间释放这些电荷,从而形成一个强烈的磁场。这种磁场可以通过不经常接触的部位(如头皮、颅骨或者神经元)来传递信息,从而使我们的神经系统受到影响。当外界的电压作用于皮质时,会导致锥体细胞的兴奋,从而促使细胞的微小结构及其功能的改变。目前,TMS技术可以分为三种不同的刺激方法:单脉冲TMS(sTMS)、双脉冲TMS(pTMS)和重复性TMS(rTMS)。

TMS技术用于激活大脑皮层,如视觉和躯体感觉皮层,实现局部兴奋或抑制效应,用于研究系统功能。此外,TMS还在学习、记忆、语言、情绪等领域应用广泛。无框架立体定位TMS技术结合fMRI结果,能大幅提高刺激位置的精确性,实现对刺激深度和强度的精准控制。这一技术在科研和神经外科手术中被广泛应用。

（四）近红外检测技术

近年来，儿童认知发展受到越来越多的关注，然而，当前的脑功能成像技术（如fMRI）无法满足儿童、老年人以及其他特定人群的需求。

根据现有生物学和生理学研究，当人体的神经系统处于运作状态时，它们的血液循环量，相关的磁场、电场以及光谱等都产生了不同程度的变化。600nm的近红外光是一种特殊的能量，它的散射特性很强，很容易穿透人体的组织，形成一个可见的光谱窗。血液的主要成分对600—900nm的近红外光的吸收非常小，因此600nm的近红外光也被称为光谱窗。

760nm和850nm附近波长的近红外光，其散射能力受到人体大脑皮质限制，对氧合血红蛋白和脱氧血红蛋白的敏感性表现出差异。具体而言，760nm波长的灵敏度较低，而850nm波长则具有较高的灵敏度。

在认知活动中，大脑活动区域内的氧合血红蛋白和脱氧血红蛋白会发生变化，通过衰减可以测量这些变化。同时，通过追踪大脑皮层散射光的强度，可以推测特定区域的血氧和血容量变化。这样，我们能够获取脑内氧合血红蛋白和脱氧血红蛋白相对浓度的变化，从而推测参与认知活动的脑区以及不同脑区之间的关系。

功能性近红外光谱技术（functional near-infrared spectroscopy，fNIRS）正是基于上述光谱衰减变化的验证性研究而提出的，它已经成为脑科学领域的前沿追踪技术，为认知神经科学提供了崭新的研究视角。

随着fNIRS的引入，我们能够更轻松地获取儿童（特别是婴幼儿）的脑功能成像数据，显著减轻了对他们进行研究时的负担。由于fNIRS具有无创性和便携性，它在幼儿神经机制研究中发挥着重要作用。

巴拉苏布拉曼尼等研究者使用fNIRS对10名年龄在5—8个月的婴儿进行观察，探究他们在观看正立的和反转的人脸图片时大脑的血氧代谢情况。研究结果发现，观看正立人脸时，婴儿的右脑氧合血红蛋白浓度和总血红蛋白浓度显著增加。此外，不论是在正立或反转人脸条件下，右侧总体血红蛋白浓度之间的差异均显著。研究还指出，颞叶区域的血流动力学变化尤为显著，强调了幼儿在对正立人脸进行辨认时右脑的重要性（Balasubramanian & Hijmans，2007）。

fNIRS在我国从2013年之后便快速发展。在国外，这项技术已经获得了各国医疗技术及科学监督部门的准许，开始在幼儿、老年人身上进行大量的研究。但是由于目前的理论建构不足，在短时间内很难取代fMRI、ERP、TMS技术。

拓展阅读

正电子发射断层成像(PET)技术

正电子发射断层成像(PET)是一种核医学成像技术,用于研究人体内部的生物代谢和器官功能。它可以提供关于组织和器官功能的信息,如脑部的代谢活动、心脏的血流动力学以及肿瘤的代谢活性等。

原理:利用直接对脑功能成像的技术,给被试注射含放射性同位素的示踪物,同位素放出的正电子与脑内的负电子发生湮灭,从而释放出射线。通过记录γ射线在大脑中的位置,可以测量局部脑代谢率和局部脑血流的改变,以此反映大脑的功能活动变化。具体表述为:PET示踪剂(分子探针)→引入活体组织细胞内→PET分子探针与特定靶分子作用→发生湮没辐射,产生能量同为0.511MeV但方向相反且互成180°的两个光子→PET测定信号→显示活体组织分子图像、功能代谢图像、基因转变图像。

应用:可用于精神分裂症、抑郁症等的鉴别和诊断,了解患者脑代谢情况及功能状态。PET也可用于癫痫病灶定位、阿尔茨海默病的早期诊断与鉴别、帕金森病的病情评价等。PET检查在精神病的病理诊断和治疗效果评价方面已经显示出独特的优势,并有望在不久的将来取得突破性进展。

第二节　认知的神经基础

认知活动是基于什么产生的?这是心理学家的研究重点之一。认知神经科学研究试图揭示人类认知活动的脑机制,即人脑如何在分子、细胞、脑组织区和全脑层次上协同工作,实现各种认知活动。

一、神经元

神经系统是人体主要的机能调节体系,它直接或间接地对人体各器官、系统发挥作用,使人体顺应内外部环境的变化,以维持生命活动的正常开展。神经系统最为关键的组成部分是神经元。人脑中的每个神经元都具有相当于一台小型计算机的处理能力。神经元中有相当大的部分同步活动,大量信息加工是通过彼此交互作用实现的。

（一）神经元的组成

神经元是神经系统最基本的结构和功能单位，分为细胞体和突起两部分。细胞体由细胞核、细胞膜、细胞质组成，具有联络和整合输入信息并传出信息的作用。突起有树突和轴突两种。树突短而分枝多，直接由细胞体扩张突出，形成树枝状，其作用是接受其他神经元轴突传来的冲动并传给细胞体。神经元的主体叫作胞体。胞体的直径一般为5~100 μm。胞体上的短分枝被称为树突，而从胞体延伸出的是被称为轴突的长管。轴突的长度为几毫米至一米不等。

（二）神经元的传输

轴突为神经元提供了彼此之间通信的固定通道。轴突在其端部分叉形成许多树状枝，神经元和神经元之间的接触部位被称为突触。典型神经元的示意图如图10-2。在神经元之间进行信号传导的过程中，轴突的末梢会分泌特殊的神经系统递质。这些神经系统递质会影响树突受体的细菌膜，从而影响它们的极性和电压。这种影响在树突受体的细菌膜的两边表现得特别明显，它们之间的电压差异可以达到70毫伏，这也意味着树突受体的细菌膜的内部比外部更容易受到信号的影响。细胞膜外侧高浓度的带正电的钠离子的存在，对理解神经元的功能尤其重要。根据神经递质的特性，这个电位差能够升高或降低。使电位差降低的突触被称为兴奋性突触，而使电位差升高的突触则称为抑制性突触。

每个神经元形成和接受约1000个突触联系。每个突触引发的电位变化都相当小。然而，单个兴奋和抑制效应却能够累积起来。如果有足够的净兴奋输入，胞体的电位差就会急剧下降。如果电位差下降足够大，去极化将会出现在连接轴突与胞体的轴丘上。这种去极化现象是由带有正电的钠离子迅速进入神经元内引起的，使得神经元的内部电位在极短的时间内（约1毫秒）显著高于外侧电位。这种被称为动作电位或尖峰脉冲的突变会沿着轴突下传。也就是说，沿轴突往下，电位差会产生突发的瞬时改变。这种突变的传导速率在0.5 m/s至130 m/s之间，取决于轴突的特性，例如轴突被髓鞘覆盖的程度（髓鞘化程度越高，突变传导得越快）。神经脉冲抵达轴突的末端时，会造成神经递质释放，从而完成循环。简而言之，电位的改变在细胞体上逐渐积累，当达到阈值时会形成动作电位沿轴突下传。该脉冲进而导致神经递质从轴突末梢传送至另一个神经元，并引起它的细胞膜的电位的改变。

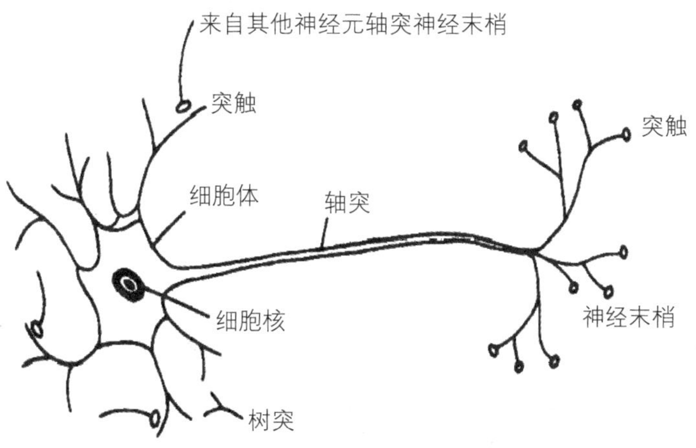

图10-2 典型神经元的示意图

神经通信完成从一个神经元至另一个神经元的路径需要1—100 ms,实际速度取决于有关神经元的特性。这比计算机在1秒钟内执行几百万次运算要慢得多,但是,人脑中同时进行着数以10亿计的这类活动。

(三)神经元的活动模式

人脑中有两个特别重要的信息表征。第一个是细胞膜的电位,它可以是或大或小的负值。第二个是一个轴突每秒传递神经脉冲的数量,这个量叫作轴突的放电频率(rate of firing),它是可以改变的。一般认为,重要的是沿着一个轴突传递的脉冲的数量而不是脉冲的模式。放电频率可以高达每秒100个神经脉冲。放电频率越高,轴突对与它以突触相连的细胞的影响越大。

有一种方法能从概念上把握神经元间的交互作用,从而解释神经系统中信息传递的许多特殊变化。通过研究神经元的交互活动,人们发现了一种新的理论,它可以揭示出神经元在不同情景下的信息转换过程。这种理论认为,神经元的活化水平会随着它的轴突的释放频率、树突的去极化程度等因素发生改变。当某个神经元处在活跃状况时,另一个神经元会受到影响,从而产生不同的反馈。所有的神经元之间的交流,无论是增强还是削弱,都会对人脑的功能产生重要的影响,从而为我们的认知建立起坚实的基础。

人脑能够以神经活动的模式而不是简单的细胞放电来表达信息。表10-1中的编码包括冗余位元,它使得一旦有某些元丢失时,计算机能够纠错(注意,表中每一列都有偶数个数字1,它反映了为冗余所增加的位元)。和计算机一样,脑对信息的编码似乎也是冗余的。它使得即使一定的细胞受到损伤,脑仍能确定模式的编码对象是什么。一般认为,脑所使用的信息编码和实现冗余的系统与计算机中所采用的完全不同。并且,脑似乎采用了比计算机所使用的冗余度高得多的编码,因为单个神经元的行为并不特别可靠。

以上就是神经活动的模式。然而,这种模式是瞬间的。脑不会将同一模式保持几分钟,更不用说几天了。这意味着神经的活动模式不能对我们关于外部世界的永久性知识进行编码。人们认为记忆通过神经元间突触连接的变化进行编码。通过改变突触连接,脑能使自己重新生成一定的模式。成年人大脑中的神经元和突触数量相对稳定。尽管如此,突触的效能可以因为经验而调整。研究发现,学习过程中,突触连接可以改变,包括增加神经递质的释放以及提高树突上受体的敏感性。

表 10-1 用带奇偶校验的比特 ASCII 码来编码的认知心理学

1	1	0	0	1	1	1	0	1	
1	1	1	1	1	1	1	1	1	
0	0	0	0	0	0	0	0	0	
0	0	0	0	0	0	0	1	0	
0	1	0	1	1	0	1	0	0	
0	1	1	1	0	1	0	0	1	
1	1	1	1	0	0	0	1	0	
1	1	1	0	1	0	1	0	1	
0	0	0	1	0	1	1	1	0	0
1	1	1	1	1	1	1	1	1	1
0	0	0	0	0	0	0	0	0	0
1	1	1	0	0	0	0	0	0	1
0	0	1	0	1	1	1	1	0	1
0	0	0	0	0	1	1	1	1	0
0	1	0	1	0	1	0	1	1	0
0	1	1	1	0	1	0	1	1	1

二、周围神经系统和中枢神经系统

(一)周围神经系统

神经系统是人类和其他动物的重要生物系统之一,负责接收、传递和处理信息。它由多个部分组成,包括中枢神经系统和周围神经系统。周围神经系统是除中枢神经系统以外的神经系统的总称,由脊髓发出的31对脊神经和脑发出的12对脑神经组成,包括支配内脏器官活动的自主神经系统(又称内脏神经系统或植物性神经系统)。根据功能的不同,周围神经分为传入神经和传出神经两部分。传入神经(又称感觉神经)是将外周感受器发生的神经冲动传至中枢的神经纤维。实际上,周围神经系统中大部分都是混合神经,它们同时携带感觉神经纤维和运动神经纤维。传出神经可以进一步细分为支配骨骼肌的躯体运动神经和支配内脏器官的自主神经。自主神经又分为交感神经和副交感神经两个部分。这些自主神经成分也存在于部分脑神经和脊神经中。

(二)中枢神经系统

中枢神经系统由位于颅腔内的大脑和椎管中的脊髓组成。大脑位于头骨内,分为脑干、小脑、大脑半球和间脑等部分。脊髓则位于脊柱内,负责连接大脑和周围神经。中枢神经系统是神经信息处理和调控中心,主要负责身体的运动、感觉、认知和情绪等功能。

1.脊髓和脊神经

(1)脊髓

①脊髓的位置和外形

脊髓是一种特殊的神经系统,它的顶部有一个稍微扁的圆柱体,并且在第一、二、三个腰椎之间有一个小的突出部分,这个部分被称为脊髓圆锥,如图10-3所示。

脊髓的长度和粗细各异,其中颈部和腰部呈梭形膨胀,这种膨胀是由于支配上肢和下肢的神经元和纤维的数量增加而导致的。在人体,颈膨大较腰膨大更为明显。

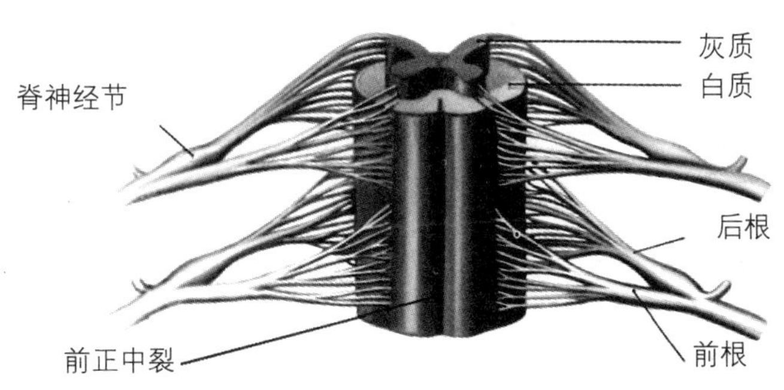

图10-3 脊髓圆锥的神经解剖

脊髓两侧覆盖着的一系列神经纤维构成神经根,分为前根和后根。前根位于前部,包含运动神经纤维;后根位于后部,由脊神经节细胞朝向中枢神经系统延伸的纤维组成,主要用于传递感觉信号。后根区域包括脊神经节,这是细胞体聚集的地方,由单极神经元构成。这些神经元的中央轴突延伸进入脊髓，形成后根，并通过周边分支连接身体各部位，接收多样的感觉信息。前根和后根在椎间孔处合并形成脊神经。每对脊神经与脊髓的一个部分相连，称为脊髓节段。脊神经共有31对，因此脊髓分为31个相应的节段，包括8个颈部、12个胸部、5个腰部、5个骶部和1个尾部节段。

②脊髓的内部结构

脊髓的内部结构包括灰质和白质。从脊髓的横断面来看，有一个形似蝴蝶的灰色结节，它与其外围的白色结节形成了一个完整的结构。这个结构包含了许多细胞，它们之间的联系十分密切。

灰质在脊髓内部，呈蝶状。中央管与上方第四脑室相通，含脑脊液。前端膨胀成前角，后端狭窄为后角。胸段和上腰段，前角后角间还有向外凸起的侧角。

白质在灰色结构中，索分别沿着前、后两个方向延伸，其中，前索沿着结构的内部延伸，而后索沿着结构的外部延伸。两者的交叉处构成了侧索。神经元可以从脊椎的不同节点接收到来自大脑的信号，并从大脑的不同节点转移到小脑，从而实现信号的转移。因此，这种神经元被称作传导束。

(2)脊神经

脊神经通过椎间孔后，迅速分为前支和后支。后支较为细弱，分布在颈项、背部和腰骶区的深层肌肉与皮肤。前支较为粗壮，覆盖颈部、胸部、腹部和四肢的肌肉区域。这两支神经都是混合神经，包含运动和感觉神经纤维。其他脊神经的前支在颈部、腰部、骶部等区域汇聚成神经丛，随后再重新组合并分支，分布在颈部、部分腹壁、会阴以及肛门的皮肤和肌肉。这些神经丛被称为颈丛、臂丛、腰丛和骶丛。

脊椎的神经系统可以被划分成若干个独立的节点，其中以胸椎的第4胸椎节点与第10胸椎节点的连接最为清晰，它们可以控制胸椎的各个节点，从而影响胸椎的整个形态。在临床实践中，通过观察患者的肢体表面，能够准确地确认是否存在脊髓损伤。此外，由于两条脊髓神经的控制范围有限，一条脊神经的损伤并不至于导致它所支配的皮肤感觉或肌肉运动完全丧失。

2.脑和脑神经

(1)脑

图10-4为脑的剖面图，其中标注了一些主要的结构。脑靠下的部分是进化较早的部分，靠上面的部分是只有高等生物才充分发展了的部分。

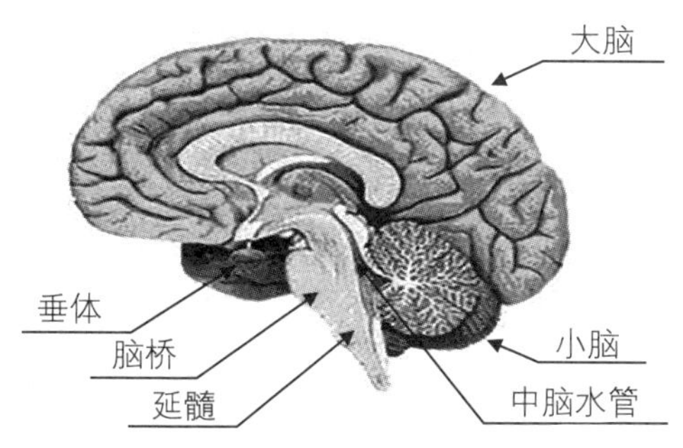

图10-4　脑的纵剖图

相应地,脑靠下的部分承担着比较基本的功能。延髓控制呼吸、吞咽、消化和心跳。下丘脑管理着基本欲望的表达。小脑在运动协调中起着重要的作用。丘脑起着中继站的作用,用来将运动和感觉信息从较低的区域传递至皮层。小脑和丘脑承担了这些基本功能,在高级认知方面也起着重要的作用。

大脑皮层,也称为新皮层,是一种极具特色的神经结构。成人的大脑皮层的表面积大约有2500cm^2。为了使这块神经皮层容纳于颅骨内,它必须是高度折叠的。有着大量褶皱的大脑皮层是人脑与低等哺乳动物的脑之间显著的物理差别之一。皮层向外突出的部分称为脑回(gyrus),而脑回之间的皱褶称为脑沟(sulcus)。

新皮层分为左右两个半球。身体的右半部分往往是与脑的左半球连接,而身体的左半部分则往往与脑的右半球连接。因此,脑的左半球控制右手的运动和感觉。右耳与左脑半球联系最强。每只眼睛中接收从视野左侧输入的刺激的神经感受器都连接到右脑半球。

布罗德曼根据细胞类型的不同,将人的大脑皮层分为52个不同的脑区(Brodmann,1909)。研究表明,不同部位之间的生理机制有着显著不同。大脑有四个主要部位:前额叶、中央、后枕叶以及后颞叶。这些区域是由大脑皮层上的主要褶皱或脑沟划分出来的。枕叶(occipital lobe)涵盖一个初级视觉区。顶叶(parietal lobe)把握了某些感知函数,包括空间处理和人体特征等,同时也涉及注意力调节。颞叶(temporal lobe)对物品进行辨认,其中也包含一级听区等。额叶(frontal lobe)有两个主要功能:额叶的背部负责初级运动加工;前面的部分称为前额叶皮层(prefrontal cortex),控制着更高级的加工过程,例如计划。灵长类的大脑额部比大多数哺乳动物在比例上都要大得多,人类因其占据最大比例的前额叶而与其他灵长类不同。

我们不能因此认为只有新皮层才在高级认知中扮演重要角色。脑中有许多由皮层至皮层下结构再返回皮层的重要回路。经证实,一个对记忆极其重要的区域是位于大脑皮层和下层结构之间的边界处的边缘系统。边缘系统包括一个叫作海马(hippocampus)的结构(位于颞叶内部),它对人的记忆至关重要。

另一组重要的皮层下结构是基底神经节(basal ganglia)(见图10-5)。基底神经节既参与基本运动控制,又参与复杂认知控制。这些结构接收来自几乎所有皮层区域的投射,并且发送投射至前额皮层。帕金森病和亨廷顿病之类的神经疾病就是由于基底神经节损伤所致。患者不但出现了以颤抖和僵直为特征的明显的运动失控症状,而且他们在完成精细的认知任务方面也存在困难。小脑的主要作用是运动控制,但在高级认知过程中也扮演着重要角色。在小脑损伤的患者中已经观察到了许多认知缺失症状。

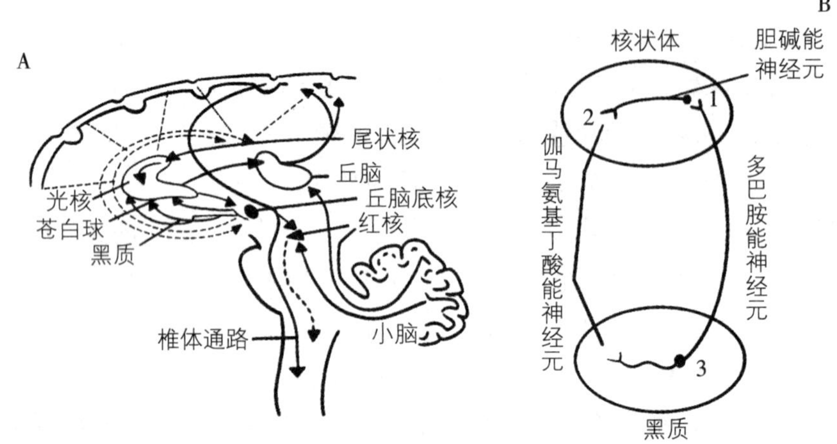

图10-5　基底神经节及其纤维联系示意图

(2)脑神经

脑神经共有12对,它们都和大脑有关联,大多数集中在人的脸和颈部,其中,第1、2、8对神经系统为感知神经,第3、4、6、11、12对神经系统为运动神经,第5、7、9、10对神经系统为混合神经。

神经系统的活力来源于它们的神经节。这些神经节可以通过神经节的节段来传递信息,还可以通过节段的结合来传递信息。颅底骨的节点通常被认为是神经的起源,它们的尺寸、外观以及其他特征都有着明显的差异。

第三节 实践中的认知神经科学

一、教育领域中的实践与应用

语言学习:研究发现,大脑中的特定区域与语言处理密切相关,如布洛卡区和温克尔斯区。这些区域在语言学习和使用中起着关键作用。这可以解释为什么脑损伤可能导致语言障碍,同时也表明通过刺激这些区域,可以促进语言学习。

阅读:阅读涉及大量的视觉处理,包括识别字母、单词和段落,认知神经科学提供了许多关于我们如何理解文字、识别字词和构建意义的有趣见解,并揭示了大脑如何将视觉信息转化为我们可以理解的语言信息。相关研究表明,大脑在识别单词时会倾向于根据字母的形状和排列来处理信息。这解释了为什么在部分字词错误时,我们仍然能够正确地识别大部分句子。

数学认知:认知神经科学研究人类大脑的结构和功能,以及如何进行思维、学习和记忆等认知过程。它对数学认知的启发在于揭示了数学思维和数学学习如何在大脑中进行,以及可能影响数学表现的神经机制。认知神经科学研究表明,人类大脑中的一些区域与空间感知和几何思维密切相关。这有助于解释为什么一些人更容易理解和运用几何概念,因为这些概念在他们的大脑中有更强的神经基础。

学习情绪:在学习情绪方面,认知神经科学为我们提供了许多有关情绪如何影响学习以及如何最大程度地利用情绪来促进学习的见解。情绪状态可以显著影响学习和记忆。积极的情绪(如兴奋、喜悦)有助于提高信息的记忆和理解,而消极的情绪(如焦虑、恐惧)可能会干扰学习过程。因此,教育者和学习者要努力创造积极的学习环境,以促进更有效的学习。此外,压力和焦虑可能会对学习产生负面影响。当身体处于应激状态时,大脑更专注于应对潜在的威胁,而不是学习。因此,学习者需要学会应对压力和焦虑,以便在学习时保持冷静和专注。

二、经济领域中的实践与应用

认知神经科学关于经济决策的脑成像研究探索了人类在进行经济和金融决策时大脑活动的过程。这些研究有助于我们理解经济决策的神经基础,以及为什么人们在不同情境下会做出特定的经济选择。以下是一些关键的脑成像研究发现:

奖赏系统和决策:研究发现,大脑中的奖赏系统,特别是与奖赏相关的区域如腹侧前额叶皮层和纹状体,在经济决策中起着重要作用。这些区域与价值评估、奖赏预期和决策制定密切相关。

风险和不确定性处理:经济决策通常涉及风险和不确定性。脑成像研究表明,扣带回和背外侧前额叶皮层等区域在处理风险和不确定性时起着关键作用。这些区域有助于评估可能的风险和奖赏,并在决策时平衡不同的选择。

即时满足与延迟满足:研究揭示了大脑在即时满足与延迟满足之间进行决策时的差异。前扣带回皮层和背外侧前额叶皮层等区域在权衡即时满足和长期利益时发挥作用。

社会经济决策:大脑在处理社会情境中的经济决策时也表现出不同的活动。扣带回、顶叶和枕叶等区域与社会评价等有关。

心理会计和损失厌恶:脑成像研究还发现,人们对待损失和收益的方式在神经层面上有所不同。腹侧纹状体与奖赏相关,而杏仁核则与对损失的反应和损失厌恶相关。

认知神经科学揭示了经济决策背后的神经机制。这些机制涉及价值评估、风险处理、奖赏预期、时间偏好、社会因素等多个方面,有助于我们更深入地了解人类为什么会做出特定的经济选择,以及如何优化经济决策的过程。

三、软件设计领域的实践与应用

(一)用户界面设计

认知神经科学在用户界面设计中的应用,可以帮助开发人员更好地理解用户行为和需求,从而设计出更符合用户认知特点的应用界面,提高用户体验和舒适度。优秀的用户界面设计不仅能够增强用户的满意度和效率,还能够建立用户对产品的信任感,从而为产品的成功和用户的愉悦体验提供坚实基础。用户界面设计主要关注以下几个方面:

颜色:根据认知神经科学的研究,不同颜色激活大脑中的不同区域,引发不同的情感和注意力。设计师可以利用这些原理,选择适合产品目标的颜色方案。例如,使用醒目的颜色来吸引用户的注意力,或使用温暖的颜色来营造友好和舒适的氛围。

对比度:高对比度可以帮助用户快速辨认和理解界面元素。通过合理的对比度设置,设计师可以使关键信息更加醒目,突出重要功能和内容,提高用户的注意力和易用性。

排版:良好的排版可以提高信息传达效果和用户体验。根据认知神经科学的原理,采用清晰的层次结构、合适的字体大小和行距、正确的对齐方式等,可以帮助用户更好地理解信息,降低认知负荷。

图像:认知神经科学的研究表明,人脑对图像的处理速度和理解能力远高于文字。通过使用有意义的图像、符号和图标,设计师可以更直观地传达信息,帮助用户更快速地理解和记忆产品的功能和操作。

(二)交互设计

认知神经科学在交互设计上的应用是为了更好地理解和优化用户与交互式系统(如应用程序、网站、虚拟现实等)之间的交互过程,以提供更直观、高效和愉悦的用户体验。以下是认知神经科学在交互设计中的一些应用方法:

简化操作流程:用户在使用产品时,烦琐的操作流程会增加其认知负荷。通过简化操作流程,设计师可以降低用户的认知负荷并提升产品的易用性。

提供明确的反馈:用户在与产品进行交互时,需要明确的反馈来确认他们的操作是否成功。认知神经科学的研究表明,即时的反馈可以增强用户的参与感和满意度。设计师应该确保即时向用户提供听觉或触觉的反馈,帮助用户了解其行为的结果和状态。

导航和信息结构:通过设计清晰的导航系统和信息结构,设计师可以减轻用户的认知负荷。例如,使用易于理解和一致的导航标签和分类;提供明确的信息结构和层次,使用户能够快速找到所需的信息。

引导用户注意力:设计师可以使用视觉层次结构、颜色和动画效果等视觉元素来吸引用户的注意力,突出关键信息。此外,通过合理的布局和设计元素的显著性,设计师可以引导用户的注意力流向,并降低干扰因素的影响。

认知负荷的分配:用户在同时处理多个任务或信息时,会面临认知负荷的挑战。设计师应考虑如何合理分配用户的认知负荷,以确保用户能够有效地完成任务。

(三)用户体验设计

认知神经科学在用户体验设计中的应用旨在理解和优化用户与产品、服务或界面的交互过程,以提供更好的用户体验。以下是认知神经科学在用户体验设计中的一些常见应用:

可视化元素:使用易于识别和理解的图标、图像和符号,以及合适的颜色和对比度,帮助用户快速准确地识别和解释信息。

导航和信息架构:根据用户的认知习惯和心理模型设计导航结构和信息组织,使用户能够直观地找到所需内容,降低学习成本和认知负担。

交互反馈:通过及时的交互反馈,如动画、过渡和声音效果,帮助用户理解他们的操作产生的结果，增加界面的响应性，提高用户满意度。

决策过程：认知神经科学的研究表明，人类决策受到情感、认知偏见和信息处理方式的影响。设计用户体验时，应考虑用户的情感需求和心理偏好，使用户在决策过程中更加愉悦和满意。

用户测试和反馈：运用认知神经科学方法，通过用户测试和反馈，了解用户在使用产品或界面时的认知过程和体验，从而优化产品设计。

四、心理学领域的实践与应用

尽管认知神经科学仍处于萌芽阶段，但近十年来，它以惊人的进步和突破性成就受到全球心理学家和神经科学家们的广泛重视。毫无疑问，这一领域所带来的突破性进展，将会极大地推动心理学研究和实践。

（一）记忆的神经机制

记忆的神经机制涉及大脑中多个区域和神经途径的协同作用，以及突触可塑性的调节。短时记忆和工作记忆是短暂保存信息的能力，以便在进行认知任务时使用。这些记忆类型涉及前额叶皮层等区域，神经元在短时间内维持激活状态，通过电化学信号维持信息（Baddeley，2000）。长时记忆能够在相对长的时间内保持和检索信息。这种记忆类型包括显性记忆（如事实和事件）和隐性记忆（如习惯和技能）（Tulving & Kapur et al.，1994）。海马是长时记忆形成的关键区域之一，它参与了将短时记忆转化为长时记忆的过程，称为记忆转化过程。在记忆转化过程中，突触可塑性是神经网络中记忆形成和储存的关键机制。这些机制之间相互交织，形成了复杂的记忆网络。随着ERP、fMRI等先进技术的发展，人们已经可以准确地将脑部受损的区域与各种记忆相关联，但是，目前尚无足够的研究来阐明这种关联的细节。

（二）情绪的神经机制

情绪也是认知神经科学研究的一部分，早在两千年前就有哲学家探索情绪和认知的关系，如古希腊时期著名的哲学家柏拉图认为，人的灵魂是由理性、激情、欲望三者构成的，理性占主导地位。他把理性与情绪比喻为“主人-奴仆”的关系。亚里士多德认为，心理学是研究人类这种有机体的更为高级的机能即认知、欲望和情感；并且他认为情绪是人类高级认知与低级的纯感官欲望相结合的产物，即情绪的认知观点。近些年来，随着科技的迅猛发展，相关的无创性脑成像研究方法有了很大进展，使人们对脑的研究更加深入，推动认知神经科学对情绪的研究也更深入。研究发现，下丘脑-杏仁核通路可以迅速将外部刺激传递到杏仁核，引发情绪反应，尤其是对于潜在威胁的情绪，这种通路在情绪反应的快速性和强烈性中起到重要作用。同时，情感记忆涉及海马、杏仁核和前额叶皮层等区域的相互作用，情感体验可以加强记忆的编码和储存，使得具有情感价值的事件更容易被记住。扣带回皮层参与了情绪的自我调节和情感体验的认知调控，它有助于抑制情绪反应，评估情境和选择适当的应对策略。中脑多巴胺通路与奖励、愉悦和积极情绪相关。这些通路与情绪的正向感受以及积极的行为和体验联系紧密。

情绪对人的影响是巨大的。认知神经科学的加入，使情绪对人影响的研究更深入更科学，相信这方面的研究会越来越多。

五、认知神经科学的最新进展

（一）脑部研究

人们曾经认为人类大脑是静态、孤立且无法改变的基因遗传结构。然而，现在我们知道，在特定的时期，人类大脑表现出极高的可塑性。数以亿计的神经元在大脑中形成了一张复杂的“网络布线”，它们能够随时调整自身的活动，更有效地收集和处理信息。

根据认知神经科学的研究，分散式的大脑机能运作模式比集中式的更加高效。因此，当面临一项新的任务，比起一个小时的漫无目的学习，把它拆解成几段，可以让它变得更加容易掌握。学习通常包括几个过程：最初，外界刺激通过脑部活跃的神经信号进行记录。几个小时后，刺激的图式就会比较稳定。随着时间的推移，脑神经的路径就会变得更加牢固。在这一过程中，睡眠起着重要的作用，它为大脑提供了足够的时间和空间，让大脑有机会去消化和学习。为了保证有效的学习和工作，我们还必须不断地提供与特定技能有关的信息，以避免复杂的外界因素的影响。尽管集中式的学习方式仍然是一种重要的教育模式，但是随着科技的发展，越来越多的学生开始采用分散式的学习方式，他们可以在短时间内掌握更多的知识，从而避免信息混淆，提高了学习效率。

适当的膳食与能量补充也可以促进大脑发育。自20世纪50年代起，英国人的饮食习惯已经出现了显著的转变，这种转变不仅仅是由于营养的调整，而且还包括了对营养的摄入和维持，这些都是人类智慧的体现。研究表明，合理的营养和运动是推动人类智慧的关键因素。通过定期摄入足够的水分，可以显著改善学习表现，从而促进职业发展。

认知神经科学还深入探究了睡眠对大脑神经发育的影响。福斯特等学者研究了不同年龄段儿童的“生物钟”及其影响。研究发现，青少年群体普遍存在着严重的睡眠不足问题。具体来说，青少年的入睡时间逐渐延迟，睡眠时长也减少。然而，睡眠不足会对青少年大脑造成损害，影响注意力、记忆力、反应速度、创新能力，甚至可能引发情绪问题。因此，为了提高学习效果，学生们应避免过早上课，并减少上午的学业负担，以便在下午和晚上获得更充足的睡眠。

（二）仿神经自适应塑料可微缩电子系统

2009年初，由惠普、IBM和HRL与卓越学习中心联合参与，完成了“仿神经自适应塑料可微缩电子系统”项目。该项目旨在探索一种全新的神经形态学方法，使电子设备能够达到生物智能水平，实现革命性的突破。项目团队包括计算机建模师、认知神经科学家、心理学家和工程师等多个领域的专业人员。该项目聚焦于两个关键问题：一是传统计算机算法在处理某些情境（如生物生长）时效率较低，二是传统计算机在执行高度分散的数据密集型算法时效率不高。生物算法被认为可能解决这些问题。项目的主要目标是推动生物算法的研究，发展新一代微处理器纳米技术，并将这些算法应用于实际场景。通过将生物神经网络嵌入特定芯片中，该计划旨在使计算机能够在真实环境中表现出稳定的自适应智能行为。

目前，绝大多数计算机都采用冯·诺依曼架构作为基础。尽管这种可编程的架构具备处理多线程任务的能力，但也面临一系列局限。这是因为在数据处理过程中，必须从主存储器中提取指令和数据，从而限制了整体处理速度，即“冯·诺依曼瓶颈”。近年来，半导体技术的进步使得数据存储与读取速度不断提升，但仍难以满足当今数据处理速度的要求。因此，我们需寻求改进方法。有人认为，构建更大的高速缓存、优化分支预测等方式可加速存储与读取速度，从而改善计算机系统性能。

生物算法有望解决上述问题。近期，一个研究小组发现，生物的存储记忆与电脑的存储记忆存在明显差异，因为生物的神经元突触能够同时实现存储和计算信息的功能，而电脑内存仅具备单一的存储功能。借助神经元特性，生物计算技术能有效克服数据存取速度限制，显著提升数据处理效率。近年来，生物算法在硅脑领域有重要进展，致力于模拟人类情感、智能决策，从而提升处理器效率。该技术旨在深入探究单个神经元运作机制和协同作用，以构建更准确可靠的计算模型，更好地解释和模拟生物现象。

总之，作为心理学的年轻分支，认知神经科学在短时间内取得了显著的成就，这些成就已获得学术界广泛认可。而关于认知神经科学前进的启示，本节所列举的只是其中的一部分，还有更多值得探索的方面。相信同行们在实践中都能有所体会和领悟。只要大家从这些领悟中汲取前进的动力，认知神经科学的发展势必会取得更为显著的进展！

本章要点小结

1. 认知系统由中枢神经系统和周围神经系统两大部分组成。中枢神经系统包括颅腔内的脑和脊髓，而周围神经系统则包括除中枢神经系统外的所有神经元，其中包括31对从脊髓发出的脊神经和12对从脑发出的脑神经。

2. 神经系统的关键组成部分是神经元，它主要由胞体和突触组成。神经元之间的通信主要通过电化学信号传递和化学信号传递这两种典型方式进行。

3. 认知神经科学的主要研究方法包括事件相关电位、功能性磁共振成像、经颅磁刺激、近红外检测技术等。

4. 认知神经科学从语言学习、阅读、数学认知和学习情绪四个方面为教育提供了启发。

5. 认知神经科学在研究记忆方面主要关注两个核心问题。首先是记忆过程，其中包括对记忆的编码、存储和提取过程的探究。其次是对多重记忆系统的分类，以及这些不同记忆系统在认知中的各自功能和作用。

关键术语表

认知神经科学
颅相学
经颅磁刺激
脑磁图
中枢神经系统
外周神经系统
神经元
树突
轴突
突触
神经递质
动作电位
正电子发射断层成像
平面回波成像技术
功能性近红外光谱技术

本章复习题

一、选择题

1.关于认知神经科学的理解,描述正确的是(　　)

A.认知神经科学是研究思维、感知、记忆等认知过程与大脑结构与功能之间的关系的学科。

B.认知神经科学是研究神经系统的发育和解剖结构的学科。

C.认知神经科学是研究人类行为和社会互动的学科。

D.认知神经科学是研究基因与行为之间的关系的学科。

2.神经系统的结构包括(　　)

A.大脑皮层　　B.小脑　　C.脊髓　　D.眼球　　E.肌肉

3.认知神经科学的研究方法包括(　　)

A.脑成像技术

B.神经元活动记录

C.计算模型构建

D.行为实验和问卷调查

E.分子生物学实验

4.认知神经科学的研究领域包括(　　)

A.学习和记忆

B.知觉和注意力

C.语言和沟通

D.情绪和情感

E.运动控制和协调

5.认知神经科学的应用领域包括(　　)

A.神经科学医学

B.脑机接口技术

C.教育和学习

D.计算机科学和人工智能

E.心理疾病的治疗

6.下列哪些因素可以影响大脑的发展和塑性?(　　)

A.遗传因素

B.环境刺激和经验

C.社会互动和人际关系

D.营养和健康状况

E.年龄和性别

7.认知神经科学的研究有助于我们理解( )

A.认知障碍和神经退行性疾病

B.正常的学习和记忆过程

C.大脑和心智之间的关系

D.意识和自我意识的产生

E.人类行为和决策的基础

二、简答题

第一节

1.简要阐述认知神经科学的含义。

2.简要阐述影响认知神经科学产生的理论。

3.简要阐述认知神经科学的主要研究方法。

第二节

1.试述神经系统的组成。

2.试述脑神经及其功能。

第三节

1.试述认知神经科学对教育方式的启发。

2.试述记忆的认知神经机制。

主要参考文献

陈巍，殷融，张静.(2021).具身认知心理学:大脑、身体与心灵的对话[M].北京:科学出版社.

陈永明,彭瑞祥.(1990).句子理解的实验研究[J].心理学报(3),225-231.

郝献忠,田玉红.(2008).汉语发展性阅读障碍儿童的矫治训练[J].中国全科医学(17),1569-1570.

黄希庭，李伯约，张志杰.(2003).时间认知分段综合模型的探讨[J].西南师范大学学报(人文社会科学版),(2),5-9.

连榕.(2010).认知心理学[M].北京:高等教育出版社.

林崇德.(2000).创造性人才·创造性教育·创造性学习[J].中国教育学刊,(1),5-8.

林崇德.(2021).创造性心理学[M].北京:北京师范大学出版社.

刘勋，吴艳红，李兴珊，蒋毅，周雯，方方.(2011).认知心理学:理解脑、心智和行为的基石[J].中国科学院院刊，26(6)，10.

葛詹尼加等.(2011).认知神经科学[M].周晓林,高定国,等译.北京:中国轻工业出版社.

Robert J. Sternberg.(2006).认知心理学[M].杨炳钧,陈燕,邹枝玲,译.黄希庭,校.北京:中国轻工业出版社.

王甦,汪安圣.(1992).认知心理学[M].北京:北京大学出版社.

叶浩生.(2010).具身认知:认知心理学的新取向[J].心理科学进展,18(5),705-710.

Anderson, J.R. (1980). *Cognitive psychology and its implication*. San Francisco: Freeman.

Baddeley, A. (2000). The episodic buffer: a new component of working memory? .

Trends in Cognitive Sciences, 4(11), 417–423.

Baddeley, A. D., Hitch, G. J., & Allen, R. J. (2009). Working memory and binding in sentence recall. *Journal of Memory and Language*, 61(3), 438–456.

Beaty, R. E., M. Benedek, et al. (2016). Creative Cognition and Brain Network Dynamics. *Trends in cognitive Science*, 20(2),87–95.

Benedek, M., E. Jauk, et al. (2014). Intelligence, creativity, and cognitive control: The common and differential involvement of executive functions in intelligence and creativity. *Intelligence*, 46, 73–83.

Blachman, B. A., Schat-Schneider. C., et al. (2003). Early reading intervention: A classroom prevention study and a remediation study. In; Foorman B R, editor. *Preventing and Remediating Reading Difficulties : Bringing Science to Scale.*Timonium , MD : York Press , 253–271.

Bliss, T. V., & Lømo, T. (1973). Long-lasting potentiation of synaptic transmission in the dentate area of the anaesthetized rabbit following stimulation of the perforant path. *The Journal of Physiology*, 232(2), 331–356.

Bransford, J. D., & Franks, J. J. (1971). The abstraction of linguistic ideas. *Cognitive Psychology*, 2(4), 331–350.

Buhusi, C. V., & Meck, W. H. (2005). What makes us tick? Functional and neural mechanisms of interval timing. *Nature Reviews Neuroscience*, 6(10), 755–765.

Ceraso, J., & Provitera, A. (1971). Sources of error in syllogistic reasoning. *Cognitive Psychology*, 2(4), 400–410.

Chambers, D., & Reisberg, D. (1992). What an image depicts depends on what an image means. *Cognitive Psychology*, 24(2), 145–174.

Church, R. M. (1984). Properties of the Internal Clock. *Annals of the New York Academy of Sciences*, 423(1), 566 - 582.

Cohen, M. S., Kosslyn, S. M., Breiter, H. C., et al. (1996). Changes in cortical activity during mental rotation A mapping study using functional MRI. *Brain*, 119(1), 89–100.

Coricelli, G., Critchley, H. D., Joffily, M., O'Doherty, J. P., Sirigu, A., & Dolan, R. J. (2005). Regret and its avoidance: a neuroimaging study of choice behavior. *Nature*

Neuroscience, 8(9), 1255-1262.

Darwin, C. J., Turvey, M. T., & Crowder, R. G. (1972). An auditory analogue of the Sperling partial report procedure: Evidence for brief auditory storage. *Cognitive Psychology*, 3(2), 255-267.

Desimone, R., & Duncan, J. (1995). Neural mechanisms of selective visual attention. *Annual Review of Neuroscience*, 18(1), 193-222.

Deutsch, J. A. & Deutsch, D. (1963). Attention: some theoretical considerations. *Psychological Review*, 70 (1),80-90.

Duncan-Johnson, C. C., & Donchin, E. (1977). On quantifying surprise: The variation of event-related potentials with subjective probability. *Psychophysiology*, 14(5), 456-467.

Evans, J. S. B., Barston, J. L., & Pollard, P. (1983). On the conflict between logic and belief in syllogistic reasoning. *Memory & Cognition*, 11(3), 295-306.

Finke, R. A., & Slayton, K. (1988). Explorations of creative visual synthesis in mental imagery. *Memory & Cognition*, 16(3), 252-257.

Frick-Horbury, D., & Guttentag, R. E. (1998). The effects of restricting hand gesture production on lexical retrieval and recall. *American Journal of Psychology*, 111(1), 43-62.

Fuster, J. M., & Alexander, G. E. (1971). Neuron activity related to short-term memory. *Science*, 173(3997), 652-654.

Garnham, A., & Oakhill, J. (1990). Mental models as contexts for interpreting texts: Implications from studies of anaphora. *Journal of Semantics*, 7(4), 379-393.

Georgopoulos, A. P., Lurito, J. T., Petrides, M., Schwartz, A. B., & Massey, J. T. (1989). Mental rotation of the neuronal population vector. *Science*, 243(4888), 234-236.

Gibbon, J., Church, R. M., & Meck, W. H. (1984). Scalar Timing in Memory. *Annals of the New York Academy of Sciences*, 423(1), 52-77.

Gibbs, J.R., Raymond, W. (2006). Metaphor interpretation as embodied simulation. *Mind & Language*, 21(3), 434-458.

Gough, H. G. (1979). A creative personality scale for the Adjective Check List. *Journal of Personality and Social Psychology*, 37(8), 1398.

Greeno, J. G., & Simon, H. A. (1974). Processes for sequence production. *Psychological Review*, 81(3), 187–198.

Griggs, R. A., & Cox, J. R. (1982). The elusive thematic-materials effect in Wason's selection task. *British journal of Psychology*, 73(3), 407–420.

Hasher, L., Lustig, C., & Zacks, R. T. (2007). Inhibitory mechanisms and the control of attention. *Variation in Working Memory*, 19, 227–249.

Hiser, J., & Koenigs, M. (2018). The multifaceted role of the ventromedial prefrontal cortex in emotion, decision making, social cognition, and psychopathology. *Biological Psychiatry*, 83(8), 638–647.

Holmes, E. A., & Mathews, A. (2010). Mental imagery in emotion and emotional disorders. *Clinical Psychology Review*, 30(3), 349–362.

Holmes, E. A., Geddes, J. R., Colom, F., & Goodwin, G. M. (2008). Mental imagery as an emotional amplifier: Application to bipolar disorder. *Behaviour Research and Therapy*, 46(12), 1251–1258.

Hoshi, Y. (2003). Functional near-infrared optical imaging: Utility and limitations in human brain mapping. *Psychophysiology*, 40(4), 511–520.

Hsu, M., Bhatt, M., Adolphs, R., Tranel, D., & Camerer, C. F. (2005). Neural systems responding to degrees of uncertainty in human decision–making. *Science*, 310 (5754), 1680–1683.

Karat, J. (1982). A model of problem solving with incomplete constraint knowledge. *Cognitive Psychology*, 14(4), 538–559.

King–Casas, B., Tomlin, D., Anen, C., Camerer, C. F., Quartz, S. R., & Montague, P. R. (2005). Getting to know you: reputation and trust in a two–person economic exchange. *Science*, 308(5718), 78–83.

Kosslyn, S. M. (1975). Information representation in visual images. *Cognitive Psychology*, 7(3), 341–370.

Kosslyn, S. M. (1978). Measuring the visual angle of the mind's eye. *Cognitive Psychology*, 10(3), 356–389.

Kounios, J. & Beeman, M. (2014). The Cognitive Neuroscience of Insight. *Annual Review of Psychology*, 65, 71–93.

Kruggel, F., & von Cramon, D. Y. (1999). Temporal properties of the hemodynamic response in functional MRI. *Human Bain Mapping*, 8(4), 259–271.

Kutas, M., McCarthy, G., & Donchin, E. (1977). Augmenting mental chronometry: the P300 as a measure of stimulus evaluation time. *Science*, 197(4305), 792–795.

Lindsay, P. H., & Norman, D. A. (1977). *Human information processing : an introduction to psychology*. New York: Academic Press.

Logie, R. H. (2011). The functional organization and capacity limits of working memory. *Current Directions in Psychological Science*, 20(4), 240–245.

Maguire, E. A., Burgess, N., Donnett, J. G., Frackowiak, R. S., Frith, C. D., & O'Keefe, J. (1998). Knowing where and getting there: a human navigation network. *Science*, 280(5365), 921–992.

Maier, N. R. F. (1931). Reasoning in humans. II. The solution of a problem and its appearance in consciousness. *Journal of Comparative Psychology*, 12(2), 181–194.

Mangun, G. R., Hopfinger, J. B., & Buonocore, M. H. (2000) . *Nature Neuroscience*, 3(3), 284–291.

Marcus, S. L., & Rips, L. J. (1979). Conditional reasoning. *Journal of Verbal Learning and Verbal Behavior*, 18(2), 199–223.

Markman, E. M., & Seibert, J. (1976). Classes and collections: Internal organization and resulting holistic properties. *Cognitive Psychology*, 8(4), 561–577.

Maunsell, J. H. (2015). Neuronal mechanisms of visual attention. *Annual Review of Vision Science*, 1, 373–391.

McCarthy, G., & Donchin, E. (1981). A metric for thought: a comparison of P300 latency and reaction time. *Science*, 211(4477), 77–80.

McCollough, C. (1965). Color adaptation of edge-detectors in the human visual system. *Science*, 149(3688), 1115–1116.

McKelvie, S. J. (1994). The Vividness of Visual Imagery Questionnaire as a predictor of facial recognition memory performance. *British Journal of Psychology*, 85(1), 93–104.

Miller, G. A. (1956). The magical number seven, plus or minus two: Some limits on our capacity for processing information. *Psychological review*, 63(2), 81–97.

Moray, N., Bates, A., & Barnett, T. (1965). Listening in the 4-eared man. J. Acoust. Soc. Amer., 38, 196-201.

Navon, D. (1977). Forest before trees: the precedence of global features in visual perception. Cognitive Psychology, 9(3), 353-383.

Newell, A. , Shaw, J. C. , & Simon, H. A. . (1958). Elements of a theory of human problem solving. Psychological Review, 65(3), 151-166.

Newell, A., & Simon, H. A. (1961). Computer Simulation of Human Thinking: A theory of problem solving expressed as a computer program permits simulation of thinking processes. Science, 134(3495), 2011-2017.

Newell, A., Shaw, J. C., & Simon, H. A. (1958). Elements of a theory of human problem solving. Psychological Review, 65(3), 151-166.

Newell, B. S., Morgan, B., & Cundy, J. (1967). The determination of urea in seawater. Journal of Marine Research, 25, 201-202.

Norman, D. A., & Bobrow, D. G. (1975). On data-limited and resource-limited processes. Cognitive Psychology, 7(1), 44-64.

Oya, H., Adolphs, R., Kawasaki, H., Bechara, A., Damasio, A., & Howard III, M. A. (2005). Electrophysiological correlates of reward prediction error recorded in the human prefrontal cortex. Proceedings of the National Academy of Sciences, 102(23), 8351-8356.

Phillips, W. A. (1974). On the distinction between sensory storage and short-term visual memory. Perception & Psychophysics, 16, 283-290..

Posner, M. I., & Petersen, S. E. (1990). The attention system of the human brain. Annual Review of Neuroscience, 13(1), 25-42.

Potter, M. C., Wyble, B., Hagmann, C. E., & McCourt, E. S. (2014). Detecting meaning in RSVP at 13 ms per picture. Attention, Perception, & Psychophysics, 76, 270-279.

Pylyshyn, Z. (1989). The role of location indexes in spatial perception: A sketch of the FINST spatial-index model. Cognition, 32(1), 65-97.

Rawlings, D. (1985). Psychoticism, creativity and dichotic shadowing. Personality and Individual Differences, 6(6), 737-742.

Reed, S. K. (1972). Pattern recognition and categorization. *Cognitive Psychology*, 3(3), 382–407.

Reed, S. K., & Bolstad, C. A. (1991). Use of examples and procedures in problem solving. *Journal of Experimental Psychology: Learning, Memory, and Cognition*, 17(4), 753–766.

Roland, P. E., & Friberg, L. (1985). Localization of cortical areas activated by thinking. *Journal of Neurophysiology*, 53(5), 1219–1243.

Rosch, E. H. (1973). Natural categories. *Cognitive Psychology*, 4(3), 328–350.

Rosch, E., & Mervis, C. B. (1975). Family resemblances: Studies in the internal structure of categories. *Cognitive Psychology*, 7(4), 573–605.

Rudebeck, P. H., Walton, M. E., Smyth, A. N., Bannerman, D. M., & Rushworth, M. F. (2006). Separate neural pathways process different decision costs. Nature *Neuroscience*, 9(9), 1161–1168.

Schmidt, S. R. (2004). Autobiographical memories for the September 11th attacks: Reconstructive errors and emotional impairment of memory. *Memory & Cognition*, 32, 443–454.

Shaywitz, B. A., Shaywitz, S. E., Blachman, B. A., et al. (2004). Development of left occipitotemporal systems for skilled reading in children after a phonologically–based intervention. *Biological Psychiatry*, 55, 926–933.

Shepard, R. N., & Metzler, J. (1971). Mental rotation of three–dimensional objects. *Science*, 171(3972), 701–703.

Sperber, D., & Girotto, V. (2002). Use or misuse of the selection task? Rejoinder to Fiddick, Cosmides, and Tooby. *Cognition*, 85(3), 277–290.

Stevenson, R. J., & Over, D. E. (1995). Deduction from uncertain premises. *The Quarterly Journal of Experimental Psychology*, 48(3), 613–643.

Stevenson, R. J., & Over, D. E. (1995). Deduction from uncertain premises. *The Quarterly Journal of Experimental Psychology*, 48(3), 613–643.

Strayer, D. L., & Johnston, W. A. (2001). Driven to distraction: Dual–task studies of simulated driving and conversing on a cellular telephone. *Psychological Science*, 12(6), 462–466.

Sutton, S., Braren, M., Zubin, J., & John, E. R. (1965). Evoked-potential correlates of stimulus uncertainty. *Science*, 150(3700), 1187-1188.

Szmalec, A., Verbruggen, F., Vandierendonck, A., & Kemps, E. (2011). Control of interference during working memory updating. *Journal of Experimental Psychology: Human Perception and Performance*, 37(1), 137.

Thorndike, & Edward. (1898). What is a physical fact? . *Psychological Review*, 5(6), 645-650.

Treisman, M. (1963). Temporal discrimination and the indifference interval: Implications for a model of the "internal clock". *Psychological Monographs: General and Applied*, 77(13), 1-31.

Tulving, E., Kapur, S., Markowitsch, H. J., Craik, F. I., Habib, R., & Houle, S. (1994). Neuroanatomical correlates of retrieval in episodic memory: auditory sentence recognition. *Proceedings of the National Academy of Sciences*, 91(6), 2012-2015.

Weisstein, N., & Harris, C.S. (1974). Visual detection of line segments: An object-superiority effect. *Science*, 186, 752-755.

Wetherick, N. E., & Dominowski, R. L. (1976). How representative are concept attainment experiments. *British Journal of Psychology*, 67(2), 231-242.

Winograd, T. (1977). On some contested suppositions of generative linguistics about the scientific study of language: a response to dresher and hornstein's on some supposed contributions of artificial intelligence to the scientific study of language. *Cognition*, 5(2), 151-179.

Xu, Y., & Chun, M. M. (2006). Dissociable neural mechanisms supporting visual short-term memory for objects. *Nature*, 440(7080), 91-95.

Zakay, D., & Block, R. A. (1997). Temporal Cognition. *Current Directions in Psychological Science*, 115, 143-164.